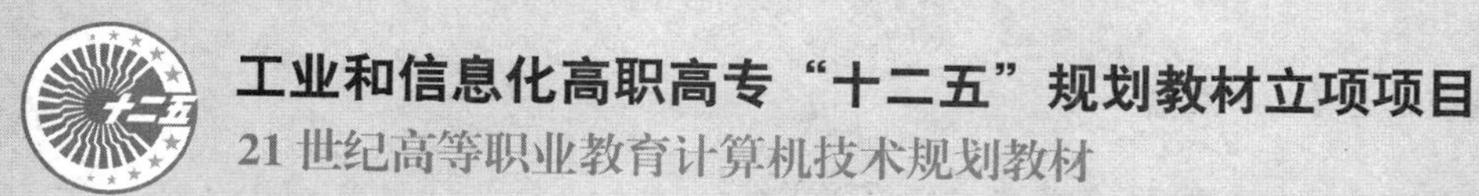

工业和信息化高职高专“十二五”规划教材立项项目

21世纪高等职业教育计算机技术规划教材

计算机应用基础项目化教程

Jisuanji Yingyong Jichu Xiangmuhua Jiaocheng

刘松青 向模军 主编

王琼芳 何卫华 副主编

人 民 邮 电 出 版 社

北 京

图书在版编目（CIP）数据

计算机应用基础项目化教程 / 刘松青，向模军主编
. -- 北京 : 人民邮电出版社，2015.9（2020.9重印）
工业和信息化高职高专“十二五”规划教材立项项目
21世纪高等职业教育计算机技术规划教材
ISBN 978-7-115-39734-8

Ⅰ. ①计… Ⅱ. ①刘… ②向… Ⅲ. ①电子计算机－高等职业教育－教材 Ⅳ. ①TP3

中国版本图书馆CIP数据核字(2015)第164880号

内 容 提 要

本书以培养学生的计算机操作技能为核心，以工作过程为导向，系统地讲解了计算机基础的相关知识和技能，全书共有 6 个项目，系统地讲解了计算机基础知识、Windows 操作系统应用、Word 文档的制作与处理、Excel 电子表格数据处理、PowerPoint 演示文稿制作、移动互联技术应用，并且还安排了实验部分。

本书以工作过程为导向，采用项目教学的方式组织内容，每个项目来源于企业的典型案例。主要内容包括 6 个与实际工作密切结合的项目，每个项目由情境分析、任务实施、知识链接组成，在完成基本技能学习的同时，尽可能地帮助读者扩展知识面。

本书既可以作为高职高专院校各专业计算机文化基础课程的教材，也可以作为计算机技能培训或技术人员自学的参考资料。

◆ 主　　编　刘松青　向模军
副 主 编　王琼芳　何卫华
责任编辑　刘盛平
执行编辑　刘　佳
责任印制　张佳莹　杨林杰

◆ 人民邮电出版社出版发行　　北京市丰台区成寿寺路 11 号
邮编　100164　　电子邮件　315@ptpress.com.cn
网址　http://www.ptpress.com.cn
北京鑫正大印刷有限公司印刷

◆ 开本：787×1092　1/16
印张：12.25　　　　2015 年 9 月第 1 版
字数：323 千字　　　　2020 年 9 月北京第 8 次印刷

定价：32.00 元

读者服务热线：(010)81055256　印装质量热线：(010)81055316
反盗版热线：(010)81055315

前　言

现代信息技术的发展，促使计算机及其相关技术在人们工作、学习和社会生活的各个方面发挥越来越重要的作用。使用计算机已经成为各行各业劳动者必备的基本技能，计算机应用基础是职业院校各专业一门重要的文化基础公共课程。

本书以训练学生的计算机实际应用技能为目标，详细介绍计算机基础知识、Windows 操作系统应用、Office 办公应用（Word、Excel、PowerPoint 等应用技能）、移动互联技术应用等内容。

本书以工作过程为导向，以计算机和移动智能终端为载体，采用项目教学的方式组织内容，每个项目都来源于企业的典型案例。主要内容包括 6 个与实际工作密切结合的项目，每个项目由情境分析、任务实施、知识链接组成。在情境分析部分，给出工作任务，即需要进行的计算机工作及技术条件；在任务实施部分，介绍完整的计算机工作过程；在知识链接部分，介绍本任务相关的知识，帮助读者扩充知识面。

通过 6 个项目的学习和训练，学生不仅能够掌握计算机基础知识，而且能够掌握利用计算机解决实际工作常见问题的方法，达到熟练应用计算机的水平，从而提高计算机文化素质，适应未来工作的需要，为今后进一步学习计算机知识和技术打下良好的基础。在内容及体系编排上，以实际应用项目为主，强调实践操作训练，同时兼顾全国计算机等级考试一级考试大纲的知识点和实践教学要求。

本书的参考学时为 38 ~ 56 学时，建议采用理论实践一体化教学模式，各项目的参考学时见下面的学时分配表。

学时分配表

模　块	课 程 内 容	学　时
项目 1	计算机基础知识	4 ~ 6
项目 2	Windows 操作系统应用	4 ~ 6
项目 3	Word 文档的制作与处理	8 ~ 12
项目 4	Excel 电子表格数据处理	8 ~ 12
项目 5	PowerPoint 演示文稿制作	8 ~ 12
项目 6	移动互联技术应用	6 ~ 8
课时总计		38 ~ 56

本书由刘松青、向模军任主编，王琼芳、何卫华任副主编，其中何卫华编写了项目一，陈荣编写了项目二，向模军编写了项目三，刘晓英和胡元编写了项目四，王琼芳、王宏、陈荣编写了项目五，袁南星编写了项目六，全书由刘松青核稿、统稿。此外，在本书的编写过程中，得到了四川机电职业技术学院领导、信息工程系的全体教师和人民邮电出版社的大力支持和帮助，在此深表感谢。

在编写本书的过程中恰逢我院建设国家骨干高职院校的大好契机，我们多次与省内诸多知名示范校的计算机教育专家、企事业单位的专家进行研讨，对高职院校计算机应用的教学内容进行深入分析和提炼，力争让学生学习完本书后能够“零距离”地“上岗”，具备实实在在的计算机综合应用能力。

由于时间仓促，编者水平和经验有限，书中难免有不足之处，恳请读者批评指正。

编　者

2015 年 5 月

目 录

项目 1 计算机基础知识

作为高科技发展的产物，计算机已经走进了我们工作、学习和生活的各个领域。虽然很多用户能够自如地运用计算机软件完成各种任务，但对计算机基础知之甚少。实际上，掌握一定的计算机基础知识以及组装与维护知识，不仅能够满足我们日常购机、升级的需要，更可以帮助我们解决很多常见的计算机问题并提高计算机的整体使用效率。

1.1　认识计算机

从 1946 年世界上第一台电子计算机“埃尼阿克”（ENIAC）诞生至今，计算机已获得了突飞猛进的发展，它已经渗透到社会的各个领域，成为人类信息化社会中必不可少的基本工具。计算机的应用与普及作为人类社会最大的科技成果之一，有力地推动了整个信息化社会的发展。掌握计算机技术已经成为当今社会人们生存和发展的基本要求。

1.1.1　学习目标

（1）了解计算机的发展趋势。

（2）掌握计算机的组成结构。

（3）了解计算机软硬件系统的组成。

1.1.2　计算机发展

自第一台计算机诞生至今，虽然只有几十年的时间，但计算机已发生了日新月异的变化。每 5～8 年，计算机运算速度就会提高 10 倍，而体积却缩小到原来的 1/10，成本也降低为原来的 1/10。计算机硬件技术的飞速发展，为计算机的推广应用奠定了坚实的基础。

1.1.2.1　计算机的发展史

人们根据计算机使用的元器件的不同，将计算机的发展划分为以下几个阶段。

1. 第一代计算机：电子管计算机（1946～1958 年）

第一代计算机的逻辑器件采用电子管作为基本元件。这一代计算机的运算速度只有每秒几千次到几万次基本运算，内存容量只有几千个字。由于体积大、功耗大、造价高、使用不便，主要用于军事和科研部门进行数值计算。程序设计使用机器语言和汇编语言。

【知识拓展】

世界上第一台电子数字式计算机于1946年2月15日在美国宾夕法尼亚大学研制成功，它的名称叫ENIAC（埃尼阿克），是电子数值积分式计算机（Electronic Numerical Integrator And Computer）的缩写。它使用了17468个真空电子管，功率174千瓦，占地170平方米，重达30吨，每秒钟可进行5000次加法运算。虽然它还比不上今天最普通的一台微型计算机，但在当时它已是运算速度的绝对领先，并且其运算的精确度和准确度也是史无前例的。ENIAC奠定了电子计算机的发展基础，在计算机发展史上具有划时代的意义，它的问世标志着电子计算机时代的到来。

2. 第二代计算机：晶体管计算机（1959—1964年）

第二代计算机的逻辑器件采用晶体管，内存储器为磁芯，外存储器出现了磁带和磁盘。这一代计算机体积缩小，功耗减小，可靠性提高，运算速度加快，每秒几十万次基本运算，内存容量扩大到几十万字。同时计算机软件技术也有了很大发展，出现了高级程序设计语言，大大方便了计算机的使用。因此，它的应用从数值计算扩大到数据处理、工业过程控制等领域，并开始进入商业领域。程序设计主要使用高级语言。

3. 第三代计算机：集成电路计算机（1965—1970年）

第三代计算机的基本元件采用中小规模集成电路，内存储器为半导体集成电路器件。这一代计算机的特点是：小型化，耗电量低，可靠性高，运算速度提高到每秒几十万到几百万次基本运算，在存储器容量等方面都有了较大的提高。同时，计算机软件技术的进一步发展，尤其是操作系统的逐步成熟是第三代计算机的显著特点。这个时期的另一个特点是小型计算机的应用。这些特点使得计算机在科学计算、数据处理、实时控制等方面得到更加广泛的应用。程序设计主要使用高级语言。

4. 第四代计算机：大规模集成电路计算机（1971年至今）

第四代计算机的特征是：以大规模集成电路来构成计算机的主要功能部件，出现了微处理器（CPU）；主存储器采用集成度很高的半导体存储器，运算速度可达每秒几百万次甚至上亿次基本运算。在软件方面，出现了数据库系统、分布式操作系统等，应用软件的开发已逐步成为一个庞大的现代产业。微型计算机的问世以及推广，逐渐成为现代计算机的主流。计算机技术以前所未有的速度在各领域迅速普及应用，也逐渐深入到了寻常百姓家庭。

随着第四代计算机技术的日趋成熟，人们已经开始了第五代计算机的研制与开发。作为新一代计算机，第五代计算机将把信息采集、存储、处理、通信和人工智能结合起来，具有形式推理、联想、学习和解释能力，以超大规模集成电路和人工智能为主要特征。

1.1.2.2 计算机的分类

在时间轴上，“分代”代表了计算机的纵向发展，而“分类”则可用来说明计算机的横向发展。目前，计算机界以及各类教科书中，大都是采用国际上沿用的分类方法，即根据美国电气和电子工程师学会（IEEE）的一个委员会于1989年11月提出的标准来划分的，把计算机划分为巨型机、大型机、小型机、工作站和个人计算机5类。

1. 巨型机

巨型机也称为超级计算机（Super Computer），在所有计算机类型中体积最大、价格最高、功能最强，其浮点运算速度最快（2014年11月17日，国际TOP500组织发布了全球超级计算机500强排行榜，排名第一的巨型机是中国的“天河二号”（见图1-1-1），其浮点运算速度已达每秒3.39亿亿次。这组数字意味着，天河二号运算1小时，相当于13亿人同时用计算器计算1000年。目前只有少数几个国家的少数几个公司能够生产巨型机，目前多用于战略武器（如核武器和反导弹武器）的设计、空间技术、石油勘探、中长期大范围天气预报以及社会模拟等领域。

图 1-1-1　天河二号

2. 大型机

大型机也称大型电脑（Mainframe），这包括国内常说的大、中型机。特点是大型、通用，内存可达 1GB 以上，整机运算速度高达 300750 MIPS（MIPS，即每秒钟可执行多少百万条指令），即每秒 30 亿次，具有很强的处理和管理能力。主要用于大银行、大公司、规模较大的高校和科研院所。

3. 小型机

小型机（Mini Computer 或 Minis）结构简单，可靠性高，成本较低，不需要经长期培训即可维护和使用，这对广大中小用户具有更大的吸引力。

4. 工作站

工作站（Workstation）是介于 PC 机与小型机之间的一种高档微机，其运算速度比微机快，且有较强的联网功能。主要用于特殊的专业领域，例如，图像处理、计算机辅助设计等。

它与网络系统中的“工作站”，在用词上相同，而含义不同。因为网络上的“工作站”常用来泛指联网用户的节点，以区别于网络服务器。网络上的工作站常常只是一般的 PC 机。

5. 个人计算机

个人计算机（PC，PersonalComputer）是 1971 年出现的新机种，它以设计先进（总是率先采用高性能微处理器）、软件丰富、功能齐全、价格低等优势而拥有广大的用户，因而大大推动了电脑的普及应用。PC 机的主流是 IBM 公司在 1981 年推出的 PC 机系列及其众多的兼容机，另外 Apple 公司的 Macintosh 系列机在教育、美术设计等领域也有广泛的应用。PC 机的款式除了台式的，还有笔记本型、掌上型等。

1.1.2.3　计算机的发展趋势

随着计算机应用的广泛和深入，对计算机技术本身又提出了更高的要求。当前，计算机的发展表现为五种趋向：巨型化、微型化、网络化、智能化及多媒体化。

1. 巨型化

巨型化是指高速运算、大存储容量和强功能的巨型计算机。巨型化的计算能力是为了满足诸如天文、气象、地质、核反应堆等尖端科学的需要，这也是记忆巨量的知识信息以及使计算机具有类似人脑的学习和复杂推理的功能所必需的。巨型机的发展集中体现了计算机科学技术的发展水平。

2. 微型化

微型化是进一步提高集成度，利用高性能的超大规模集成电路，研制质量更加可靠、性能更加优良、价格更加低廉、整机更加小巧的微型计算机。

3. 网络化

网络化是把各自独立的计算机用通信线路连接起来，形成各计算机用户之间可以相互通信并能使用公共资源的网络系统。网络化能够充分利用计算机的宝贵资源并扩大计算机的使用范围，为用户提供方便、及时、可靠、广泛、灵活的信息服务。

4. 智能化

智能化是指让计算机具有模拟人的感觉和思维过程的能力。智能计算机具有解决问题和逻辑推理的功能、知识处理和知识库管理的功能等。人与计算机的联系是通过智能接口，用文字、声音、图像等与计算机进行自然对话。目前，已研制出各种“机器人”，有的能代替人劳动、有的能与人下棋等。智能化使计算机突破了“计算”这一初级的含义，从本质上扩充了计算机的能力，可以越来越多地代替人类的脑力劳动。

5. 多媒体化

多媒体计算机是指综合处理文字、图形、图像、声音、动画等媒体信息，使多种信息建立有机联系，而集成的一个具有交互性的系统。集成的多媒体计算机系统具有全数字式、全动态、全屏幕的播放、编辑和创作多媒体信息的功能，具有控制和传播多媒体电子邮件、电视视频会议、视频点播控制等多种功能。

1.1.2.4 计算机的特点

计算机作为一个智能化工具，具有许多“特长”，其中最重要的是具有高速度、能“记忆”、善判断、可交互等。

1. 具有高速运算能力

运算速度快是计算机的一个最主要的特点。以前一些依靠人工运算要花费很长时间才能解决的问题，用计算机在很短的时间内就可以得出结果，还可以解决一些过去无法解决的问题。计算速度快也使实时控制和数据分析非常方便、快捷，如导弹、卫星发射、复杂化工产品生产过程控制等操作都可以通过计算机来完成。

2. 具有高精度计算能力

计算机内部采用二进制进行运算，且可通过增加字长和先进的计算方法来提高精度，因而计算机的有效位数之多，是其他计算工具所望尘莫及的。在许多对精度要求非常高的科学计算领域，计算机的作用无法估量。例如，洲际导弹的发射、“神舟”飞船返航，飞行的距离成千上万公里，计算稍有偏差，落地点可能就与目标相去甚远。

3. 具有超强记忆能力

计算机具有超强记忆能力，拥有容量很大的存储装置，能够保存大量的文字、图形、声音、图像等信息资料，从而使得过去无法做到的大量处理工作可由计算机来实现。例如，情报检索、卫星图像处理，由于数据处理量大，如果没有计算机，那将是无法想象的。

4. 具有逻辑判断能力

计算机可以进行逻辑运算，做出逻辑判断，可根据判断的情况确定下一步做什么，使得计算机具有智能，能巧妙地完成各种任务，从而代替人脑的部分功能。

5. 具有自动控制能力

计算机是一个自动化的电子装置，其工作过程中不需要人工干预，人们只要预先编制好程序，并将其存放在计算机的内部，计算机就能够按照程序规定的步骤，自动地逐步执行。利用计算机的这个特点，既可以让计算机去完成重复性的劳动，也可以让计算机控制机器深入到人类躯体难以胜任甚至有毒、有害的作业场所。

6. 通用性强、可靠性高

计算机适用于各种不同的应用领域，虽然解决问题的计算方法不同，但是基本操作和运算是相同的。将一台计算机附加上一些必要的软、硬件配置，它就可以解决不同领域的不同问题。

1.1.2.5 计算机的应用

计算机问世之初，主要用于数值计算，“计算机”也因此而得名。但随着计算机技术的迅猛发展，它的应用范围也在不断扩大。

1. 科学计算

科学计算也称为数值计算，是指用计算机来解决科学研究和工程技术中所提出的复杂的数学及数值计算问题。计算机是应科学计算的需要而诞生的，是计算机的最早应用领域，目前这方面的应用仍然很广，如火箭运行轨迹的计算、天气预报、大型工程计算等。

2. 信息处理

信息处理主要是指对大量的信息进行检索、分析、分类、统计、综合等加工，从而快速、准确地得出所需的信息。今天信息处理稳居计算机应用的第一位，主要用于管理型系统和服务型系统。

3. 过程控制

过程控制是对被控制对象及时地采集和检测必要的信息，并按最佳状态来自动控制或调节被控制对象的一种控制方式。它不仅通过连续监控提高生产的安全性和自动化水平，同时也提高了产品的质量、降低了成本、减轻了劳动强度。

4. 计算机辅助系统

计算机辅助系统主要是用计算机辅助人们完成某个或某类任务，如辅助设计（CAD）、辅助制造（CAM）、辅助教学（CAI）和辅助测试（CAT）等。

5. 网络应用

将世界各地独立的计算机、终端及辅助设备用通信线路连接起来，再配以相应的网络操作系统，形成一个规模大、功能强的计算机网络，从而实现资源的共享，大大提高人们获取信息的能力和提高办事效率。如平时经常提到的网络银行、电子邮件、视频会议、视频聊天、电子商务、远程医疗、远程教学及交通信息管理等。

6. 人工智能与计算机模拟

人工智能有时也称为“智能模拟”，它的主要目的是用计算机模拟人的智力活动，主要表现为机器人、专家系统、模式识别、智能检索等应用。为了解决传统工业生产中对产品和工程的分析和设计，借助于计算机程序来代替模拟实验，不仅成本低，而且见效快。

1.1.3 计算机系统的构成

1.1.3.1 计算机系统概述

计算机是由若干相互区别、相互联系和相互作用的要素组成的有机整体，包括硬件系统和软件系统两大部分，如图 1-1-2 所示。

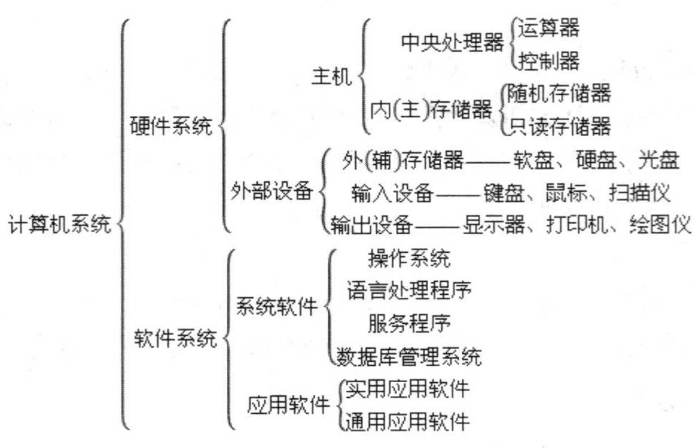

图 1-1-2　计算机系统组成

硬件泛指实际的物理设备，主要包括运算器、控制器、存储器、输入设备和输出设备五部分。只有硬件的裸机是无法运行的，还需要软件的支持。所谓软件，是指为解决问题而编制的程序及其文档。软件包括计算机本身运行所需要的系统软件和用户完成任务所需要的应用软件。计算机是依靠硬件系统和软件系统的协同工作来执行给定任务的。

在计算机系统中，硬件是物质基础，软件是指挥枢纽、灵魂，软件发挥如何管理和使用计算机的作用。软件的功能与质量在很大程度上决定了整个计算机的性能。故软件和硬件一样，是计算机工作必不可少的组成部分。

1.1.3.2　计算机硬件的组成

计算机硬件是指计算机系统中由电子、机械和光电元件等组成的各种计算机部件和计算机设备。这些部件和设备依据计算机系统结构的要求构成一个有机整体，称为计算机硬件系统。

未配置任何软件的计算机叫裸机，它是计算机完成工作的物质基础。

计算机硬件系统由五大部分构成：运算器、控制器、存储器、输入设备和输出设备，其相互关系如图 1-1-3 所示。

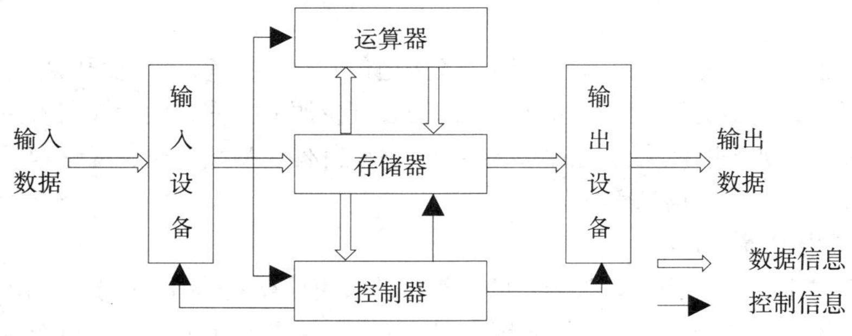

图 1-1-3　计算机硬件组成

1. 运算器

运算器是计算机的核心部件，主要负责对信息的加工处理。运算器不断地从存储器中得到要加工的数据，对其进行算术运算和逻辑运算，并将最后的结果送回存储器中，整个过程在控制器的指挥下有条不紊地进行。

运算器除了进行信息加工外，还有一些寄存器可以暂时存放运算的中间结果，节省了从存储器中传递数据的时间，加快了运算速度。

2. 控制器

控制器是整个计算机系统的控制中心，是计算机的指挥中枢，它负责计算机各部分的协调工作，保证计算机按照预先规定的目标和步骤有条不紊地进行操作及处理。控制器从内存储器中顺序取出指令，并对指令代码进行翻译，然后向各个部件发出相应的命令，完成指令规定的操作。它一方面向各个部件发出执行指令的命令，另一方面又接收执行部件向控制器发回的有关指令执行情况的反馈信息，控制器根据这些信息来决定下一步发出哪些操作命令。这样逐一执行一系列的指令，就使计算机能够按照这一系列的指令组成的程序的要求自动完成各项任务。因此，控制器是指挥和控制计算机各个部件进行工作的“神经中枢”。

运算器和控制器统称为中央处理单元，也就是我们通常所说的 CPU，这是计算机系统的核心部件。

3. 存储器

存储器是具有“记忆”功能的设备，主要负责对数据和控制信息的存储，是计算机的记忆单元。由具有两种稳定状态的物理器件（也称为记忆元件）来存储信息。记忆元件的两种稳定状态分别表示为“0”和“1”。

存储器是由成千上万个“存储单元”构成的，每个存储单元存放一定位数（微机上为 8 位）的二进制数，每个存储单元都有唯一的地址。“存储单元”是基本的存储单位，不同的存储单元是用不同的地址来区分的。

存储器分为内存储器和外存储器两种，如图 1-1-4 所示。

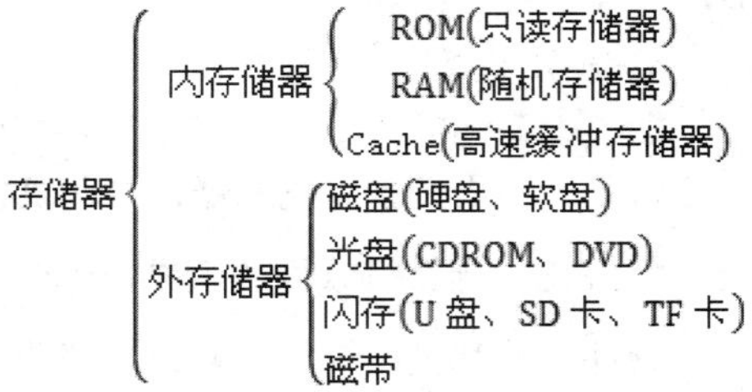

存储器
- 内存储器
  - ROM(只读存储器)
  - RAM(随机存储器)
  - Cache(高速缓冲存储器)
- 外存储器
  - 磁盘(硬盘、软盘)
  - 光盘(CDROM、DVD)
  - 闪存(U 盘、SD 卡、TF 卡)
  - 磁带

图 1-1-4　存储器的组成

（1）内存储器

内存储器简称内存，也称主存，是 CPU 可直接访问的存储器，是计算机中的工作存储器，当前正在运行的程序与数据都必须存放在内存中。内存储器和 CPU 一起构成了计算机的主机部分。

内存可分为只读存储器（ROM）和随机存储器（RAM）以及高速缓冲存储器（Cache）。

① 只读存储器（ROM）

ROM 中的数据或程序一般是在将 ROM 装入计算机前事先写好，数据只能够读出，不可改写或写入新的数据，断电后数据依然存在，能够长期保存。

ROM 的容量较小，一般存放系统的基本输入/输出系统（BIOS）等。

② 随机存储器（RAM）

RAM 既可以写入数据，也可以读出数据，只是断电后数据就消失。RAM 的容量要比 ROM 大得多，微机中的内存一般指 RAM。

RAM 也分为两类，一是 DRAM（动态 RAM），二是 SRAM（静态 RAM）。由于 SRAM 的读写速度远高于 DRAM，所以 SRAM 常作为计算机中的高速缓存，而 DRAM 用作普通内存和显示内存。

③ 高速缓冲存储器（Cache）

随着 CPU 主频的不断提高，CPU 对 RAM 的存取速度提高了，而 RAM 的响应速度相对较低，造成了 CPU 等待，降低了处理速度，浪费了 CPU 的能力。为协调二者之间的速度差，在内存和 CPU 之间设置一个与 CPU 速度接近的、高速的、容量相对较小的存储器，把正在执行的指令地址附近的一部分指令或数据从内存调入这个存储器，供 CPU 在一段时间内使用。这个介于内存和

CPU 之间的高速小容量存储器称作高速缓冲存储器（Cache），简称缓存。

相比 ROM 和 RAM，高速缓冲存储器（Cache）读取速度最快。

（2）外存储器

外存储器也称为辅助存储器，简称外存，由于内存的容量有限，ROM 中的信息难以更改，而 RAM 中的信息断电后会丢失，因此，外存是非常重要的存储设备。

外存是主机的外部设备，它不能直接与 CPU 进行数据传递，存放在外存中的数据必须调入内存中才能进行数据处理，CPU 中的数据也必须通过内存才能送入外存。外存存取的速度较内存慢得多，用来存储大量的暂不参加运算或处理的数据或程序，一旦需要，可成批地与内存交换信息。

外存分为磁介质型存储器和光介质型存储器两种，磁介质型常指硬盘和软盘，光介质型则指光盘。

4. 输入设备

外部信息与计算机的接口称为输入设备，主要功能是把原始数据和处理这些数据的程序转换为计算机能够识别的二进制代码，通过输入接口输入到计算机的存储器中，供 CPU 调用和处理。

常用的输入设备有：鼠标器、键盘、扫描仪、数字化仪、数码摄像机、条形码阅读器、数码相机、A/D 转换器等。

5. 输出设备

输出设备和输入设备正好相反，输出设备是计算机将内部信息送给操作者或其他设备的接口。

常见的输出设备有显示器、打印机、音箱，还有绘图仪以及各种数模转换器等。

1.1.3.3 计算机软件的组成

软件是计算机系统的重要组成部分，是计算机的灵魂，没有软件，计算机就无法工作。通常把没有安装任何软件的计算机称为裸机。软件的安装使计算机具有了非凡的灵活性和通用性，也因此决定了计算机的任何动作都离不开由人安排的指令。

人们针对某一需要而为计算机编制的指令序列称为程序；程序连同有关的说明资料称为软件。配上软件的计算机才成为完整的计算机系统。

计算机软件系统根据其功能和面向的对象分为系统软件和应用软件两大类，如图 1-1-5 所示。

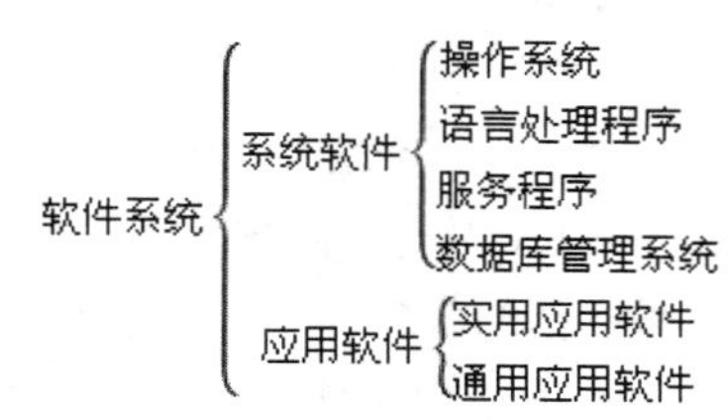

图 1-1-5 计算机软件系统的分类

1. 系统软件

系统软件一般是指为用户能够使用计算机而提供的基本软件，用于计算机的管理、维护、控制、运行和语言翻译处理等，它管理和控制计算机的各种操作，系统软件居于计算机系统中最靠近硬件的一层。

系统软件又分为：操作系统、语言处理程序及其系统支撑与服务软件和数据库管理系统等。

（1）操作系统

操作系统（Operating System）是用户使用计算机的界面，是位于底层的系统软件，其他系统软件和应用软件都是在操作系统上运行的。操作系统的功能是管理计算机的硬件资源和软件资源，为用户提供高效、周到的服务。也可以说，操作系统是硬件与软件的接口。

常用的操作系统有 DOS、Windows、UNIX、Linux 等。

① DOS 操作系统

DOS 操作系统是单用户单任务的操作系统，非常适合作为个人计算机的操作系统，为用户提供了良好的接口，具有交互的字符界面，有很强的文件和磁盘管理功能。DOS 操作系统已经被淘汰。

② Windows 操作系统

Windows 操作系统是 Microsoft 公司开发的图形用户界面操作系统，具有多任务处理、大内存管理、统一的用户界面和一致的操作方式等特点。Windows 操作系统历经 Windows 95、Windows 98、Windows 2000、Windows XP、Windows 7、Windows 8，其中 Windows 95、Windows 98、Windows 2000 已经被淘汰，Windows XP 于 2014 年 4 月 18 日停止服务，Windows 7 和 Windows 8 成为主流操作系统。

③ UNIX 操作系统

UNIX 操作系统是多用户、多任务、交互式的分时操作系统，具有结构紧凑、功能强、效率高、使用方便及移植性好的特点，它主要安装在巨型计算机、大型机上作为网络操作系统使用，也可用于个人计算机和嵌入式系统。

④ Linux 操作系统

Linux 是一套免费使用和自由传播的类 UNIX 操作系统，是一个基于 POSIX 和 UNIX 的多用户、多任务、支持多线程和多 CPU 的操作系统。它能运行主要的 UNIX 工具软件、应用程序和网络协议。它支持 32 位和 64 位硬件。Linux 继承了 UNIX 以网络为核心的设计思想，是一个性能稳定的多用户网络操作系统。

（2）语言处理程序

用各种程序设计语言（如汇编语言、C++、JAVA 等）编写的源程序，计算机是不能直接执行的，必须经过翻译（对汇编语言源程序是汇编，对高级语言源程序则是编译或解释），将它们翻译成机器可执行的二进制语言程序（也就是机器语言程序）。这些翻译程序就是语言处理程序，包括汇编程序、编译程序和解释程序等。

① 汇编程序

把汇编语言编写的源程序翻译成机器可执行的目标程序，是由汇编程序来完成翻译的，这种翻译过程称为汇编，如图 1-1-6 所示。

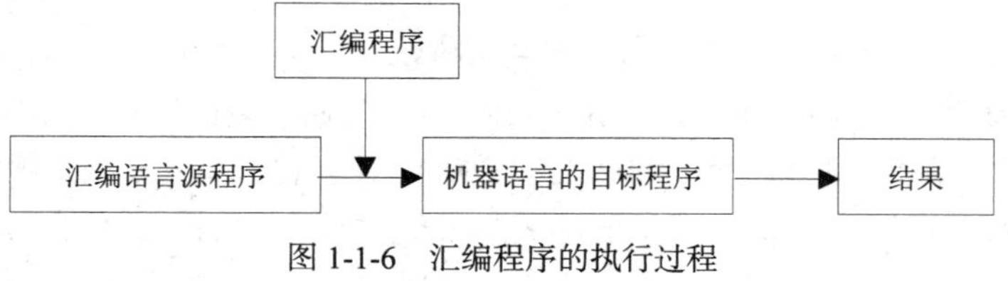

图 1-1-6　汇编程序的执行过程

② 编译程序

编译程序是翻译程序，它将用高级语言所编写的源程序翻译成用等价的机器语言来表示的目标程序，然后去执行目标程序，得出运算结果，其翻译过程称为编译。如图 1-1-7 所示。

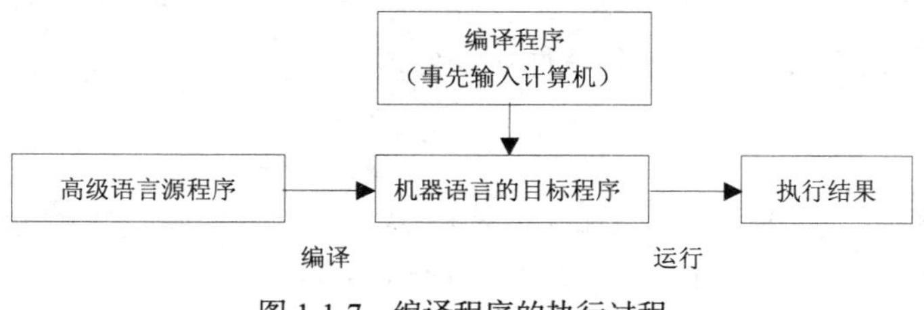

图 1-1-7　编译程序的执行过程

③ 解释程序

解释程序接收到源程序后对源程序的每条语句逐句进行解释并执行，最后得出结果。也就是说，解释程序对源程序是一边翻译，一边执行，是直接执行源程序或源程序的内部形式的，并不产生目标程序。如图 1-1-8 所示。

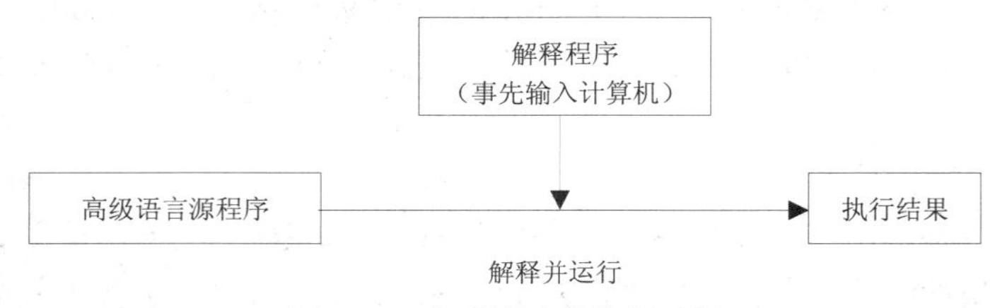

图 1-1-8　解释程序的执行过程

编译程序和解释程序的区别是：编译程序首先将源程序译成目标代码，计算机再执行由此生成的目标程序，而解释程序则是检查高级语言书写的源程序，然后直接执行源程序所指定的动作。

编译程序和解释程序各有优缺点。编译方式的优点是执行速度快，但占用较多的内存，并且不灵活，若源程序有错，必须修改后重新编译，从头执行；解释方式的优点是占用内存少、灵活，但与编译方式相比要占用更多的机器时间，并且执行过程也离不开翻译程序。

（3）系统支撑和服务程序

这些程序又称为工具软件或实用程序，如系统诊断程序、调试程序、排错程序、编辑程序、查杀病毒程序等，都是为维护计算机系统的正常运行或支持系统开发所配置的软件系统。

（4）数据库管理系统

数据库管理系统主要用来建立存储各种数据资料的数据库，并对其进行操作和维护。

常用的数据库管理系统有微机上的 FoxPro、FoxBASE+、Access 和大型数据库管理系统，如 Oracle、DB2、Sybase、SQL Server 等，它们都是关系型数据库管理系统。

2. 应用软件

应用软件是为解决计算机各类应用问题而编写的软件，它是在硬件和系统软件的支持下，面向具体问题和具体用户的软件，随着计算机应用领域的不断拓展和计算机应用的广泛普及，各种各样的应用软件与日俱增，如办公类软件 Microsoft Office、WPS Office、永中 Office、谷歌在线办公系统；图形处理软件 Photoshop、Illustrator；三维动画软件 3ds Max、Maya 等；即时通信软件 QQ、MSN、UC 和 Skype 等。

应用软件可分为应用软件包与用户程序两种。

（1）应用软件包

应用软件包是为了实现某种特殊功能或特殊计算，而精心设计、开发的结构严密的独立系统，是一套满足许多同类应用的用户需要的软件。一般来讲，各种行业都有适合自己使用的应用软件包。目前常用的软件包有字处理软件、表处理软件、会计电算化软件、绘图软件、运筹学软件包等。

（2）用户程序

用户程序是用户为了解决特定的具体问题而开发的软件。充分利用计算机系统的种种现成软件，同时在应用软件包的支持下可以更加方便、有效地研制用户专用程序，如各种票务管理系统、人事管理系统和财务管理系统等。

1.2 数据在计算机中的表示

开学伊始，各大运营商的广告铺天盖地，什么 4G 网络下载速度 100 M，什么赠送流量 1G。这些运营商所说的 M、G 到底是什么意思呢？

1.2.1 学习目标

（1）掌握计算机中数据的表示方法。

（2）掌握不同数制之间的转换。

（3）了解计算机中的信息编码。

1.2.2 了解数制

数制即表示数的方法，按进位的原则进行计数的数制称为进位数制，简称“进制”。对于任何进位数制，都有以下特点：

数码：每一进制都有固定数目的记数符号（数码）。例如，十进制有 10 个数码 0～9。

基数：在进制中允许选用基本数码的个数称为基数。例如，十进制的基数为 10。

位权表示法：一个数码和其在不同位置上所代表的值不同，如数码 8，在个位数上表示 8，在十位数上表示 80，这里的个（10^0）、十（10^1）……，称为位权。位权的大小以基数为底，数码所在位置的序号为指数的整数次幂。一个进制数可按位权展开成一个多项式，例如：

$$123.45=1\times10^2+2\times10^1+3\times10^0+4\times10^{-1}+5\times10^{-2}$$

为了区分各进制数，规定在十进制数后面加 D(Decimal)，二进制数后面加 B(Binary)，八进制数后面加 O(Octal)，十六进制数后面加 H(Hexadec al)，且十进数的 D 可以省略。

1.2.2.1 二进制

数码：只有两个数字符号，即 0 和 1。

基数：基数是 2。

位权表示法：$(1010)_B=1\times2^3+0\times2^2+1\times2^1+0\times2^0$。

1.2.2.2 八进制

数码：它有 8 个数字符号，即 0，1，2，3，4，5，6，7。

基数：基数是 8。

位权表示法：$(731)_O=7\times8^2+3\times8^1+1\times8^0$。

1.2.2.3 十进制

数码：它有 10 个数字符号，即 0、1、2、3、4、5、6、7、8、9。

基数：基数是 10。

位权表示法：$(128)_D=1\times10^2+2\times10^1+8\times10^0$。

1.2.2.4 十六进制

数码：它有 16 个数字符号 0，1，2，3，4，5，6，7，8，9，A，B，C，D，E，F。

基数：基数是 16。

位权表示法：$(8F)_H=8\times16^1+F\times16^0$。

1.2.3 进制转换

在高速发展的信息社会，计算机成了人们生活中不可缺少的一部分，帮助人们解决通信、联络互动等方面的问题，而“进制转换”问题与我们的日常生活密切相关。在计算机常用的 4 种进制中，它们之间有着一定的联系，即各进制之间可以相互进行转换。

1.2.3.1 二进制、八进制、十六进制转换为十进制

按权展开求和，即将每位数码乘以相应的权值并累加。

【例 1-1】 将（1001.1）$_B$、（345.73）$_O$、（A3B.E5）$_H$转换成十进制数。

$$(1001.1)_B = 1\times2^3+0\times2^2+0\times2^1+1\times2^0+1\times2^{-1}$$
$$=8+1+0.5=(9.5)_D$$

$$(345.73)_O = 3\times8^3+4\times8^1+5\times8^0+7\times8^{-1}+3\times8^{-2}$$
$$=192+32+5+0.875+0.046875=(229.921875)_D$$

$$(A3B.E5)_H = 10\times16^2+3\times16^1+11\times16^0+14\times16^{-1}+5\times16^{-2}$$
$$=2560+48+11+0.875+0.01953125=(2619.89453125)_D$$

1.2.3.2 十进制转换为二进制、八进制、十六进制

整数部分和小数部分须分别遵守不同的转换规则。假设将十进制数转换为 R 进制数：

整数部分：除以 R 取余法，直到商为 0 为止，最先得到的余数为最低位，最后得到的余数为最高位。

小数部分：乘 R 取整法，直到积为 0 或达到有效精度为止，最先得到的整数为最高位（最靠近小数点），最后得到的整数为最低位。

【例 1-2】 将（53.225）$_D$转换成二进制数（取 4 位小数）

除法	余数	
2 | 53		
2 | 26	1	低位
2 | 13	0	
2 | 6	1	
2 | 3	0	
2 | 1	1	
0	1	高位

得（53）$_D$=（110101）$_B$

乘法	整数	
0.225 × 2 = 0.450	0	高位
0.450 × 2 = 0.900	0	
0.900 × 2 = 1.800	1	
0.800 × 2 = 1.600	1	低位

得$(0.225)_D=(0.0011)_D$

因此：$(53.225)_D=(110101.0011)_B$

1.2.3.3　二进制数转换为八、十六进制数

因为 $2^3=8$，$2^4=16$，所以 3 位二进制数对应 1 位八进制数，4 位二进制数对应 1 位十六进制数。二进制数转换为八、十六进制数比转换为十进制数容易得多，因此常用八、十六进制数来表示二进制数。表 1-2-1 列出了它们之间的对应关系。

表 1-2-1　　二进制数、八进制数和十六进制数之间的对应关系

二进制	八进制	十六进制	二进制	八进制	十六进制
000	0	0	1000	10	8
001	1	1	1001	11	9
010	2	2	1010	12	A
011	3	3	1011	13	B
100	4	4	1100	14	C
101	5	5	1101	15	D
110	6	6	1110	16	E
111	7	7	1111	17	F

将二进制数以小数点为中心分别向两边分组，转换成八（或十六）进制数，每 3（或 4）位为一组，不够位数在两边加 0 补足，然后将每组二进制数化成八（或十六）进制数即可。

【例 1-3】　将二进制数 1001101101.11001 分别转换为八、十六进制数。

$(001001101101.110010)_B=(1155.62)$（注意：在两边补零）

$(001001101101.11001000)_B=(26D.C8)_H$

四、八进制、十六进制转换为二进制。

将每位八（或十六）进制数展开为 3（或 4）位二进制数，不够位数在左边加 0 补足。

【例 1-4】　$(631.02)_O=(110011001.000010)_B$

$(23B.E5)_H=(001000111011.11100101)_B$

注意：整数前的高位零和小数后的低位零可以取消。

1.2.4　数据与编码

由于计算机要处理的数据信息十分庞杂，有些数据所代表的含义又使人难以记忆。为了便于使用，容易记忆，常常需要对加工处理的对象进行编码，用一个编码符代表一条信息或一串数据。对数据进行编码在计算机的管理中非常重要，可以方便地进行信息分类、校核、合计、检索等操作，因此，数据编码就成为计算机进行数据处理的关键。

1.2.4.1　数据

数据是指能够输入计算机并被计算机处理的数字、字母和符号的集合。在计算机内部，数据都是以二进制的形式存储和运算的。在计算机内，数据可用以下单位进行表示。

1. 位

二进制数据中的位（bit），是计算机存储数据的最小单位。一个二进制代码称为 1 位。

2. 字节

在对二进制数据进行存储时，以 8 位二进制代码为一个单元存放在一起，称为字节（Byte），

简记为 B，字节是计算机数据处理的最基本单位。

3. 字

一条指令或一个数据信息，称为一个字（Word）。字是计算机信息交换、处理、存储的基本单元。

4. 字长

字长是 CPU 能够直接处理的二进制的数据位数，它直接关系到计算机的精度、功能和速度。字长越长，处理能力就越强。计算机型号不同，其字长是不同的，常用的字长有 8 位、16 位、32 位和 64 位的。

5. 数据的换算关系

不同数据单位之间有以下换算关系：1Byte=8bits、1KB=1024B、1MB=1024KB、1GB=1024MB、1TB=1024GB。

1.2.4.2 字符编码

目前采用的字符编码主要是ASCII码，它是American Standard Code for Information Interchange 的缩写（美国标准信息交换代码），已被国际标准化组织 ISO 采纳，作为国际通用的信息交换标准代码。ASCII 码是一种西文机内码，有 7 位 ASCII 码和 8 位 ASCII 码两种，7 位 ASCII 码称为标准 ASCII 码，8 位 ASCII 码称为扩展 ASCII 码。7 位标准 ASCII 码用一个字节（8 位）表示一个字符，并规定其最高位为 0，实际只用到 7 位，因此可表示 128 个不同字符。同一个字母的 ASCII 码值小写字母比大写字母大（32）D，即（20）H。ASCII 码表如表 1-2-2 所示。

表 1-2-2　ASCII 码表

	0	1	2	3	4	5	6	7
0	NUL	DEL	SP	0	@	P		p
1	SOH	DC1	!	1	A	Q	a	q
2	STX	DC2	“	2	B	R	b	r
3	ETX	DC3	#	3	C	S	c	s
4	EOT	DC4	$	4	D	T	d	t
5	ENQ	NAK	%	5	E	U	e	u
6	ACK	SYN	&	6	F	V	f	v
7	DEL	ETB		7	G	W	g	w
8	BS	CAN	(	8	H	X	h	x
9	HT	EM	)	9	I	Y	i	y
A	LF	SUB	*	:	J	Z	j	z
B	VT	ESC	+	;	K	[	k	{
C	FF	FS	,	<	L	\	l	|
D	CR	GS	-	=	M	]	m	}
E	SO	RS	.	>	N		n	~
F	SI	US	/	?	O	_	o	DEL

1.2.4.3 汉字编码

所谓汉字编码，就是采用一种科学可行的办法，为每个汉字编一个唯一的代码，以便计算机辨认、接受和处理。

1. 汉字交换码

由于汉字数量极多，一般用连续的两个字节（16 个二进制位）来表示一个汉字。1980 年，我国颁布了第一个汉字编码字符集标准，即 GB 2312—80《信息交换用汉字编码字符集基本集》，该标准编码简称国标码，是我国大陆地区及新加坡等海外华语区通用的汉字交换码。GB 2312—80 收录了 6763 个汉字，以及 682 个符号，共 7445 个字符，奠定了中文信息处理的基础。

2. 汉字机内码

国标码 GB 2312 不能直接在计算机中使用，因为它没有考虑与基本的信息交换代码 ASCII 码的冲突。比如："大" 的国标码是 3473H，与字符组合 "4S" 的 ASCII 相同，"嘉" 的汉字编码为 3C4EH，与码值为 3CH 和 4EH 的两个 ASCII 字符 "<" 和 "N" 混淆。为了能区分汉字与 ASCII 码，在计算机内部表示汉字时把交换码（国标码）两个字节最高位改为 1，称为 "机内码"。这样，当某字节的最高位是 1 时，必须和下一个最高位同样为 1 的字节合起来，代表一个汉字，而某字节的最高位是 0 时，就代表一个 ASCII 码字符，以和 ASCII 码区别，这样最多能表示 $2^7 \times 2^7$ 个汉字。

3. 汉字输入码

英文的输入码与机内码是一致的，而汉字输入码是指通过键盘输入的各种汉字输入法的编码，也称为汉字外部码（外码）。

目前我国的汉字输入码编码方案已有上千种，但是在计算机上常用的只有几种，根据编码规则，这些汉字输入码可分为流水码、音码、形码和音形结合码四种。智能 ABC、微软拼音、搜狗拼音和谷歌拼音等汉字输入法为音码，五笔字型为形码。音码重码多、单字输入速度慢，但容易掌握；形码重码较少，单字输入速度较快，但是学习和掌握较困难。目前以智能 ABC、微软拼音、紫光拼音输入法和搜狗输入法等音码输入法为主流汉字输入方法。

4. 汉字字形码

所谓汉字字形码，实际上就是用来将汉字显示到屏幕上或打印到纸上所需要的图形数据。

汉字字形码记录汉字的外形，是汉字的输出形式。记录汉字字形通常有两种方法，即点阵法和矢量法，分别对应两种字形编码，即点阵码和矢量码。所有的不同字体、字号的汉字字形构成汉字库。

点阵码是一种用点阵表示汉字字形的编码，它把汉字按字形排列成点阵，点阵越多，打印出的字体越好看，但汉字占用的存储空间也越大。一个 16×16 点阵的汉字要占用 32 个字节，一个 32×32 点阵的汉字则要占用 128 字节，而且点阵码缩放困难且容易失真。

1.3 计算机硬件的选购与组装

在对计算机整机进行设备选购之前，需要从使用需求、性价比以及售后服务三个方面综合考虑。

1. 使用需求

所谓使用需求，是指在选购计算机整机时，用户应根据各自的具体需求选择计算机中的各个硬件，切忌一味追求高档的硬件设备或盲目跟风。大致上按用途可以将计算机分为办公用计算机、家庭和学生用计算机、游戏或图形图像设计人员用计算机以及网吧计算机。

2. 性价比

计算机的性价比是指计算机配件性能与价格的比值，用尽可能少的资金购买性能尽可能优良的产品，即实现性价比最大化。

3. 售后服务

购买拥有良好售后服务的计算机，能让用户在使用计算机时无后顾之忧。目前只要是通过正规渠道购买的计算机，无论是品牌机还是兼容机，一般情况下都能获得比较好的售后服务。

1.3.1 学习目标

（1）了解组装一台计算机的必备部件。

（2）掌握计算机各部件的安装方法。

（3）熟悉计算机各设备的连线方法。

1.3.2 计算机硬件选购

计算机主要部件的功能和技术参数决定了计算机的整机性能。要购置计算机，首先需要了解计算机的基本配置、性能，以及影响计算机整机性能的主要参数，然后根据需求确定所购计算机的配置方案。

计算机的主机包括 CPU（中央处理器）、主板、内存、硬盘、显卡、机箱、电源等。

1.3.2.1 CPU

CPU（CentralProcessing Unit）即中央处理器，是计算机的核心部件，是整个计算机的控制指挥中心。它是一块超大规模的集成电路，是一台计算机的运算核芯（Core）和控制核芯（Control Unit）。它的功能主要是解释计算机指令以及处理计算机软件中的数据。

一般来说，Intel 公司的 CPU 性能好，运行稳定，但是价格偏高，适合于商业用户或者有图像处理需求的用户；相比而言，AMD 公司的 CPU 性价比高，适合家庭用户。Intel 公司的 CPU 和 AMD 公司的 CPU 在接口、外形上，都不一样。

Intel 公司出品的家用 CPU 现在主要有奔腾、赛扬、i3、i5、i7 等系列，核芯数也从双核到八核不等，基本上是采用 65 纳米或 22 纳米的制作工艺。图 1-3-1 所示的 CPU 为 Intel 酷睿 i5-4570，采用 LGA 1150 的接口，CPU 主频为 3.2 GHz，四核芯，22 纳米制作工艺，内置 HD4600 核心显卡。

图 1-3-1 Intel 酷睿 i5-4570

AMD 公司出品的家用 CPU 现在主要有速龙、羿龙、A6、A8、A10 等系列，核心数从双核到十二核不等，基本上是采用 90 纳米或 65 纳米制作工艺。图 1-3-2 所示的 CPU 为 AMD A10-6800K，采用 Socket FM2 接口，CPU 主频为 4.1GHz，四核芯，65 纳米制作工艺内置 AMD Radeon HD8670D 核心显卡。

两款 CPU 相比，CPU 部分 i5 好，核芯显卡（以下简称“核显”）部分 A10 好。A10 的主要卖点是核显，搭配双通道内存，大致相当于独立显卡 HD6570、GT630，可以低效应付大型 3D 游戏，CPU 部分综合和 i3 差不多，没什么升级空间，适合预算不多、不配独立显卡的普通家用，偶尔玩玩游戏，对游戏要求不高。i5 的 CPU 部分属中高端，比 A10 强很多，但其核显只是满足计算机基本显示输出，其性能大致与 GT430 相同，与 GT430 水平相当，实际游戏性能偏差，适合配独立显卡（以下简称“独显”）的用户，搭配中高端独显，游戏体验较好。

图 1-3-2　AMD

选购 CPU 时应注意以下几点。

（1）确定 CPU 的品牌，可以选用 Intel 或 AMD，AMD 的性价比较高，而 Intel 的稳定性较高。

（2）CPU 和主板配套，也就是 CPU 的接口类型要匹配。

【知识拓展】

CPU 需要通过某个接口与主板连接才能进行工作。CPU 经过这么多年的发展，采用的接口方式有引脚式、卡式、触点式、针脚式等。而目前 Intel CPU 的接口都是触点式接口，AMD CPU 的接口都是针脚式接口，对应到主板上就有相应的插槽类型。CPU 接口类型不同，在插孔数、体积、形状等方面都有变化，所以不能互相接插。

（3）查看 CPU 的参数，如 CPU 的主频、核芯数量、二级缓存等。

（4）是否集成核芯显卡，最新的 Intel 的 CPU 和 AMD A 系列的 CPU 都在 CPU 中集成了显卡，其性能相当于中低端独立显卡。

（5）盒装与散装的区别在于，盒装是有风扇且有正规质保的，散装没有风扇且没有正规质保。

1.3.2.2　主板

主板是计算机中最大的一块多层印制电路板，具有 CPU 插槽、内存插槽及其他外设的接口电路的插槽，另外还具有 CPU 与内存、外设传输数据的控制芯片（即主板的“芯片组”）。它的性能直接影响整个计算机系统的性能。

不同厂商的 CPU，需要搭配不同的主板。

通常主板应该包含芯片组、音效芯片、内存插槽、CPU 插槽、显卡插槽、硬盘接口、USB 接口等，提供的设备连接口包括键鼠接口、网络接口、显示接口、音频接口和 USB 接口。主板的结构及接口如图 1-3-3 所示。

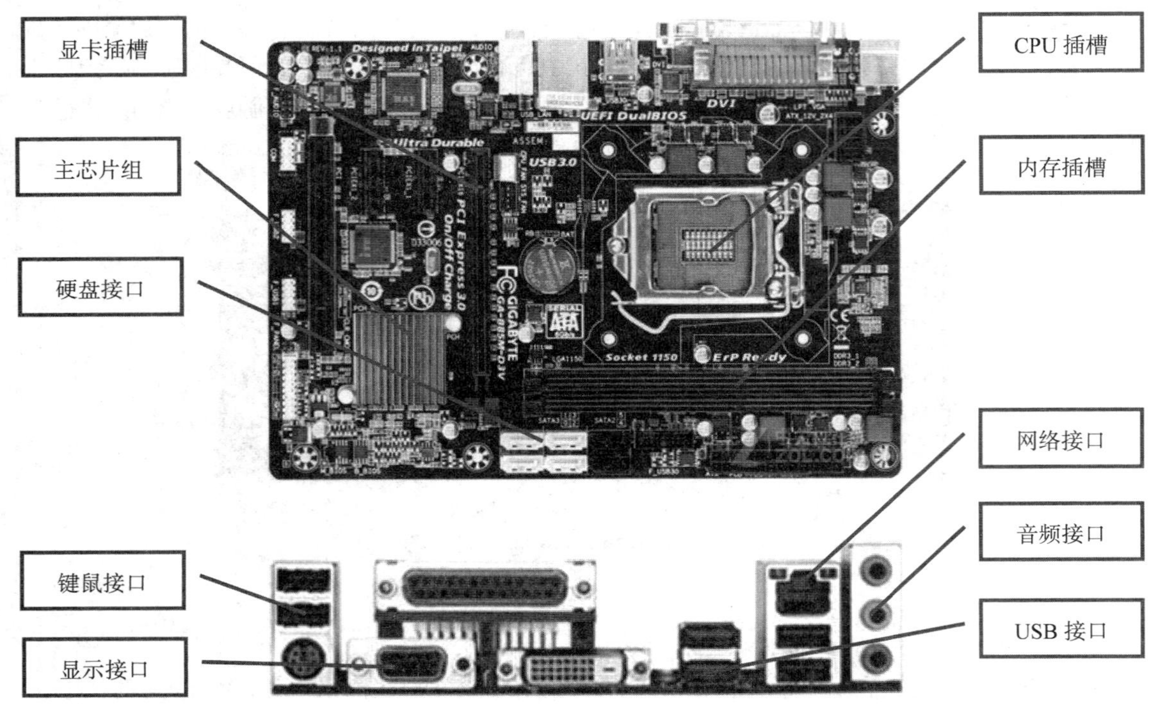

图 1-3-3　主板结构及接口

除了能支持不同的 CPU 以外，这些主板都包含内存插槽、SATA 硬盘接口和 USB 接口等数量的区别。根据不同的用途和扩展的需求，可以确定这些扩展槽的数量。同时，现在的主板都集成了声卡和网卡，并具有显示输出的接口，便于核芯显卡的显示输出。

【知识拓展】

USB，是英文 UniversalSerial Bus（通用串行总线）的缩写，而其中文简称为“通串线”，这是一个外部总线标准，用于规范计算机与外部设备的连接和通信，是应用在 PC 领域的接口技术。USB 接口支持设备的即插即用和热插拔功能。USB 是在 1994 年底由英特尔、康柏、IBM、Microsoft 等多家公司联合提出的。

USB 有 1.1、2.0 和 3.0 三种版本。USB1.1 的最高传输速率为 12Mbit/s（兆位每秒），USB 2.0 的最高传输速率为 480Mbit/s，USB 3.0 的最高传输速率为 5.0Gbit/s（吉位每秒）。USB 1.1 版本的接口已经被淘汰，现在计算机上常用的只有 USB 2.0 和 USB 3.0 两个版本。它们的区别就是 USB 3.0 的接口是蓝色的。

选购主板时应注意以下几点。

（1）对 CPU 的支持，主板和 CPU 是否配套。

（2）对内存、显卡、硬盘的支持，要求兼容性和稳定性好。

（3）扩展性能与外围接口，考虑计算机的日常使用，主板上除了有 PCI-E 插槽和 DIMM 插槽外，还应有 PCI 扩展槽和显示输出接口。

（4）主板的用料和制作工艺。就主板电容而言，全固态电容的主板好于半固态电容的主板。

（5）最好选择知名品牌的主板，目前知名的主板品牌有：华硕（ASUS）、微星（MSI）、技嘉

（GIGABYTE）等。

1.3.2.3　内存

计算机在运行过程中，数据临时存储在内存中，内存是 CPU 与其他设备进行沟通的桥梁。

现在主流应用的内存都是第三代 DDR（DDR3）、容量 4GB 以上、频率在 1333MHz 以上的内存，如图 1-3-4 所示。

图 1-3-4　内存

根据 Windows7 操作系统的运行要求，内存容量不应低于 2GB，如果是安装 64 位操作系统，内存容量不应低于 4GB。在 32 位操作系统下，高于 3.5GB 的内存容量是不能被操作系统使用的，所以内存容量的大小也要考虑操作系统的限制。一般来说，安装 32 位操作系统最高选择 4GB 的内存。

在选择内存时，如果主板支持内存双通道，可以购买两根相同的内存条，插在主板相同颜色的内存插槽上，可以组建内存双通道，使内存的带宽从 64bit 提高到 128bit，这样可以适当提高内存的处理能力。

选购内存时应注意以下几点。

（1）确定内存的品牌，最好选择名牌厂家的产品。比如 Kingston（金士顿），兼容性好、稳定性高，但市场上假货较多；现代（HYUNDAI）、ADATA（威刚）、Apacer（宇瞻）也是不错的品牌。

（2）内存容量的大小。

（3）内存的工作频率。

（4）仔细辨别内存的真伪。

（5）内存做工的精细程度。

1.3.2.4　硬盘

计算机中的数据绝大部分都是存储在硬盘上的，硬盘是微型计算机不可缺少的硬件设备之一。

现如今，主流的硬盘容量都在 1TB 以上，接口为 SATA3。在配置单中，选择了西数和希捷两家公司的产品，这也是硬盘市场中最大的两家，产品线从 500GB 到 3TB。

现在市面上有两种类型的硬盘，一种是机械硬盘，另一种是固态硬盘。如图 1-3-5 所示。机械硬盘就是传统的硬盘，由传动机构高速旋转硬盘碟片，磁头悬浮在盘片上进行数据读写操作。固态硬盘（Solid State Disk，SSD）是用固态电子存储芯片阵列而制成的硬盘，由控制单元和存储单元（FLASH 芯片、DRAM 芯片）组成。

机械硬盘与固态硬盘的优缺点对比如下。

（1）防震抗摔性：机械硬盘都是磁碟型的，数据储存在磁碟扇区里。而固态硬盘是使用闪存颗粒（即内存、MP3、U 盘等存储介质）制作而成，所以 SSD 固态硬盘内部不存在任何机械部件，即使在高速移动甚至伴随翻转倾斜的情况下也不会影响正常使用，而且在发生碰撞和震荡时能够将数据丢失的可能性降到最小。相较机械硬盘，固态硬盘占有绝对优势。

图 1-3-5　机械硬盘和固态硬盘

（2）数据存储速度：从评测数据来看，固态硬盘相对机械硬盘，性能提升了 2 倍多。

（3）功耗：固态硬盘的功耗上也要低于机械硬盘。

（4）重量：固态硬盘在重量方面更轻，与常规 1.8 英寸硬盘相比，重量轻 20～30 克。

（5）噪音：由于固态硬盘属于无机械部件及闪存芯片，所以具有了发热量小、散热快等特点，而且没有机械马达和风扇，工作噪声值为 0 分贝。机械硬盘就要逊色很多。

（6）价格：市场上 160GB 固态硬盘，价格为 500 元左右。而这个价钱足够买 1 个容量为 1TB 的机械硬盘了。

（7）容量：固态硬盘目前最大容量为 1TB。

（8）使用寿命：固态硬盘有读写寿命，好的 SSD 有 10 万次的读写寿命，成本低的 SSD，读写寿命仅有 1 万次，这比起机械硬盘毫无优势可言。

固态硬盘由于运行速度快，通常用来启动系统。在实际使用时，不要使用固态硬盘下载东西，不要将浏览器、在线播放软件等会产生大量临时数据的软件安装在固态硬盘中，或者将这些软件的缓存目录修改成其他机械硬盘，大量临时数据的写入操作会加速固态硬盘的闪存芯片的老化。

选购硬盘时应注意以下几点。

（1）硬盘容量的大小，可选择 500GB、1TB、2TB。

（2）硬盘的接口类型，目前流行的是 SATA3 接口，理论传输速度可达到 6Gbit/s。

【知识拓展】

SATA 是 Serial ATA 的缩写，即串行 ATA。它是一种计算机总线，主要功能是用作主板和大量存储设备（如硬盘及光盘驱动器）之间的数据传输之用。

SATA 分别有 SATA 1.5Gbit/s、SATA2 3Gbit/s 和 SATA3 6Gbit/s 三种规格。

（3）硬盘数据缓存，可选择 16MB、32MB、64MB。

【知识拓展】

对于大缓存的硬盘，在存取零碎数据时具有非常大的优势，因此当硬盘存取零碎数据时，需要不断地在硬盘与内存之间交换数据，如果有大缓存，则可将那些零碎数据暂存在缓存中，这样一方面可以减小外系统的负荷，另一方面也提高了硬盘数据的传输速度。

（4）硬盘的品牌选择，目前市场上知名的品牌有希捷（Seagate）、西部数据（Western Digital）、三星（Samsung）、日立（HITACHI）等。

1.3.2.5 显卡

显卡又称为显示适配器（见图 1-3-6），是主机与显示器通信的控制电路和接口，负责将主机发出的数字信号送给显示器显示。

图 1-3-6 显卡

俗话说"一分价钱一分货"，这句话用在显卡上，那是极正确的。显卡的性能越好，价格也随之上扬，选择一个合适、够用的显卡，在保证显示效果的情况下，可以极大地降低购机费用。

显卡性能是由显卡芯片决定的，如今主流的显卡都采用 NVIDIA 公司 GeForce 系列和 AMD 公司 Radeon 系列的显卡芯片，显卡芯片的产品线很长，从低端到高端，有数十个型号，在选购时，一定要注意。显卡芯片的核芯频率的高低，也决定着显卡处理能力的高低。同时，显存也是不容忽视的部分，它的频率、容量和位宽的参数，也给予显卡芯片不同的性能支持。当然，这些参数的提高，也造成了价格的提升。

除了独立显卡，显卡中还有一种集成显卡，就是集成在 CPU 中的核芯显卡，对显示效果没有特别要求的计算机，可以选择集成显卡，以节约装机费用。

选购显卡时应注意以下几点。

（1）显存容量和速度。

（2）显卡芯片：主要有 NVIDIA 和 AMD。

（3）散热性能。

（4）显存位宽：目前市场上的显存位宽有 64 位、128 位和 256 位三种，人们习惯上所说的 64 位显卡、128 位显卡和 256 位显卡就是指其相应的显存位宽。显存位宽越高，性能越好，价格也就越高。

（5）显卡接口：有 VGA、DVI 和 HDMI 三种。

【知识拓展】

VGA（又称 D-Sub）接口，即计算机采用 VGA 标准输出数据的专用接口。VGA 接口共有 15 针，分成 3 排，每排 5 个孔，是显卡上应用最为广泛的接口类型，绝大多数显卡都带有此种接口。它传输红、绿、蓝模拟信号以及同步信号（水平和垂直信号）。

DVI（DigitalVisualInterface）接口，即数字视频接口，是一种国际开放的接口标准，在 PC、DVD、高清晰电视（HDTV）、高清晰投影仪等设备上有广泛的应用。

HDMI（High Definition MultimediaInterface）接口，即高清晰度多媒体接口，是一种数字化视频/音频接口技术，是适合视频传输的专用型数字化接口，其可同时传送音频和视频信号，最高数据传输速度为 5Gbit/s，同时无须在信号传送前进行数/模或者模/数转换。

（6）显卡的品牌选择：目前市场上知名的品牌有 Colorful（七彩虹）、GALAXY（影驰）、ASUS（华硕）、UNIKA（双敏）。

1.3.2.6 机箱和电源

机箱和电源，是在配机时最容易忽视的配件。一个好的机箱和电源，就相当于一套好房子和充足的水电供应，在保护主机配件的时候，给所有的设备提供稳定的电力供应，并屏蔽外界磁场对机箱内配件的干扰。

选择空间大的机箱，除了能安装更多的配件外，还能有好的散热环境；选择使用优质材料制造的机箱，可以保证配件安装后不会变形；选择通过了 3C 认证的机箱，可以有效降低主机内部电磁辐射对使用者的伤害。

如果主机配件较多，电源最好选择额定功率在 400W 以上、电源接口线丰富的电源（见图 1-3-7）。电源风扇的大小，决定电源散热效果和运行噪声，通常首选采用 12cm 风扇的静音电源。

图 1-3-7　电源

1.3.2.7 显示器

显示器是计算机的输出设备，是用户与计算机进行交流的桥梁。

现在显示器都是选择液晶显示器，相比于老式的 CRT 显示器，液晶显示器有着发热低、无辐射、不伤眼等优点。

在选择液晶显示器的时候，主要考虑的是尺寸、动态响应时间、亮度。根据人眼的可视范围和最佳的使用效果，液晶显示器尺寸以 19～24 寸、动态响应时间在 10s 以下，亮度在 250：1 为合适。

同时，还需要考虑显示器的接口是否与显卡相匹配。

1.3.2.8 其他配件

鼠标和键盘是主要的输入设备，通常选配时购买套装的较多（见图 1-3-8）。常见接口有 PS/2 和 USB 两种。

图 1-3-8　键盘和鼠标

音箱是多媒体计算机的标准配置，常见的桌面音箱为 2.1 音箱、4.1 音箱（小数点前的数字表示有几个卫星音箱，小数点后的数字表示有几个低音炮）（见图 1-3-9），使用多卫星音箱时，要看主板上集成的声卡是否支持多声道的输出。

（a）2.1 音箱　　（b）4.1 音箱

图 1-3-9　常见的桌面音箱

散热器是给 CPU 降温的配件，尽管购买盒装的 CPU 带了散热器，但是考虑到环境温度和降温效果，购置单独的散热器可以更好地保护 CPU。

【知识拓展】

判断一台微型计算机的性能好坏，应该从以下性能指标考虑。

1. 主频

主频即时钟频率，是指计算机 CPU 在单位时间内发出的脉冲数，它在很大程度上决定了计算机的运算速度，主频的单位是赫兹（Hz）。时钟频率越高，表示电脑的性能越好。

2. 字长

字长是指计算机的运算部件能同时处理的二进制数据的位数，它与计算机的功能和用途有很大的关系。字长越长，电脑的性能越好。

3. 内核数

CPU 内核数是指 CPU 内执行指令的运算器和控制器的数量。所谓多核芯处理器，简单地说就是在一块 CPU 基板上集成两个或两个以上的处理器核芯，并通过并行总线将各处理器核芯连接起来。多核芯处理技术的推出，大大地提高了 CPU 的多任务处理性能，并已成为市场的主流。

4. 内存容量

内存容量是指内存储器中能存储信息的总字节数。一般来说，内存容量越大，计算机的处理速度越快。随着更高性能的操作系统的推出，计算机的内存容量会继续增加。内存容量越大，计算机的性能越好。

5. 运算速度

运算速度是指单位时间内执行的计算机指令数。

单位有 MIPS（Million Instructions Per Second，每秒 106 条指令）和 BIPS（Billion Instructions Per Second，每秒 109 条指令）。影响机器运算速度的因素很多，一般来说，主频越高，运算速度越快；字长越长，运算速度越快；内存容量越大，运算速度越快；存取周期越小，运算速度越快。

6. 其他性能指标

其他性能指标包括机器的兼容性（包括数据和文件的兼容、程序兼容、系统兼容和设备兼容）、系统的可靠性（平均无故障工作时间 MTBF）、系统的可维护性（平均修复时间 MTTR）等，另外，性价比也是一项综合性的评价计算机性能的指标。

1.3.3 计算机硬件的组装

当今社会，计算机的普及程度很高，很多家庭购买了计算机。从小学开始，大家就开始使用计算机，到高中阶段时，大部分人都能够熟练地进行计算机操作，但绝大部分只是对计算机的部分软件比较熟悉，而对计算机的硬件，特别是主机箱中的配件不了解，作为高职院校的学生，必须掌握计算机的硬件组成，并能够熟练地组装一台计算机。

计算机的各种部件买回来以后，需要自己将这些零散的部件组装成一台可以运行的计算机。

1.3.3.1 准备计算机组装工具

装机并不复杂，有了下面三种工具，装机会更得心应手。

1. 十字螺丝刀

组装电脑时所使用的螺丝钉都是十字形的，最好准备带磁性的螺丝刀，方便吸取螺丝钉。

2. 尖嘴钳

尖嘴钳可以用来折断一些材质较硬的机箱后面的挡板，也可以用来夹一些细小的螺丝、螺帽、跳线帽等小零件。

3. 导热硅脂

在安装 CPU 的时候，导热硅脂是必不可少的。用它可以填充散热器与 CPU 表面的空隙，更好地帮助散热。

1.3.3.2 组装计算机注意事项

1. 防静电

计算机里的配件比较娇贵，人体带的静电会对它们造成很大的伤害，譬如内部短路、损坏。在组装计算机之前，应该用手触摸一下良好接地的导体，把人体自带的静电导出。或是戴上绝缘手套进行安装。

2. 防潮湿

如果水分附着在计算机配件的电路上，很有可能造成短路而导致配件的损坏。

3. 防粗暴

在组装计算机时一定要防止粗暴的动作。因为计算机配件的许多接口都有防插反的防呆式设计，如果安装位置不到位，再加上用力过猛，就有可能引起配件的折断或变形。

1.3.3.3 组装计算机的步骤

步骤 1：在主板上安装 CPU 和散热风扇。

计算机在组装时，需要掌握 Intel 和 AMD 两家公司 CPU 的安装方法，因为这两家公司的 CPU 采用的接口和 CPU 插槽都是不一样的。

（1）AMD 公司 CPU 的安装

找到主板上安装 CPU 的插座，稍微向外、向上拉开 CPU 插座上的拉杆，拉到与插座垂直的位置。

仔细观察可看到在靠近阻力杆的插槽一角与其他三角不同，上面缺少针孔。取出 CPU，仔细观察 CPU 的底部会发现在其中一角上也没有针脚，这与主板 CPU 插槽缺少针孔的部分是相对应的（见图 1-3-10），只要让两个没有针孔的位置对齐就可以正常安装 CPU 了。

看清楚针脚位置以后就可以把 CPU 安装在插槽上了。安装时用拇指和食指小心夹住 CPU，然后缓慢下放到 CPU 插槽中，安装过程中要保证 CPU 始终与主板垂直，不要产生任何角度和错位，而且在安装过程中如果觉得阻力较大的话，就要拿出 CPU 重新安装。当 CPU 顺利地安插在 CPU 插槽中后，使用食指下拉插槽边的阻力杆至底部卡住后，CPU 的安装过程就大功告成了。

（2）AMD 公司 CPU 散热器的安装

整理散热器电源线，让电源线尽量靠供电插口近些。观察 AMD 扣具，将压杆恢复到初始位置，压杆与主板处于水平位置。将散热器两侧的卡扣分别扣在主板的扣具上，将压杆拉起并按下，压杆直到完全按下即可（此时与主板再次处于水平位置），如图 1-3-11 所示。

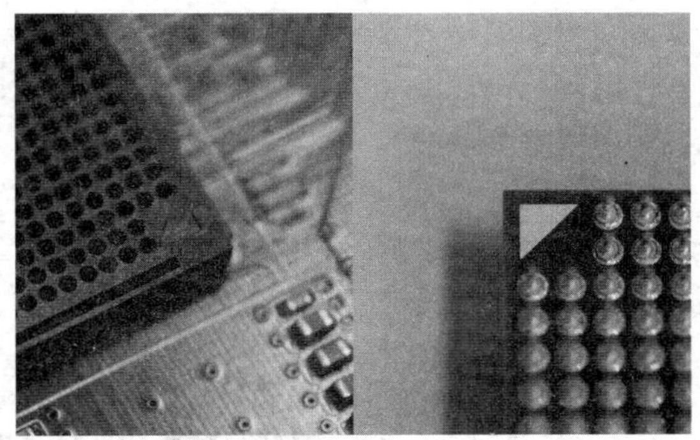
图 1-3-10　定位标识

图 1-3-11　固定散热器

插稳散热风扇的供电接口，如图 1-3-12 所示。

（3）Intel 公司 CPU 的安装

用力微压压杆，同时用力往外推，使其脱离固定卡扣，将压杆脱离卡扣后，可以顺利地将压杆拉起。如图 1-3-13 所示。

图 1-3-12　插上散热器供电接口

图 1-3-13　推起压杆

将固定 CPU 的盖子与压杆提起，完全打开插座上的固定件。

完全打开主板 CPU 插座上的固定件后，即可安装上 CPU。在安装 CPU 时，注意将 CPU 上的缺口对准主板插座上的缺口。如图 1-3-14 所示。

将 CPU 安装在主板上的 CPU 插座之后，即可轻轻将原先提起的固定 CPU 的盖子，盖回原位。将固定 CPU 的盖子盖回原位后，接着拉回旁边的压杆，并扣在插座的卡扣上。

（4）Intel 公司 CPU 散热器的安装

将散热器的四角对准主板相应的位置，然后用力压下四角扣具，如图 1-3-15 所示。

图 1-3-14　定位缺口

图 1-3-15　压下扣具

固定好散热器后，再将散热风扇接到主板的供电接口上。在连接时，根据主板说明书的提示，找到主板上安装风扇的接口，将风扇插头插入即可，如图 1-3-16 所示。

步骤 2：安装内存条。

安装内存条前先要将内存插槽两端的卡扣向两边扳动，将其打开，这样才能将内存插入。然后再插入内存条，内存条的 1 个凹槽必须直线对准内存插槽上的 1 个凸点（隔断），如图 1-3-17 所示。

图 1-3-16　插上散热器供电接口

图 1-3-17　内存定位缺口

再向下按入内存条，在按的时候需要稍稍用力。

步骤 3：将主板安装到机箱中。

在安装主板之前，先将机箱提供的主板垫脚螺母安放到机箱主板托架的对应位置（有些机箱购买时就已经安装好）。

将 I/O 挡板安装到机箱的背部。

双手平托住主板，将主板放入机箱中，拧紧螺丝，固定主板。注意，螺丝不能一次性就拧紧，以避免扭曲主板。

步骤 4：安装电源。

先将电源放进机箱上的电源位，并将电源上的螺丝固定孔与机箱上的固定孔对正。然后先拧上一颗螺钉（固定住电源即可），然后将剩下 3 颗螺钉孔对正位置，再拧上剩下的螺钉即可。

步骤 5：安装硬盘。

在机箱内找到硬盘驱动器舱。再将硬盘插入驱动器舱内，并使硬盘侧面的螺丝孔与驱动器舱上的螺丝孔对齐，如图 1-3-18 所示。

用螺丝将硬盘固定在驱动器舱中。在安装的时候，要尽量把螺丝上紧，将其固定得稳一点，因为硬盘经常处于高速运转的状态，这样可以减少噪声以及防止震动。

步骤 6：安装显卡。

将显卡插入插槽中后，用螺丝固定显卡。固定显卡时，要注意显卡挡板下端不要顶在主板上，否则无法插到位。插好显卡，固定挡板螺丝时要松紧适度，注意不要影响显卡插脚与 PCI/PCE-E 槽的接触，更要避免引起主板变形。安装声卡、网卡或内置调制解调器与之相似，在此不再赘述。

步骤 7：连接相关数据线。

前置音频：找到一个跳线的插头上标有 AUDIO，这个插头就是前置的音频跳线。在主板上找到 AUDIO 插槽并插入，这个插槽通常在显卡插槽附近，如图 1-3-19 所示。

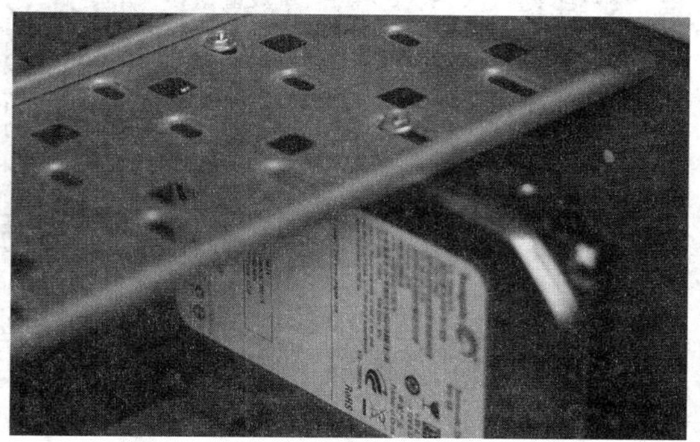

图 1-3-18　安装硬盘

图 1-3-19　连接前置音频线

前置 USB：找到标有 USB 字样或者一组包含“+5V、-D、+D、G”字样的 USB 跳线，将其插入 USB 跳线插槽中，如图 1-3-20 所示。

机箱控制线：找到主板跳线插座，一般位于主板右下角。将硬盘灯跳线 HDD LED、重启键跳线 RESET SW、电源信号灯 POWER LED、电源开关跳线 POWER SW、报警器跳线 SPEAKER 分别插入对应的接口，如图 1-3-21 所示。

图 1-3-20　连接前置 USB

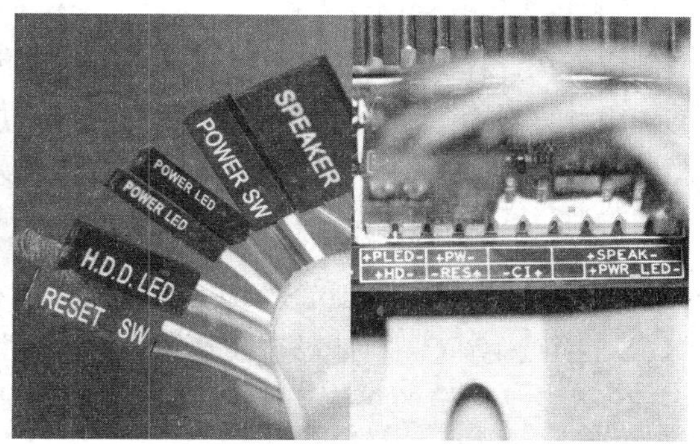

图 1-3-21　连接机箱控制线

连接电源：主板上一般提供 24PIN 的供电接口或 20PIN 的供电接口。主板的电源插座采用了防呆设计，正确的插法是将带有卡扣的一侧对准电源插座凸出来的一侧插进去。同时，插上 CPU 供电电源。

连接硬盘：硬盘一般采用 SATA 接口或 IDE 接口，现在的大多数主板上，有多个 SATA 接口。

然后连接硬盘的电源线和数据线，如图 1-3-22 所示。

步骤 8：整理内部连线和合上机箱盖。

机箱内部的空间并不宽敞，加之设备发热量都比较大，如果机箱内没有一个宽敞的空间，会影响空气流动与散热，同时容易发生连线松脱、接触不良或信号紊乱的现象。装机箱盖时，要仔细检查各部分的连接情况，确保无误后，把主机的机箱盖盖上，上好螺丝，主机安装就成功完成了，如图 1-3-23 所示。

图 1-3-22　连接硬盘电源线及数据线

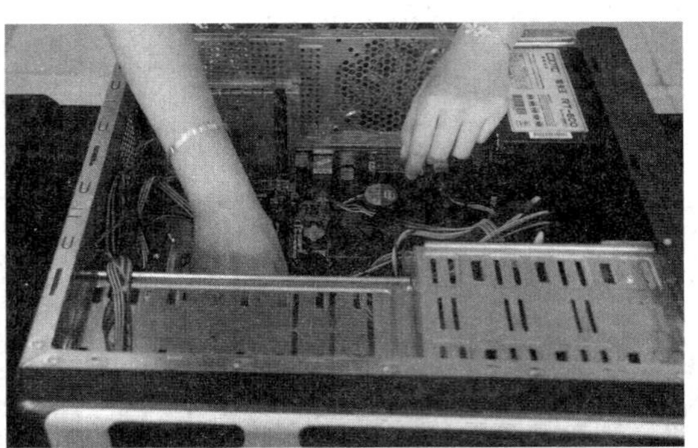

图 1-3-23　整理机箱

步骤 9：连接外设。

主机安装完成以后，把相关的外部设备如键盘、鼠标、显示器、音箱等同主机连接起来。

至此，所有的计算机设备都已经安装好，按下机箱正面的开机按钮启动计算机，可以听到 CPU 风扇和主机电源风扇转动的声音，还有硬盘启动时发出的声音。显示器上开始出现开机画面，并且进行自检。

1.3.4　计算机病毒及其防治

1.3.4.1　计算机病毒的概念

《中华人民共和国计算机信息系统安全保护条例》第五章附则中明确指出：计算机病毒，是指编制或者在计算机程序中插入的破坏计算机功能或者毁坏数据，影响计算机使用，并能自我复制的一组计算机指令或者程序代码。也就是说，计算机病毒是某些人利用计算机软、硬件所固有的脆弱性，编制出来的一种能够自我复制并对计算机系统造成一定危害的特殊计算机程序。

1.3.4.2　计算机病毒的分类

最初对计算机病毒理论的构思可追溯到科幻小说。在 70 年代美国作家雷恩出版的《P1 的青春》一书中构思了一种能够自我复制，利用通信进行传播的计算机程序，借用生物学中的“病毒”一词，称之为“计算机病毒”。“计算机病毒”与医学上的“病毒”不同，它不是天然存在的，是某些人利用计算机软、硬件所固有的脆弱性，编制具有特殊功能的程序。由于它与生物医学上的“病毒”同样有传染和破坏的特性，因此这一名词是由生物医学上的“病毒”概念引申而来。按照计算机病毒的诸多特点及特性，其分类方法有很多种，同一种病毒按照不同的分类方法可能被分到许多不同的类别中，大致有如下几种不同的分类方法。

1. 按照计算机病毒存在的媒体划分

根据病毒存在的媒体，病毒可以划分为网络病毒、文件病毒、引导型病毒。

网络病毒通过计算机网络传播感染网络中的可执行文件，文件病毒感染计算机中的文件（如 COM、EXE、DOC 等），引导型病毒感染启动扇区（Boot）和硬盘的系统引导扇区（MBR），还有这三种情况的混合型。例如，多型病毒（文件和引导型）感染文件和引导扇区两种目标，这样的病毒通常都具有复杂的算法，它们使用非常规的办法侵入系统，同时使用了加密和变形算法。

2. 按照计算机病毒破坏的能力划分

根据病毒破坏的能力，可划分为以下几种。

无害型：除了传染时减少磁盘的可用空间外，对系统没有其他影响。

无危险型：这类病毒仅仅是减少内存、显示图像、发出声音及同类声响。

危险型：这类病毒在计算机系统操作中造成严重的错误。

非常危险型：这类病毒删除程序、破坏数据、清除系统内存区和操作系统中重要的信息。

这些病毒对系统造成的危害，并不是本身的算法中存在危险的调用，而是当它们传染时会引起无法预料的和灾难性的破坏。由病毒引起的其他程序产生的错误也会破坏文件和扇区，这些病毒也按照它们引起的破坏能力划分。一些现在的无害型病毒也可能会对新版的 DOS、Windows 和其他操作系统造成破坏。例如，在早期的病毒中，有一个"Denzuk"病毒在早期 5 寸 360KB 低密度软盘上很好工作不会造成任何破坏，但是在后来的高密度软盘上却能引起大量的数据丢失。

【知识拓展】

恶意病毒"四大家族"

在计算机的日常使用中，我们会经常遇到如下四类恶意病毒。

1. 宏病毒

由于微软的 Office 系列办公软件和 Windows 系统占了绝大多数的 PC 软件市场，加上 Windows 和 Office 提供了宏病毒编制和运行所必需的库（以 VB 库为主）支持和传播机会，所以宏病毒是最容易编制和流传的病毒之一，很有代表性。

宏病毒发作方式：在 Word 打开病毒文档时，宏会接管计算机，然后将自己感染到其他文档，或直接删除文件等。Word 将宏和其他样式存储在模板中，因此病毒总是把文档转换成模板，再存储它们的宏。这样的结果是某些 Word 版本会强迫你将感染的文档存储在模板中。

判断是否被感染：宏病毒一般在发作的时候没有特别的迹象，通常会伪装成其他对话框让你确认。在感染了宏病毒的机器上，会出现不能打印文件、Office 文档无法保存或另存为等情况。

宏病毒带来的破坏：删除硬盘上的文件；将私人文件复制到公开场合；从硬盘上发送文件到指定的 E-mail、FTP 地址。

防范措施：平时最好不要几个人共用一个 Office 程序，要加载实时的病毒防护功能。病毒的变种可以附带在邮件的附件里，在用户打开邮件或预览邮件的时候执行，应该留意。一般的杀毒软件都可以清除宏病毒。

2. CIH 病毒

CIH 是本世纪最著名和最有破坏力的病毒之一，它是第一个能破坏硬件的病毒。

发作及破坏方式：主要是通过篡改主板 BIOS 里的数据，造成电脑开机就黑屏，从而让用户无法进行任何数据抢救和杀毒的操作。CIH 的变种能在网络上通过捆绑其他程序或邮件附件传播，并且常常删除硬盘上的文件及破坏硬盘的分区表。所以 CIH 发作以后，即使换了主板或其他电脑引导系统，如果没有正确地备份分区表，染毒的硬盘上特别是其 C 分区的数据挽回的机会就会很少。

防范措施：已经有很多 CIH 免疫程序诞生了，包括病毒制作者本人写的免疫程序。一般运行了免疫程序就可以不怕 CIH 了。如果已经中毒，但尚未发作，记得先备份硬盘分区表和引导区数据再进行查杀，以免杀毒失败造成硬盘无法自举。

3. 蠕虫病毒

蠕虫病毒以尽量多复制自身（像虫子一样大量繁殖）而得名，多感染电脑和占用系统、网络资源，造成 PC 和服务器负荷过重而死机，并以使系统内数据混乱为主要的破坏方式。它不一定马上删除你的数据让你发现，比如著名的爱虫病毒和尼姆达病毒。

4. 木马病毒

木马病毒源自古希腊特洛伊战争中著名的“木马计”而得名，顾名思义就是一种伪装潜伏的网络病毒，等待时机成熟就出来害人。

传染方式：通过电子邮件附件发出，捆绑在其他程序中。

病毒特性：会修改注册表、驻留内存、在系统中安装后门程序、开机加载附带的木马。

木马病毒的破坏性：木马病毒的发作要在用户的机器里运行客户端程序，一旦发作，就可设置后门，定时地发送该用户的隐私到木马程序指定的地址，同时会打开可进入用户可进入该用户计算机的端口，并可任意控制此计算机，进行文件删除、拷贝、改密码等非法操作。

1.3.4.3 计算机病毒的特点

1. 寄生性

计算机病毒寄生在其他程序之中，当执行这个程序时，病毒就起破坏作用，而在未启动这个程序之前，它是不易被人发觉的。

2. 传染性

计算机病毒不但本身具有破坏性，更有害的是具有传染性，一旦病毒被复制或产生变种，其速度之快令人难以预防。传染性是病毒的基本特征。在生物界，病毒通过传染从一个生物体扩散到另一个生物体。在适当的条件下，它可得到大量繁殖，并使被感染的生物体表现出病症甚至死亡。同样，计算机病毒也会通过各种渠道从已被感染的计算机扩散到未被感染的计算机，在某些情况下造成被感染的计算机工作失常甚至瘫痪。与生物病毒不同的是，计算机病毒是一段人为编制的计算机程序代码，这段程序代码一旦进入计算机并得以执行，它就会搜寻其他符合其传染条件的程序或存储介质，确定目标后再将自身代码插入其中，达到自我繁殖的目的。只要一台计算机染毒，如不及时处理，那么病毒会在这台计算机上迅速扩散，其中的大量文件（一般是可执行文件）会被感染。而被感染的文件又成了新的传染源，再与其他计算机进行数据交换或通过网络接触，病毒会继续进行传染。正常的计算机程序一般是不会将自身的代码强行连接到其他程序之上的。而病毒却能使自身的代码强行传染到一切符合其传染条件的未受到传染的程序之上。计算机病毒可通过各种可能的渠道，如软盘、计算机网络去传染其他计算机。当您在一台计算机上发现了病毒时，往往曾在这台计算机上用过的软盘已感染上了病毒，而与这台机器相联网的其他计算机也许也被该病毒染上了。是否具有传染性是判别一个程序是否为计算机病毒的最重要条件。病毒程序通过修改磁盘扇区信息或文件内容并把自身嵌入到其中的方法使病毒进行传染和扩散。被嵌入的程序叫作宿主程序。

3. 潜伏性

有些病毒像定时炸弹一样，让它什么时间发作是预先设计好的。比如黑色星期五病毒，不到预定时间，一点都觉察不出来，等到条件具备的时候一下子就爆炸开来，对系统进行破坏。一个编制精巧的计算机病毒程序，进入系统之后一般不会马上发作，可以在几周或者几个月内甚至几年内隐藏在合法文件中，对其他系统进行传染，而不被人发现，潜伏性越好，其在系统中的存在时间就会越长，病毒的传染范围就会越大。潜伏性的第一种表现是指，病毒程序不用专用检测程序是检查不出来的，因此病毒可以静静地躲在磁盘或磁带里呆上几天，甚至几年，一旦时机成熟，得到运行机会，就会四处繁殖、扩散。潜伏性的第二种表现是指，计算机病毒的内部往往有一种触发机制，不满足触发条件时，计算机病毒除了传染外不做什么破坏。触发条件一旦得到满足，有的在屏幕上显示信息、图形或特殊标态，有的则执行破坏系统的操作，如格式化磁盘、删除磁盘文件、对数据文件进行加密、封锁键盘以及使系统死锁等。

4. 隐蔽性

计算机病毒具有很强的隐蔽性，有的可以通过病毒软件检查出来，有的根本无法查出来，有的时隐时现、变化无常，这类病毒处理起来通常很困难。

5. 破坏性

计算机中毒后，可能会导致正常的程序无法运行，将计算机内的文件删除或受到不同程度的损坏。

6. 可触发性

病毒因某个事件或数值的出现，诱使病毒实施感染或进行攻击的特性称为可触发性。为了隐蔽自己，病毒必须潜伏，少做动作。如果完全不动，一直潜伏的话，病毒既不能感染也不能进行破坏，便失去了杀伤力。病毒既要隐蔽又要维持杀伤力，它必须具有可触发性。病毒的触发机制就是用来控制感染和破坏动作的频率的。病毒具有预定的触发条件，这些条件可能是时间、日期、文件类型或某些特定数据等。病毒运行时，触发机制检查预定条件是否满足，如果满足，则启动感染或破坏动作，使病毒进行感染或攻击；如果不满足，使病毒继续潜伏。

1.3.4.4　计算机病毒的表现形式

计算机受到病毒感染后，会表现出不同的症状。

1. 计算机不能正常启动

加电后计算机根本不能启动，或者可以启动，但所需要的时间与原来相比变长了。有时会突然出现黑屏现象。

2. 运行速度降低

如果发现在运行某个程序时，读取数据的时间比原来长，存取文件或调用文件的时间都增加了，那就可能是由于病毒造成的。

3. 磁盘空间迅速变小

由于病毒程序要进驻内存，而且又能繁殖，因此使内存空间变小甚至变为“0”，用户无法存储和读取信息。

4. 文件内容和长度有所改变

一个文件存入磁盘后，本来它的长度和其内容都不会改变，可是由于病毒的干扰，文件长度可能会改变，文件内容也可能会出现乱码。有时文件内容无法显示或显示后又消失了。

5. 经常出现“死机”现象

正常的操作是不会造成死机现象的，即使是初学者，命令输入不对也不会死机。如果计算机经常死机，那可能是由于系统被病毒感染了。

6. 外部设备工作异常

因为外部设备受系统的控制，如果计算机中有病毒，外部设备在工作时可能会出现一些异常情况。

1.3.4.5　计算机病毒的防治

（1）不要随便浏览陌生的网站，目前在许多网站中，总是存在各种各样的弹出窗口，如网络电视广告或者网站联盟中的一些广告条。

（2）安装最新的杀毒软件，能在一定的范围内处理常见的恶意网页代码，还要记得及时对杀毒软件进行升级，以保证您的计算机受到持续的保护。

（3）安装防火墙，有些人认为安装了杀毒软件就高枕无忧了，其实，不完全是这样的，现在的网络安全威胁主要来自病毒、木马、黑客攻击以及间谍软件攻击。防火墙是根据连接网络的数据包来进行监控的，也就是说，防火墙就相当于一个严格的门卫，掌管系统的各扇门（端口），它负责对进出的人进行身份核实，每个人都需要得到最高长官的许可才可以出入，而这个最高长官，就是你自己了。每当有不明的程序想要进入系统，或者连出网络，防火墙都会在第一时间拦截，并检查身份，如果是经过你许可放行的（比如在应用规则设置中你允许了某一个程序连接网络），则防火墙会放行该程序所发出的所有数据包，如果检测到这个程序并没有被许可放行，则自动报警，并发出提示是否允许这个程序放行，这时候就需要你这个“最高统帅”做出判断了。防火墙则可以把你系统的每个端口都隐藏起来，让黑客找不到入口，自然也就保证了系统的安全。

（4）及时更新系统漏洞补丁。打开 Windows 系统自带的 Windows Update 菜单功能，或者使用安全软件的系统漏洞修复功能，对计算机系统进行在线更新。

（5）不要轻易打开陌生的电子邮件附件，如果要打开的话，请以纯文本方式阅读信件，现在的邮件病毒也是很猖狂，所以请大家也要格外注意，更加不要随便回复陌生人的邮件。收到电子邮件时要先进行病毒扫描，不要随便打开不明电子邮件里携带的附件。

（6）对公用软件和共享软件要谨慎使用；使用 U 盘时要先杀毒，以防 U 盘携带病毒传染计算机。

（7）从网上下载任何文件后，一定要先扫描杀毒再运行。

（8）对重要的文件要做备份，以免遭到病毒侵害时不能立即恢复，造成不必要的损失。

（9）对已经感染病毒的计算机，可以下载最新的防病毒软件进行清除。

项目 2 Windows 操作系统应用

操作系统（Operating System，OS）是最基本的系统软件，它是控制和管理计算机所有硬件和软件资源的一组程序，是用户和计算机之间的通信界面。用户通过操作系统的使用和设置，使计算机更有效的工作。操作系统具有进程管理、存储器管理、设备管理、文件管理和任务管理五大功能。

Windows 7 是微软公司继 Windows XP、Vista 等之后开发的操作系统，它具有性能更高、启动更快、兼容性更强等优点；同时 Windows 7 新增了许多特性，提高了屏幕触控支持和手写识别，支持虚拟硬盘，改善了多内核处理器等。Windows 7 可供家庭及商业工作环境、笔记本电脑、平板电脑、多媒体中心等使用。

2.1 Windows 7 个性化桌面管理

桌面是用户和操作系统之间的桥梁，Windows 7 中大部分操作都可以在桌面完成。用户在使用时可以根据自己工作的需要、操作习惯和兴趣爱好，设置赏心悦目、方便快捷的个性化桌面。

2.1.1 情境分析

个性化的桌面管理与设置主要包括桌面背景、桌面图标的设置与排列、开始菜单、任务栏操作。通过主题的设置来美化外观，把使用频率高的程序放到桌面、任务栏、开始菜单中，从而提高工作效率。

2.1.1.1 案例背景

大一新生刘婕为满足学习需要新配置了一台计算机，商家在刘婕的计算机上预装了 Windows 7 操作系统。由于安装的系统和其他同学的背景、外观等设置完全一样，体现不了自己的风格和个性，所以刘婕想要将桌面背景、外观显示、开始菜单等设置成满足自己个性需求的风格。

2.1.1.2 任务描述

掌握 Windows 7 系统桌面、窗口、开始菜单以及任务栏的个性化设置操作。

2.1.1.3 学习目标

（1）掌握个性化桌面背景设置。

（2）掌握桌面图标设置与排列。

（3）掌握开始菜单及任务栏的设置。

2.1.2 任务实施

2.1.2.1 设置个性化桌面背景

虽然 Windows 7 系统自带了很多精美的背景图片，可以从中挑选自己喜欢的图片作为桌面背景，但是刘婕认为这样可能会与同学的桌面背景相同，满足不了自己的个性需求，她在计算机 C 盘中存放了 3 张她最喜欢的照片，如图 2-1-1 所示，刘婕准备将这 3 张照片作为自己计算机桌面背景。

图 2-1-1 计算机中准备用作桌面背景的照片

（1）单击“开始”→“控制面板”菜单命令，打开“控制面板”窗口，单击“外观和个性化”链接，接着在打开的菜单中单击“个性化”链接，打开图 2-1-2 所示的窗口。

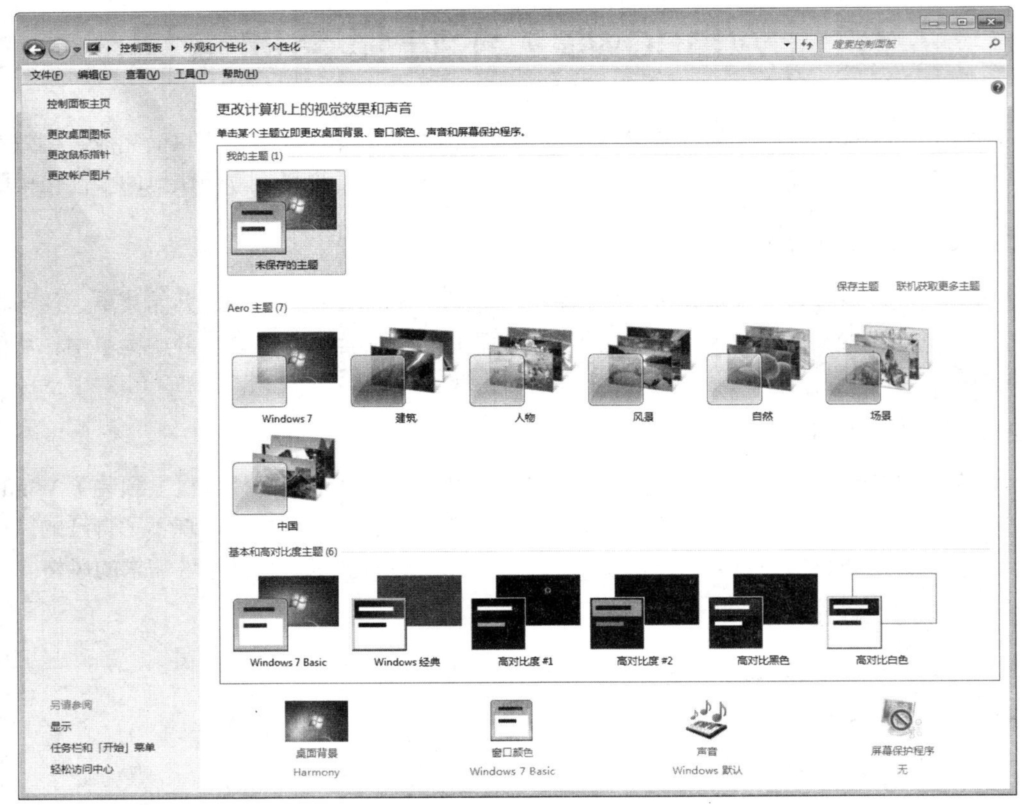

图 2-1-2 更改计算机上的视觉效果和声音

（2）在“更改计算机的视觉效果和声音”面板中单击“桌面背景”链接，弹出图 2-1-3（a）所示的“选择桌面背景”窗口，在“选择桌面背景”窗口中单击“浏览”按钮，弹出“浏览文件夹”对话框，选择“计算机”→“本地磁盘（C:）”→“确定”按钮，返回到“选择桌面背景”窗口，如图 2-1-3（b）所示，此时 C 盘下的图片已经显示在“选择桌面背景”窗口之中（本例 C 盘只有 3 张照片）。

（a）

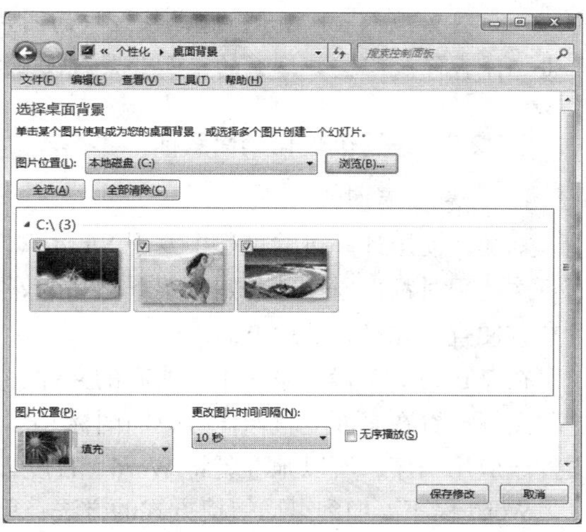

（b）

图 2-1-3　“选择桌面背景”窗口

（3）在 3 张需要作为背景的图片复选框上打钩，如图 2-1-3（b）所示，在此选中 3 张照片（如果只用单张照片作为背景，则只勾选需要的照片），设置“图片位置”方式为“填充”；设置“更改图片时间间隔”为“10 秒”。单击“保存修改”按钮，系统自动返回到显示窗口。此时选择的 3 张照片即成为桌面背景图片，并且每隔 10 秒更换一次，依次循环，图 2-1-4 是其中一个时刻显示的风景桌面背景。

图 2-1-4　设置完成的桌面背景

【知识拓展】

（1）如果在更换完桌面背景后，想要使整个窗口边框、任务栏和“开始”菜单的颜色与当前主题的颜色关联，在图 2-1-2 所示的窗口中单击“窗口颜色”链接，在打开的“更改窗口边框、「开始」菜单和任务栏的颜色”面板中选择需要使用的颜色，单击“保存修改”按钮完成设置。

（2）桌面背景设置的其他方式：在桌面空白处单击鼠标右键，弹出快捷菜单，选择“个性化”图标按钮，弹出“个性化”设置窗口，在窗口中单击“桌面背景”图标，弹出“选择桌面背景”窗口，如图 2-1-3（a）所示。选择系统中的图片或者单击“浏览”按钮选择计算机中存放的照片，单击“保存修改”按钮，新的桌面背景就设置好了。

2.1.2.2 设置个性化桌面图标

1. 设置桌面图标

刘婕在使用计算机的过程中发现 Word 软件和“百度云”云盘是自己经常使用的软件及应用，而每次使用时都得通过“开始”菜单的程序等方式去查找和打开，非常不方便，所以她想将其放置在方便查找和打开的地方。

在 Windows 7 操作系统中，所有的文件、文件夹以及应用程序都可以用形象的图标表示（将这些图标放置在桌面上就叫作“桌面图标”），使用时双击任意一个图标都可以快速地打开相应的文件或应用程序，所以她准备将 Word、百度云管家程序添加为桌面图标。

Word 程序添加到桌面快捷方式的方法：单击“开始”→“所有程序”→“Microsoft Office”链接，弹出 Microsoft Office 的程序组列表，鼠标指向列表中的“Microsoft Word 2010”选项，单击鼠标右键，弹出快捷菜单，选择“发送到”→“桌面快捷方式”命令。在桌面即可看到“Word”快捷方式图标，以相同的方式将“百度云管家”添加到桌面快捷方式，添加完成后效果如图 2-1-5 所示。

图 2-1-5 添加 word 等桌面图标后的桌面显示

【知识拓展】

桌面快捷方式的建立还有以下几种方法。

（1）直接复制

选择并复制需要创建快捷方式的应用图标，然后到桌面空白处，单击鼠标右键，在弹出的快捷菜单中选择“粘贴”命令，则可创建相应的快捷方式。

（2）直接拖曳

选择需要创建快捷方式的应用图标，调整窗口，使得能够显示出电脑桌面的空白处，拖曳该应用图标到桌面，即可创建该应用程序的桌面快捷方式。

（3）在桌面直接单击鼠标右键，选择“新建快捷方式”

在桌面空白处单击鼠标右键，在弹出的快捷菜单中选择“新建”→“快捷方式”命令；在弹出的对话框中“请输入对象的位置”处，输入需要创建快捷方式的文件夹位置或单击“浏览”按钮，选择需要创建快捷方式的文件夹或者应用路径后，单击“下一步”按钮；在“输入该快捷方式的名称”下，输入所需要创建的快捷方式的名称（自定义），单击“完成”按钮，即可在桌面建立程序的快捷方式。

2. 排列桌面图标

在日常应用中，不断地添加桌面图标会使桌面变得混乱，查找文件比较困难，这时通过排列桌面图标可以调整桌面图标位置。排列桌面图标通常有 4 种方式，即按名称、大小、项目类型和修改日期排列。

在桌面空白处单击鼠标左键，在弹出的快捷菜单中选择“排列方式”命令，可以看到 4 种排列方式，如图 2-1-6 所示。选择按照“修改日期”进行排列，即可按建立时间先后查看桌面图标。

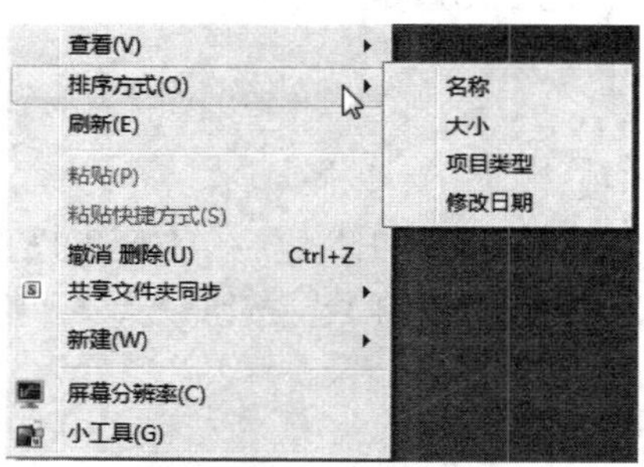

图 2-1-6 选择排列方式

2.1.2.3 自定义“开始”菜单

“开始”菜单是很多操作的入口，包括搜索框、固定程序列表和 Windows 7 内置功能区，如图 2-1-7 所示。刘婕的计算机在安装时，“开始”菜单的“附加的程序”列表被清理得很干净。但是在使用中他发现 PowerPoint、可牛影像、QQ 等软件经常用到，如果都设置为桌面图标就太凌乱了，所以他准备将其放置在“开始”菜单的“固定程序”列表中。

“固定程序”列表中的程序会固定显示在“开始”菜单中，使用时可快速打开其中的应用程序，所以根据自己的需要将常用的程序添加到“固定列表”中，可使操作更快捷方便。

单击“开始”→“所有程序”→“Microsoft Office”命令，弹出 Microsoft Office 的程序组列表，鼠标指向列表中的“Microsoft PowerPoint 2010”选项，单击鼠标右键，在弹出的快捷菜单中选择“附在开始菜单”选项。单击“返回”按钮，返回到“开始”菜单，可以看到“Microsoft PowerPoint 2010”已被添加到“固定程序”列表中。以相同的方法将“可牛影像”“腾讯 QQ”添加到“开始”菜单，完成后的“开始”菜单“固定程序”列表如图 2-1-8 所示。

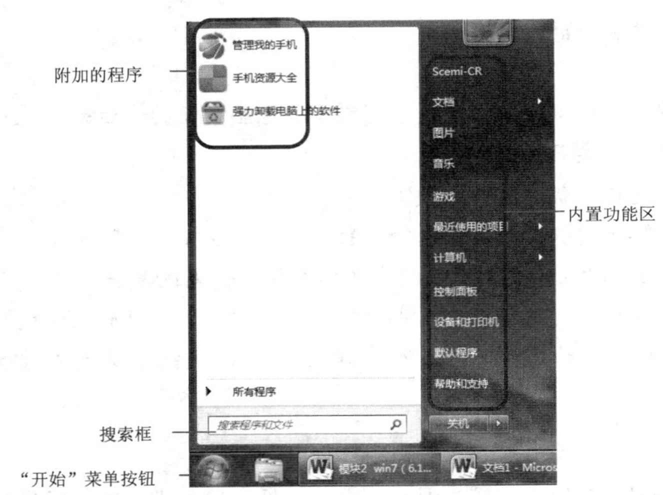

图 2-1-7 “开始”菜单

图 2-1-8 添加后的固定程序列表

2.1.3 知识链接

1. 更改账户显示图片

打开“开始”菜单，在菜单右上角会看到用户名和一个代表该用户的图片，如果想要更改用户账户图片，可单击图片，在弹出的“用户账户”窗口中单击“更改图片”链接，为该账户选择一个新的图片。

2. 认识 Windows 控制面板

（1）打开 Windows 7 控制面板

控制面板是 Windows 系统中重要的设置工具之一，方便用户查看和设置系统状态。其打开方式有：单击 Windows 7 桌面左下角的圆形“开始”按钮，从“开始”菜单中选择“控制面板”命令就可以打开 Windows 7 系统的控制面板。

（2）设置控制面板的显示方式

Windows 7 系统的控制面板默认以“类别”的形式来显示功能菜单，如图 2-1-9 所示，每个类别下会显示该类的具体功能选项。

除了“类别”外，Windows 7 控制面板还提供了“大图标”和“小图标”的查看方式，只需单击控制面板右上角“查看方式”旁边的小箭头，从中选择自己喜欢的显示形式。

（3）利用地址导航和搜索功能快速查找 Windows 7 控制面板功能

Windows 7 系统的搜索功能非常强劲，控制面板中也提供了搜索功能。搜索时在控制面板右上角的搜索框中输入关键词，回车即可看到控制面板功能中相应的搜索结果。这些功能按照类别做了分类显示，一目了然，极大地方便了用户快速查看功能选项。

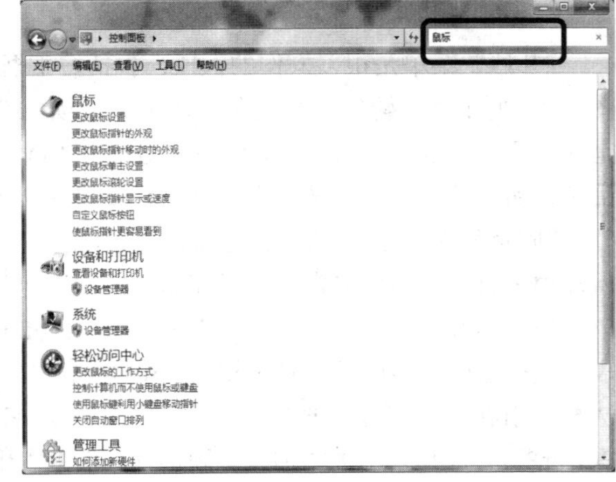

图 2-1-9 利用搜索功能查看控制面板功能

同时，利用 Windows 7 控制面板中的地址栏导航，可快速切换到相应的分类选项或者指定需要打开的程序。单击地址栏每类选项右侧向右的箭头，即可显示该类别下所有程序列表，从中单击需要的程序即可快速打开相应程序，如图 2-1-10 所示。

3. Windows 任务管理器

在 Windows 7 下，启动任务管理器有以下几种方法。

方法一：按 Ctrl+Shift+Esc 组合键。

方法二：在任务栏的空白处单击鼠标右键，在弹出的快捷菜单中选择“启用任务管理器”命令。

打开“Windows 任务管理器”窗口，如图 2-1-11 所示。通过任务管理器，可以查看和结束当前打开的任务和进程。例如，将打开的“画图”程序结束。操作方法是：打开“Windows 任务管理器”窗口，选择“应用程序”选项卡，选择任务中的“画图”任务，然后单击“结束任务”按钮，如图 2-1-11 所示。

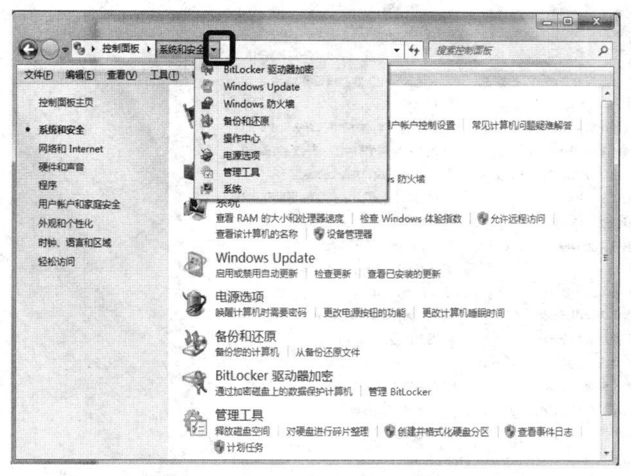

图 2-1-10　利用地址导航查看控制面板功能

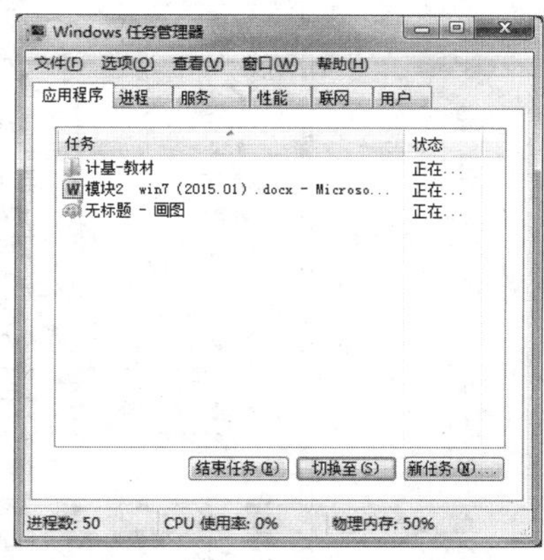

图 2-1-11　Windows 任务管理器窗口

在“Windows 任务管理器”中，还可以查看或结束各项进程占用计算机软硬件资源的情况”。

任务管理器的用户界面提供了文件、选项、查看、窗口、帮助等五大菜单项，其下还有应用程序、进程、服务、性能、联网、用户等六个标签页，窗口底部是状态栏，从这里可以查看到当前系统的进程数、CPU 使用比率、更改诉内存容量等数据，默认设置下系统每隔两秒钟对数据进行 1 次自动更新，当然也可以单击“查看→更新速度”菜单命令重新设置。

2.2　管理文件和文件夹

计算机中的资源主要是以各种文件的形式保存在硬盘、移动存储设备和网络中，在使用时可以将文件按类别存放到不同的文件夹中，实现对文件的分类管理。

2.2.1 情境分析

在 Windows 7 中，用户通过资源管理器来管理这些文件，实现对文件的建立、编辑、删除、移动、复制、搜索、组织等操作。

2.2.1.1 案例背景

小李在某计算机学院办公室担任文秘职务，平时她把处理的文件都存储在 D 盘里，如图 2-2-1 所示。上午，院长让她把前段时间整理的“学生状况分析”文件打印一份，送到他办公室。小李在查找文件的时候，发现自己存储的文件杂乱无章，随着存储的文件增多，今后的文件检索工作将会更加麻烦。于是，她准备对 D 盘里的所有文件、文件夹进行归类整理，并构建一个简明、有序的文件管理模式。

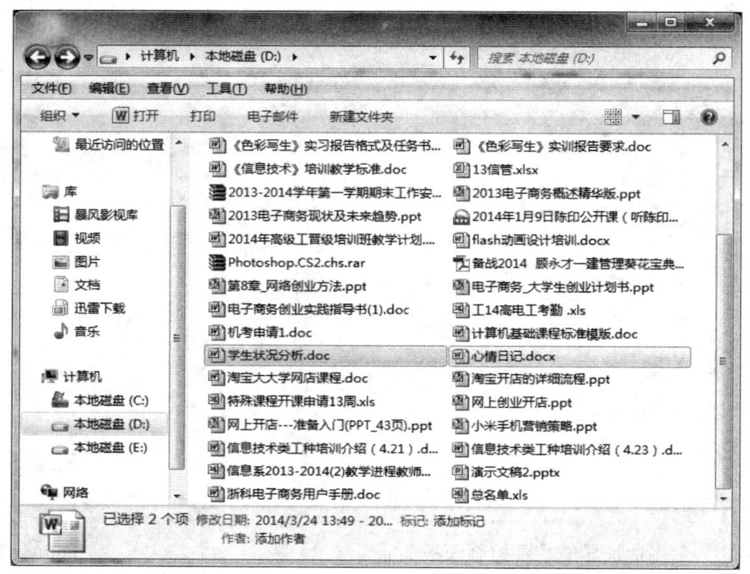

图 2-2-1　D 盘存放的文件列表

通过将文件归整到相应文件夹后的 D 盘结构列表如图 2-2-2 所示。

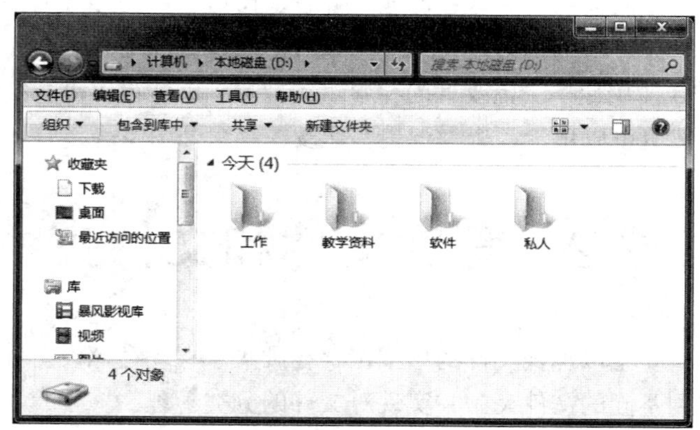

图 2-2-2　D 盘文件归整后的列表

2.2.1.2　任务描述

掌握 Windows 7 资源管理器的应用、文件和文件夹的操作及管理。

2.2.1.3　学习目标

（1）能构建一个合理的文件管理模式。
（2）掌握文件和文件夹的创建、删除、更名、复制、移动等操作方法。
（3）掌握文件和文件夹的多种选择方法。
（4）掌握文件和文件夹的属性设置方法。
（5）掌握隐藏文件的查看方法。

2.2.2　任务实施

1. 建立文件夹管理体系

文件夹是为了方便管理计算机文件而设置的，在文件夹下可包含文件和子文件夹。

文件是计算机存储程序、数据、文字资料的基本单位，是一组信息的集合。文件可存放在磁盘的不同文件夹中，所以文件夹可以理解为存放文件的容器，Windows 7 中文件和文件夹的结构为树形结构。针对目前 D 盘所存放文件的特性，需要在 D 盘建立图 2-2-3 所示的文件夹树形结构体系，其操作步骤如下。

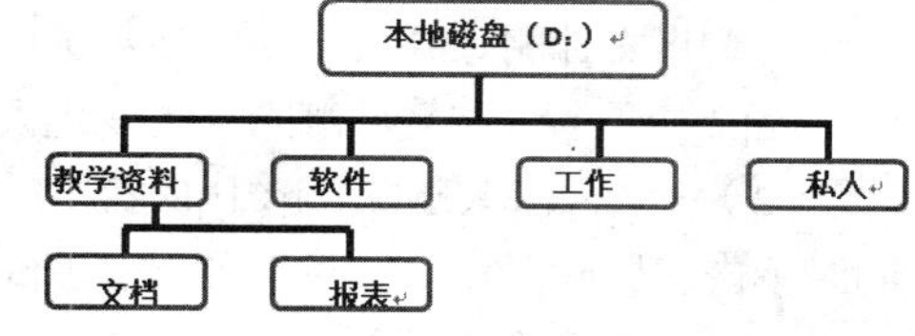

图 2-2-3　D 盘文件夹树形结构

（1）双击桌面的“计算机”图标，在打开的窗口中双击 D 盘驱动器图标打开 D 盘窗口。

（2）在“文件”菜单中选择“新建”→“文件夹”选项（“新建”选项还可创建快捷方式以及文本、Word 等文件），在文件夹图标下输入“教学资料”，后按 Enter 键或在空白区域单击即可完成文件夹的创建。

以同样的方式在 D 盘建立“软件”“工作”“私人”文件夹。再打开“教学资料”文件夹，在其中建立“文档”“报表”子文件夹。

【知识拓展】1

（1）文件、文件夹名的构成：主文件名、扩展名。
（2）命名规则：①最多可由 255 个字符组成；
②不区分大小写；
③允许使用汉字；
④扩展名用于说明文件类型；
⑤文件名和扩展名之间用“.”隔开；
⑥不能使用“\/ ： * ？ “<> |”等特殊字符，可以有空格符。
（3）使用规则：同一文件夹内不允许有相同的文件和文件夹名。

【知识拓展】2

文件及文件夹的管理（新建、复制、删除等）除了通过菜单方式实现，还可以直接通过鼠标右键的快捷菜单方式。

2. 移动文件、文件夹

将文件“学生状况分析”等相关文件移动到“工作”文件夹中，将“心情日记”等文件移动到“私人”文件夹中。

（1）单击D盘中的“学生状况分析”文件图标，选中“学生状况分析”文件，执行“编辑”菜单中的“剪切”命令，将文件放到剪贴板中。

（2）双击D盘中的“工作”图标打开该文件夹，执行“编辑”菜单中的“粘贴”命令即完成文件的移动。

用同样的方法将“考勤表”等相关文件分别移动到“报表”等文件夹中。

3. 将“报表”文件夹复制到F盘作为数据备份

（1）选中D盘下“教学资料”文件夹中的“报表”文件夹，执行“编辑”菜单中的“复制”命令，将文件放到剪贴板中。

（2）单击D盘窗口中的“返回到计算机”按钮，返回“计算机”窗口，双击F磁盘图标打开F盘窗口，执行“编辑”菜单中的“粘贴”命令，即可将“报表”文件夹及其文件复制到F盘中。

4. 删除文件“演示文稿2.pptx”

（1）将文件删除并放入回收站：选中D盘的“演示文稿2.pptx”文件，执行“文件”菜单中的“删除”命令将该文件删除。当发现误操作或又需要该文件时可从回收站将其恢复。

（2）将文件永久删除：选中D盘中的“演示文稿2.pptx”文件，单击“文件”菜单，按住Shift同时单击“删除”命令，系统弹出“删除文件”对话框，如图2-2-4所示，单击“是”按钮，则该文件被永久删除。

【知识拓展】3

“回收站”是硬盘中划分出来的一块区域，用来临时存放删除的文件及文件夹。当发现文件及文件夹被误删除时，可以将其从“回收站”中还原回来。但是太大的文件、移动磁盘上的文件以及永久删除的文件将不放入“回收站”中。

5. 将D盘中的“私人”文件夹更名

小李认为在办公室计算机中设置“私人”文件夹不太合适，准备将其改名为“个人资料”文件夹。

选中“私人”文件夹，选择“文件”菜单中的“重命名”命令，让名称处于可编辑状态，输入“个人资料”后按Enter键即完成文件夹的更名（文件更名方法相同）。

6. 设置文件属性为隐藏

小李平时喜欢将工作中的一些问题和自己的心情、感受记录在“心情日记”文件中，此文件也记录了部分个人隐私，她不想让别人看到她记录的该文件，准备将其隐藏起来。

打开D盘中的“个人资料”文件夹，选中“心情日记”文件，选择“文件”菜单中的“属性”命令，打开文件属性对话框，选中“隐藏”复选框即可将文件隐藏起来。

7. 查看隐藏文件

今天小李在工作中又受了委屈，她准备把此刻的心情记录在“心情日记”文件中，所以需要将该隐藏文件显示出来。

打开D盘，单击工具栏中的“组织”按钮，在弹出的下拉菜单中选择“文件夹和搜索选项”命令，弹出“文件夹选项”对话框，选择“查看”选项卡，在“高级设置”列表中选择“显示隐藏的文件、文件夹或驱动器”选项，如图 2-2-5 所示，单击“确定”按钮，返回窗口后即可看到原来隐藏的“心情日记”文件。

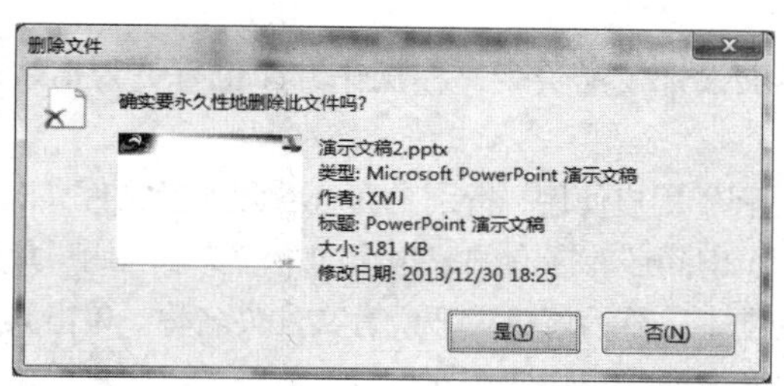

图 2-2-4　删除文件对话框

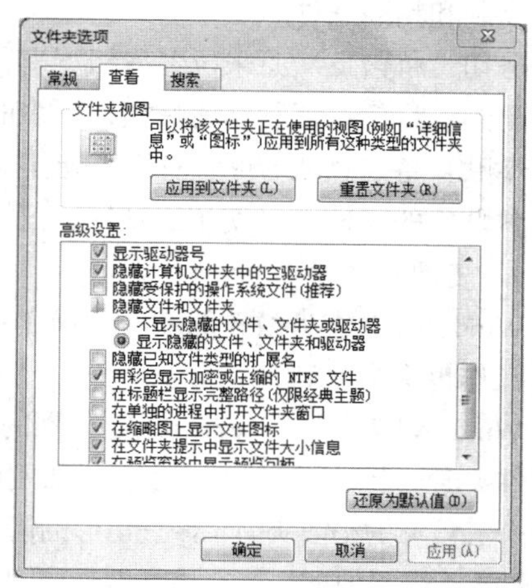

图 2-2-5　设置文件、文件夹属性

2.2.3　知识链接

1. 选择文件及文件夹

（1）选择多个文件或文件夹（不连续）：按住 Ctrl 键的同时，单击需要选定的对象。

（2）选择多个连续的文件或文件夹：单击要选择的第一个对象，按住 Shift 键同时用鼠标左键单击最后一个需要选择的对象。

（3）选择某个区域对象：在区域空白处单击并按住鼠标左键拖动，会出现一个虚线框，凡是被框选住的对象均被选中。

（4）选择所有的文件和文件夹：可选择“编辑”菜单的“全选”命令，或按 Ctrl+A 组合键。

（5）取消选择：在空白区域单击即可。

（6）常用键盘快捷键：复制 Ctrl+C，剪切 Ctrl+X，粘贴 Ctrl+V。

2. 文件及文件夹操作

（1）复制、移动文件（文件夹）快捷键：选中文件（文件夹）后，按 Ctrl+C 组合键（复制）、Ctrl+X 组合键（剪切）、Ctrl+V 组合键（粘贴）来完成相应操作。

（2）对文件、文件夹的操作除正文中介绍的菜单外，亦可通过鼠标右键的快捷菜单实现。

（3）当计算机中的文件不显示扩展名时，可以执行“工具”→“文件夹选项”命令，弹出“文件夹选项”对话框，如图 2-2-5 所示，选择“查看”选项卡，在“高级设置”列表中取消勾选“隐藏已知文件类型的扩展名”选项。

3. 文件及文件夹属性

只读：该文件或文件夹不允许更改和删除。

隐藏：该文件或文件夹在常规显示中将不被显示。

存档和索引属性：表示该文件或文件夹已存档，有些程序用此选项来确定哪些文件需要做备份；为了快速索引，允许索引服务编制该文件或文件夹的索引。

压缩或加密属性：表示压缩内容以节省磁盘空间，加密内容以保护数据。

4. 认识剪贴板

剪贴板是 Windows 环境下用来存储剪切或复制信息的临时存储空间，剪贴板的基本操作有剪切、复制和粘贴三种。

剪切：将信息从原来位置剪切下来，存入剪切板，原位置信息消失。

复制：将信息复制到剪贴板，原来的信息不变。

粘贴：将信息从剪贴板粘贴到指定位置，剪贴板中的信息不变。

剪贴板的操作可以使用工具栏、鼠标右键快捷菜单、键盘命令实现操作。

5. 资源管理器

Windows 7 作为微软的新一代操作系统，界面设计炫酷美观，在操作方面也有更为精妙的设计，操作也更为便利。

Windows 7 资源管理器在管理方面的设计，更利于用户使用，特别是在查看和切换文件夹时。查看文件夹时，上方目录处会根据目录级别依次显示，中间还有向右的三角形的小箭头。当用户单击其中某个三角形的小箭头时，该三角形的箭头会变为向下，显示该目录下所有文件夹名称。单击其中任一文件夹，即可快速切换至该文件夹访问页面，非常方便用户快速切换目录。此外，当用户单击文件夹地址栏处，可以显示该文件夹所在的本地目录地址，就像 Windows XP 中的文件夹目录地址一样。

在 Windows 资源管理器中可以更好地组织和管理文件。在早期版本中，管理文件意味着在不同的文件夹中组织文件，在 Windows7 中引进了库的概念，管理文件更为方便。库文件中包含文档库、音乐库、图片库、视频库，分别用于管理在其他文件位置的文档、音乐、图片、视频。

库类似于文件夹，打开库时将看到文件，但与文件夹不同的是：库可以收集存储在多个位置的文件，并将其显示为一个集合，而无须从其存储位置移动这些文件，例如，计算机的不同驱动器上都存储了音乐文件，只要将其他驱动器上的音乐文件包含到音乐库中，就可以使用音乐库同时访问所有音乐文件。

除了 4 个默认的库外，还可以为其他常用集合创建新库。单击工具栏上的“新建库”按钮，输入库的名称，按 Enter 键确认即可。若要将文件复制、移动或保存到库，必须首先在库中包含一个文件夹，以便让库知道存储文件的位置，此文件夹将自动成为该库的默认保存位置。

2.3 Windows 7 的用户管理

用户账户是通知您可以访问哪些文件和文件夹，可以对计算机和个人首选项（如桌面背景和屏幕保护程序）进行哪些更改的信息集合。通过用户账户，您可以在拥有自己的文件和设置的情况下与多个人共享计算机。每个人都可以通过用户名和密码访问其用户账户。

Windows 7 中有三种类型的账户。每种类型为用户提供不同的计算机控制级别：标准账户适用于日常计算；管理员账户可以对计算机进行最高级别的控制，但应该只在必要时才使用；来宾账户主要针对需要临时使用计算机的用户。

2.3.1 情境分析

2.3.1.1 案例背景

公司的新员工晓慧使用的计算机偶尔会供公司的来宾使用，每次在其他人使用之后，桌面文件、背景、程序、快捷方式等均需重新调整，为了保护自己的资源，晓慧准备为自己新创建一个用户账户，并为该用户设置密码。

2.3.1.2　任务描述

掌握 Windows 7 账户的建立、密码设置、删除及管理操作。

2.3.1.3　学习目标

通过创建“晓慧”新账户；为新创建的账户“晓慧”设置密码，实现对 Windows 7 账户的管理。

（1）掌握账户的创建。

（2）熟悉为创建的账户设置密码。

（3）熟悉删除及管理账户。

（4）为标准账户设置“家长控制”。

2.3.2　任务实施

1. 创建新账户

晓慧准备在所使用的计算机上为自己创建一个专用账户，将自己的账户设置喜欢的背景和外观等。

（1）执行“开始”→“控制面板”命令，弹出“控制面板”对话框，在该对话框中选择“用户账户”选项，打开“更改用户账户”窗口，在该窗口中选择“管理其他账户”选项，如图 2-3-1 所示。

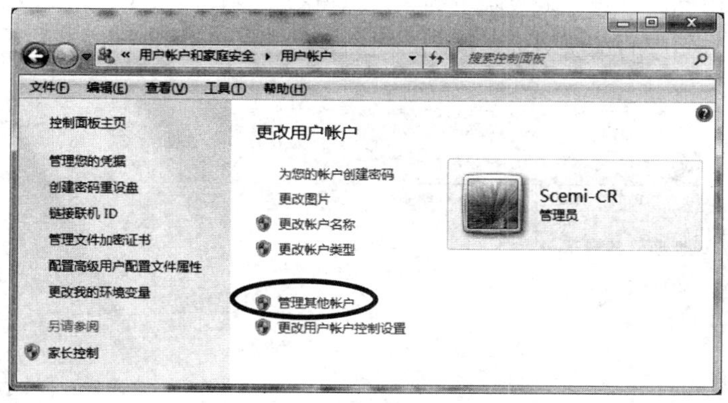

图 2-3-1　“更改用户账户”窗口

（2）打开“选择希望更改的账户”窗口，选择“创建一个新账户”选项，如图 2-3-2 所示。在打开的窗口中输入新账户名“晓慧”，单击“创建账户”按钮；返回到“选择希望更改的账户”窗口，可以看到新建的“晓慧”账户，如图 2-3-3 所示。

【知识拓展】

在 Windows 7 中，共有以下 3 种用户账户类型。

（1）管理员账户：管理员账户是用户账户的“老大”，使用它可以访问计算机中的所有文件，并且可以对其他用户账户进行更改，对操作系统进行安全设置，安装软件和硬件等。

（2）标准用户账户：使用标准用户账户可以使用计算机中的大部分功能，当要进行可能影响到其他用户账户或操作系统安全等的操作时，则需要经过管理员账户的许可。

（3）来宾账户：使用来宾账户不能访问个人账户文件夹、不能进行软硬件的安装、不能创建或更改密码等，它主要供在这台计算机上没有固定账户的来宾使用。

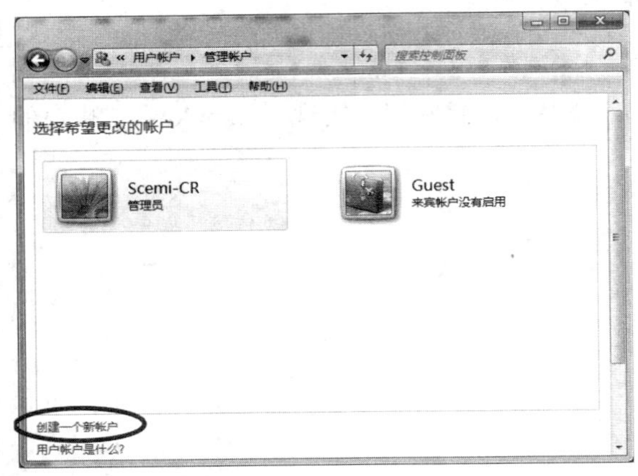

图 2-3-2 “选择希望更改的账户”窗口

图 2-3-3 创建新账户“晓慧”

2. 设置用户属性

晓慧将自己创建的账户的背景、显示模式等设置成了自己喜欢的方式，但是如何防止别人来修改自己的设置呢？晓慧决定为自己的账户设置密码，防止他人使用和修改自己的账户。

（1）在图 2-3-3 所示的窗口中，有 3 个账户类型，要为新建立的账户“晓慧”设置密码，可单击“晓慧”账户图标，打开“更改晓慧的账户”窗口，如图 2-3-4 所示，可以看到在该窗口中包含多种选项，单击相应的选项即可对该账户进行设置。

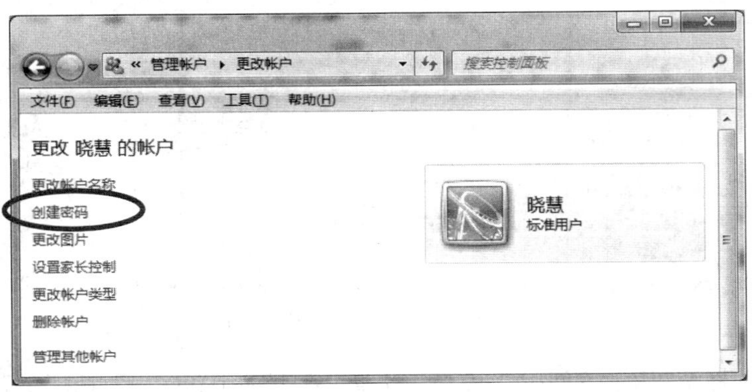

图 2-3-4 “更改晓慧的账户”窗口

（2）在此选择“创建密码”选项，打开“为晓慧的账户创建一个密码”窗口，在新密码和确认新密码文本框中输入相同的密码，提示文本框中输入密码提示信息，如“生日”，如图 2-3-5 所示。单击“创建密码”按钮，返回到“更改晓慧的账户”窗口，在该窗口中可以看到“晓慧”账户图标中出现密码保护的提示，并且在窗口左侧还出现了“更改密码”和“删除密码”选项，如图 2-3-6 所示。当系统启动选择“晓慧”账户时，必须输入密码才能访问。

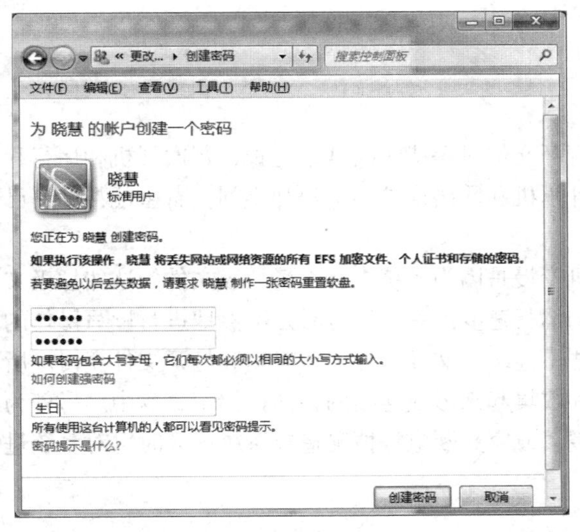

图 2-3-5　设置密码窗口

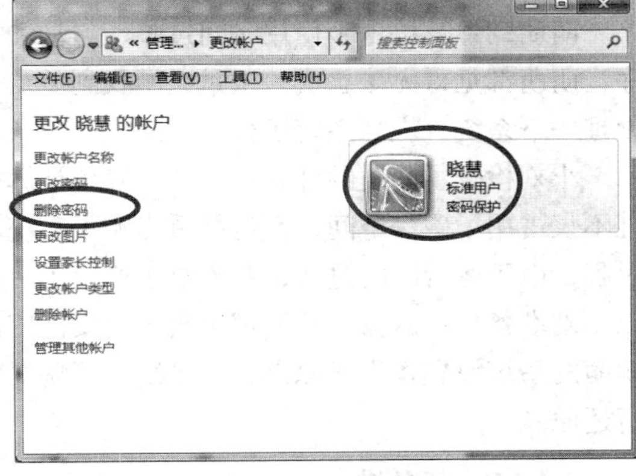

图 2-3-6　“晓慧”账户密码保护

2.3.3　知识链接

1. 为用户设置“家长控制”

如要想限制来宾使用计算机的时间或限定孩子所玩游戏的类型以及可运行的程序，就可以使用“家长控制”对孩子使用计算机的方式进行管理，通过管理员用户账户才能够设置家长控制，被控制的为一个标准的用户账户。设置“家长控制”的步骤如下。

（1）单击“用户账号”→“家长控制”命令，如果系统提示您输入管理员密码或进行确认，请输入该密码或提供确认。

（2）选择要为其设置家长控制的标准用户账户。如果尚未设置标准用户账户，请单击“创建新用户账户”设置一个新账户。

（3）在“家长控制”下，单击“启用，强制当前设置”项。

2. “家长控制”选项设置

标准用户账户启用家长控制后，可以通过调整以下选项控制其使用。

（1）时间限制。可以设置时间限制，对允许孩子登录到计算机的时间进行控制，时间限制可以禁止孩子在指定的时段登录计算机，如果在分配的时间结束后仍处于登录状态，将自动注销。

（2）游戏。控制对游戏的访问、选择年龄分级级别、选择要阻止的内容类型，以及确定是允许还是阻止未分级游戏或特定游戏。

（3）允许或阻止特定程序。阻止孩子运行您不希望其运行的程序。

2.4　Windows 7 的磁盘管理与维护

磁盘管理是 Windows 7 操作系统中一个比较重要的管理磁盘的工具，很多异常问题，都可以通过此工具得到解决。但如果是因为操作系统所在的系统盘（通常是 C 盘）权限的缘故，以及 C 盘的一些问题使用磁盘管理工具不能解决时，可以借助第三方软件来解决。

2.4.1 情境分析

2.4.1.1 案例背景

萌萌的计算机由于使用时间过长，启动和打开文件时等待时间越来越长，每次开机和运行程序，萌萌都觉得无法忍受。于是，她找到负责计算机和网络维护的工程师小刘，希望他帮助自己处理一下系统，提高系统运行速度。

小刘检查了萌萌的计算机系统，发现计算机变慢是因为系统中有大量垃圾文件。这些垃圾文件不仅占用了磁盘空间，而且严重影响了系统的运行速度。系统运行时是不停地进行读写操作的过程，由于运行时间过长，在磁盘中产生了一些不连续的文件碎片，使启动和打开文件变慢。所以小刘准备使用磁盘碎片清理工具，将文件碎片收集起来形成连续的整体存储于磁盘中。另外为萌萌的系统设置备份还原点，当系统遭遇病毒侵袭或突然断电等情况造成系统损坏时可对系统进行还原。

2.4.1.2 任务描述

通过对系统的维护及清理磁盘垃圾文件，提高系统运行速度；通过为系统创建还原点，快速将崩溃或有问题的系统还原及恢复到装机时的正常系统。

2.4.1.3 学习目标

（1）掌握 Windows 7 中的磁盘清理。

（2）熟悉 Windows 7 系统还原点的创建及系统恢复。

（3）熟悉系统备份、还原的基本方法。

2.4.2 任务实施

2.4.2.1 磁盘清理及碎片整理

1. 磁盘清理

小刘在查看萌萌计算机时，发现系统所在的磁盘垃圾文件及临时文件等太多，占用了大量磁盘空间，所以决定先对她的系统所在的 C 盘进行清理，其操作步骤如下。

（1）选择“开始”→“所有程序”→“附件”→“系统工具”→“磁盘清理”命令，弹出“磁盘清理：驱动器选择”对话框，如图 2-4-1 所示。

（2）在“驱动器”下拉列表中选择需要清理的磁盘“（C：）”选项，然后单击“确定”按钮，系统将开始扫描所选磁盘中的垃圾文件。

（3）扫描结束后，弹出扫描结果“（C：）的磁盘清理”对话框，如图 2-4-2 所示，在此对话框中选择“回收站”“临时文件”等需要清理的垃圾文件，单击“确定”按钮，在弹出的“磁盘清理”对话框中，询问是否永久删除这些文件，单击“删除文件”按钮，系统将自动对该驱动器上的垃圾文件进行清理和删除。

对其他磁盘的清理方法亦是一样。

2. 整理磁盘碎片

在萌萌的计算机中除了有大量垃圾文件外，各个磁盘中还存在大量碎片，很多文件都不连续。所以小刘先对系统盘 C 进行碎片的整理，其操作步骤如下。

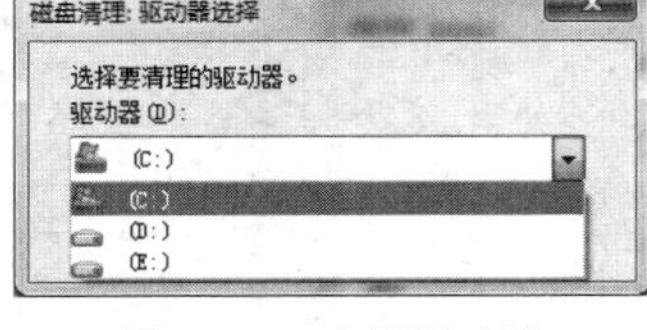

图 2-4-1　选择驱动器

图 2-4-2　选择要删除的文件

（1）选择"开始"→"所有程序"→"附件"→"系统工具"→"磁盘碎片整理程序"命令，打开"磁盘碎片整理程序"对话框，在"当前状态"列表框中选择"(C:)"磁盘选项，如图 2-4-3 所示。然后单击"分析磁盘"按钮，对 C：的碎片情况进行分析。

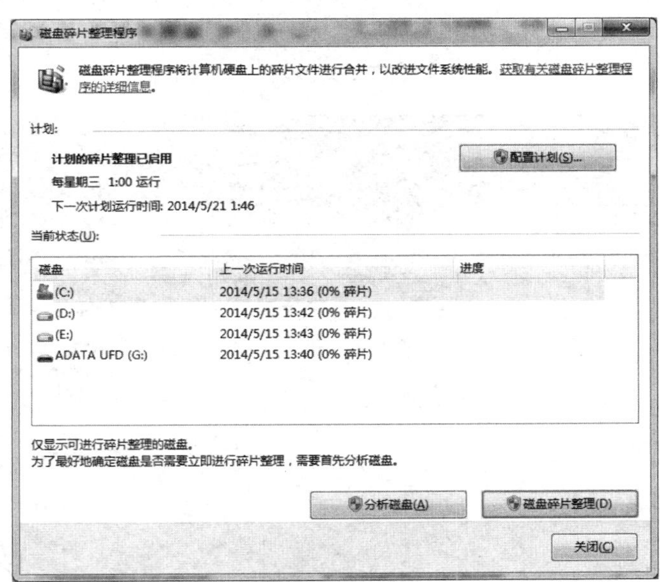

图 2-4-3　选择磁盘 C：

（2）分析完成后，给出磁盘碎片所占整个磁盘空间的百分比，根据情况选择是否进行磁盘碎片整理，这里单击"磁盘碎片整理"按钮，系统即对 C 盘进行磁盘碎片的整理工作，如图 2-4-4 所示。

【知识拓展】

对系统磁盘的清理（删除系统临时文件等）除了利用 Windows 7 系统自带的磁盘清理工具外，常用的方法是利用第三方软件进行清理，360 安全卫士是被广泛应用的清理工具。

360 安全卫士是由奇虎公司推出的完全免费的安全类辅助工具软件，拥有电脑体检、木马查杀、系统修复、电脑清理、优化加速等多种功能，如图 2-4-5 所示。

图 2-4-4　进行磁盘碎片分析和整理

下面以 360 安全卫士清理磁盘垃圾功能为例进行介绍，具体操作步骤如下。

（1）打开 360 安全卫士软件，在主界面中选择“电脑清理”选项卡，弹出需要清理垃圾的选项列表，如图 2-4-5 所示，用户可根据需要进行选择。

图 2-4-5　360 安全卫士界面

（2）选择“清理垃圾”选项卡，系统开始自动扫描系统垃圾文件，并显示出具体扫描文件的目录，扫描完成后，软件显示垃圾文件的个数和大小，如图 2-4-6 所示。

（3）选中要清理的选项，单击“立即清理”按钮。360 安全卫士即完成对垃圾的清理。

2.4.2.2　Windows7 还原点的应用

1. 创建 Windows 7 系统还原点

为了防止萌萌的计算机在受病毒侵袭或者由于误操作等情况出现严重的系统问题而重新安装操作系统，小刘准备为她的系统创建一个还原点，其方法如下。

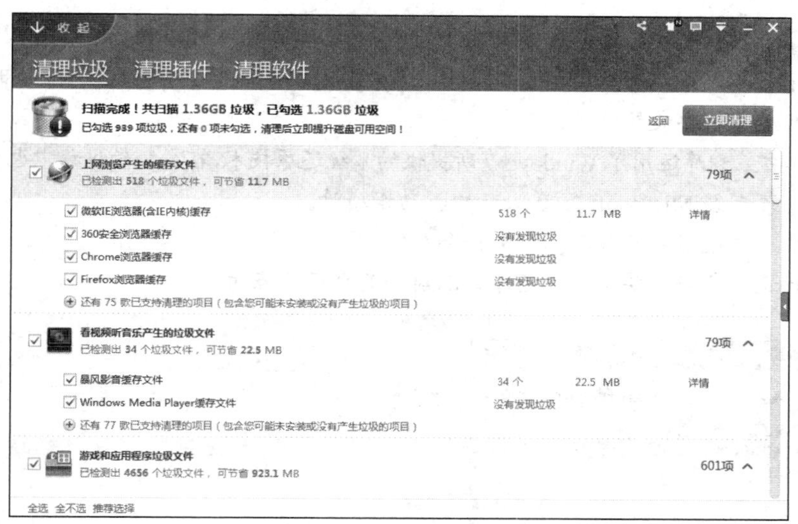

图 2-4-6　360 安全卫士对系统垃圾的扫描结果显示

（1）在桌面上右键单击“计算机”图标，在弹出的快捷菜单中选择“属性”命令，弹出系统属性窗口，如图 2-4-7 所示。

（2）单击左侧的“系统保护”链接，弹出“系统属性”对话框，切换到“系统保护”选项卡，如图 2-4-8 所示。单击“配置”按钮，在弹出的对话框中勾选“还原系统设置和以前版本的文件”，如图 2-4-9 所示，单击“确定”按钮。

图 2-4-7　系统属性窗口

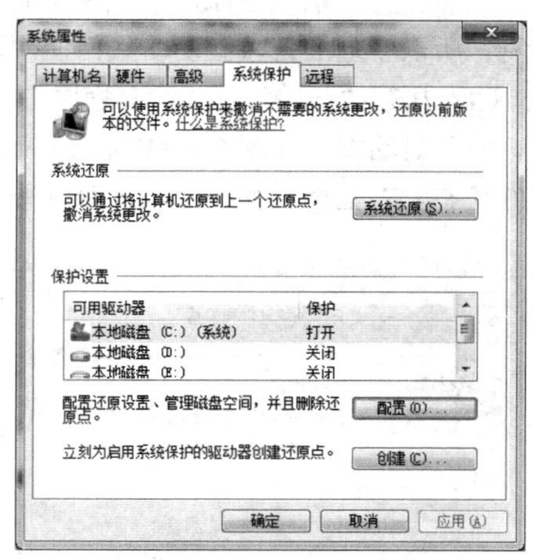

图 2-4-8　“系统属性”对话框图

（3）返回到图 2-4-8 所示的“系统保护”选项卡，单击“创建”按钮，输入还原点名称，如图 2-4-10 所示，单击“创建”按钮之后，便会自动创建还原点。

【知识拓展】

在使用 Windows 7 的过程中，默认状态下它是打开了系统还原功能的，在下列情况下系统会自动创建还原点。

- Windows 7 安装完成第一次启动时。
- 当 Windows 7 连续开机时间达到 24 小时，或关机时间超过 24 小时再开机时。
- 通过系统更新安装软件时。
- 软件的安装程序运用了 Windows 7 所提供的系统还原技术，在安装的过程中也会创建还原点。
- 当在安装未经 Microsoft 签署认可的驱动程序时。
- 当用户账户使用备份程序还原文件和系统时。
- 当运行还原命令，要将系统还原到以前的某个还原点时。

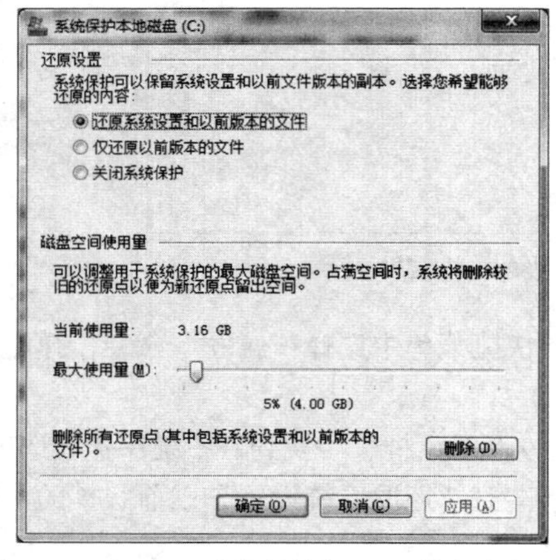

图 2-4-9　勾选“还原系统设置和以前版本的文件”

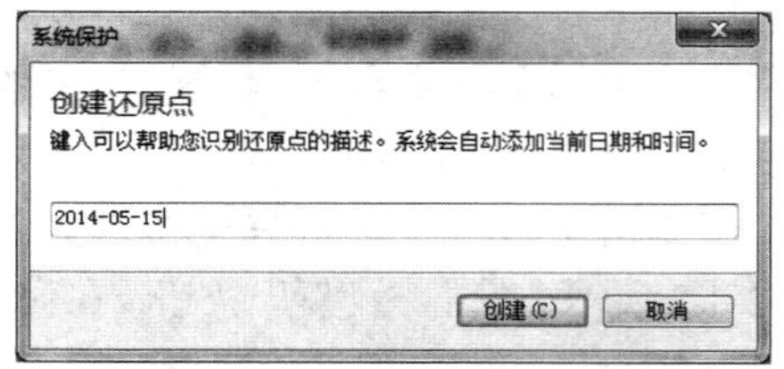

图 2-4-10　设置还原点

2. 还原 Windows 7 系统

虽然设置了系统还原点，但是萌萌不知道怎么使用，这样下次系统出现问题，自己还是没法修复，所以小刘准备教会萌萌如何使用系统还原点。

（1）执行“开始”→“所有程序”→“附件”→“系统工具”→“系统还原”命令，打开“系统还原”对话框，如图 2-4-11 所示。单击“下一步”按钮，进入到“将计算机还原到所选事件之前的状态”对话框，如图 2-4-12 所示。在此对话框中可以选择所需的还原点。

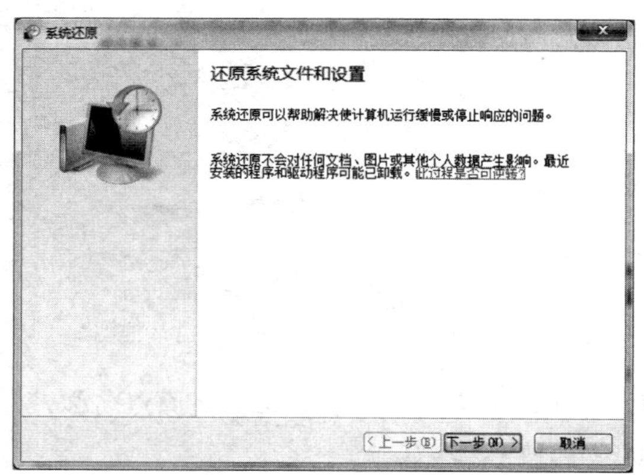

图 2-4-11　“系统还原”对话框

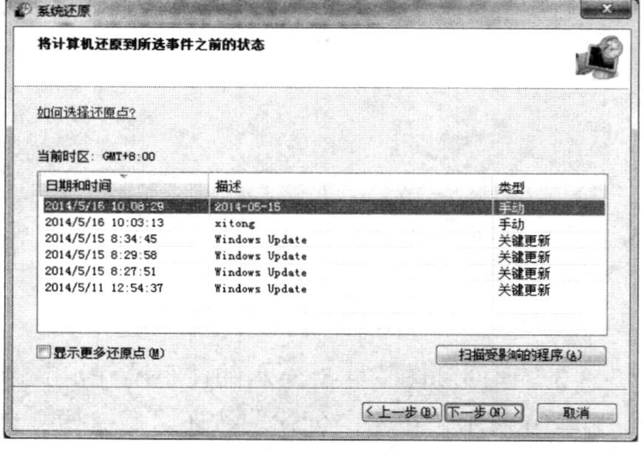

图 2-4-12　“将计算机还原到所选事件之前的状态”窗口

（2）单击“下一步”按钮，在打开的对话框中单击“完成”按钮，系统开始还原，此时计算机会自动重启，然后打开“系统还原”对话框，单击“确定”按钮，系统即可还原到创建还原点时的状态。

2.4.3 知识链接

2.4.3.1 硬件还原卡保护系统

还原卡是应用硬件的方式对磁盘分区进行保护，与软件还原方式相比，其特点是与其他软件的兼容性更好，支持多系统引导，但会增加还原卡的购置费用，教育、科研、设计、网吧等单位的计算机常采用该方式保护系统，从而减轻计算机系统的维护量。使用时，将还原卡安装在主板 PCI 插槽里，在还原卡上有一片 ROM 芯片，根据 PCI 规范，该 ROM 芯片的内容在计算机启动时将最先得到控制权，然后它接管 BIOS 的 INT13 中断，将 FAT、引导区、CMOS 信息、中断向量表等信息都保存到卡内的临时存储单元中或是在硬盘的隐藏扇区中，用自带的中断向量表来替换原始的中断向量表；再将 FAT 信息保存到临时存储单元中，用来应付我们对硬盘内数据的修改；最后在硬盘中找到一部分连续的空磁盘空间，然后将我们修改的数据保存到其中。这样，只要是对硬盘的读写操作都要经过还原卡的保护程序进行保护性的读写，每当我们向硬盘写入数据时，其实还是完成了写入到硬盘的操作，可是没有真正修改硬盘中的 FAT，而是写到了备份的 FAT 表中，系统重启后，所有写操作将一无所有。其安装和使用步骤如图 2-4-13 所示。

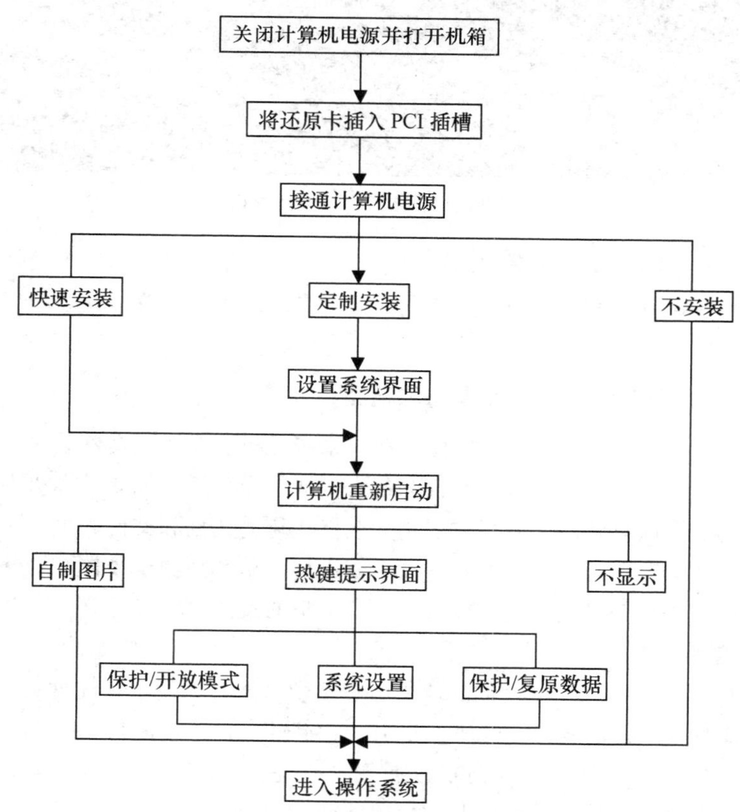

图 2-4-13 还原卡的安装步骤

2.4.3.2 软件还原方式保护系统

影子系统、还原精灵等软件是常见的软件还原方式，与还原卡方式比，其特点是，无需额外的硬件购置费用及硬件安装插槽，软件不支持双系统，极个别软件可能存在冲突和不兼容等现象；它不需要额外的硬盘空间来备份数据，不降低计算机的性能，也没有复杂烦琐的操作，你只需要启动影子模式，便可以随心所欲地使用您的计算机，不必担心任何病毒和木马。即使您的系统崩溃了，只要重新启动，您的系统又完好如初地恢复到原先的状态了。这是个人计算机常用的一种系统保护方式。以下就以影子系统为例介绍其主要功能。

影子系统采用先进的操作系统虚拟化技术生成当前操作系统的影像，它具有真实系统完全一样的功能。进入影子系统后，所有操作都是虚拟的，所有的病毒和流氓软件都无法感染真正的操作系统。系统出现问题了，或者上网产生垃圾文件，只需轻松地重启计算机，一切又恢复到最佳状态。

影子系统有两种模式：一种是保护系统分区模式（单一影子模式），如图 2-4-14 所示，一切对系统的更改在下次启动后全部无效，对非系统分区的更改是有效的，是个人计算机中最常用的模式；另一种是全盘保护模式（完全影子模式），对所有硬盘（分区）的任何操作均无效。

图 2-4-14　影子系统设置窗口

正常模式是相对于影子模式而言的，我们把原来正常的系统（等同于未安装影子的系统）叫作正常模式。正常模式就是平时使用的正常系统，想要修改系统设置、安装新软件，就在正常模式下操作。

2.4.3.3　利用 GHOST 进行系统的备份和还原

计算机常常因为病毒攻击或人为误操作而造成系统死机、崩溃或文件丢失，因此日常要对系统进行定时备份，当遇到故障时，可利用日常备份快速还原系统；如果计算机中的某些文件和数据丢失了，要使用数据恢复软件来恢复被误删除或格式化的数据和文件，可以重建文件系统。目前通常使用一键 GHOST 系统备份还原软件对系统进行备份和还原，掌握系统备份还原软件和数据恢复软件的使用方法是信息化时代计算机使用者必备的技能。

1. GHOST 启动方式

一键 GHOST 是“DOS 之家”首创的 4 种版本（硬盘版、光盘版、优盘版、软盘版）同步发布的启动盘，适应各种用户需要，既可独立使用，又能相互配合。主要功能包括：一键备份系统、一键恢复系统、中文向导、GHOST、DOS 工具箱。一键 GHOST 是高智能的 GHOST，只需按一个键，就能实现全自动无人值守操作，非常简单便捷。

运行一键 GHOST 软件有三种方法：通过开机菜单运行（见图 2-4-15），通过“开始”菜单运行（见图 2-4-16）和开机按 K 键运行，如果以上三种都不能够运行，可以用同一版本的光盘版和 U 盘版运行。

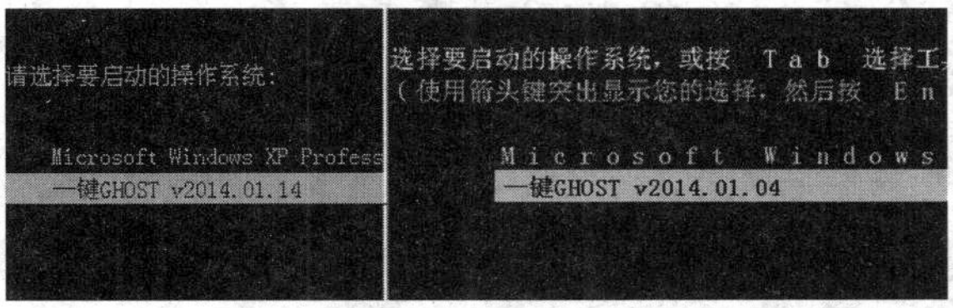

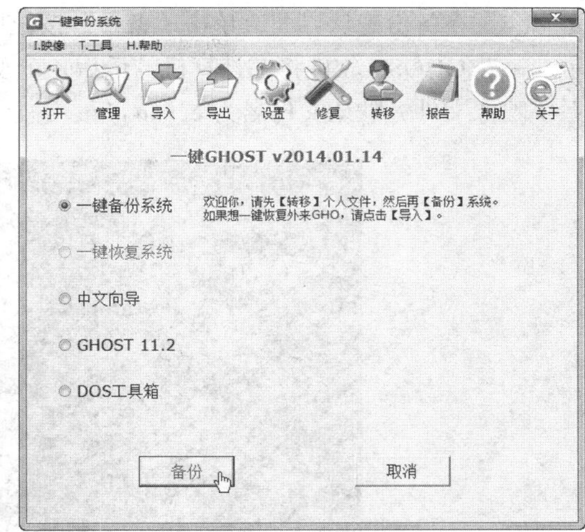

图 2-4-15　左图为 Windows XP，右图为 Windows 7

图 2-4-16　一键备份系统对话框

2. 使用 GHOST 对系统进行备份和还原

（1）打开一键 GHOST 软件，在主界面上选择“一键备份系统”命令，单击下面的“备份”按钮，此时系统会提示自动重启，如图 2-4-17 所示。在重启界面，选择“一键 GHOST”进入 GRUB4DOS 菜单，如图 2-4-18 所示。

图 2-4-17　计算机重启并运行一键 GHOST

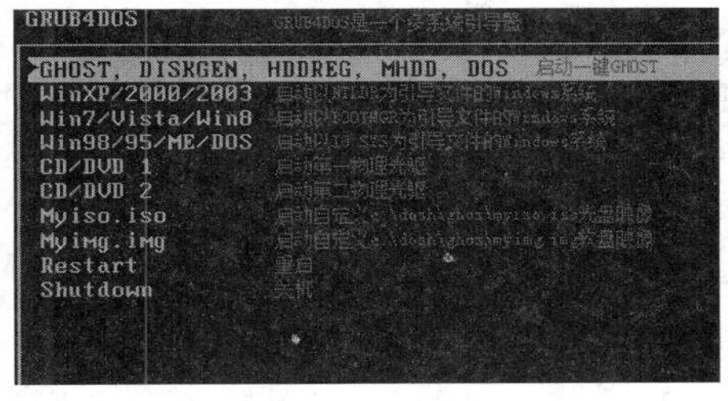

图 2-4-18　GRUB4DOS 菜单

（2）在 GRUB4DOS 菜单中根据提示界面选择“启动一键 GHOST”，进入 MS-DOS 一级菜单，在“MS-DOS 一级菜单”界面，选择“一键 GHOST 11.2”，进入 MS-DOS 二级菜单，如图 2-4-19 所示。

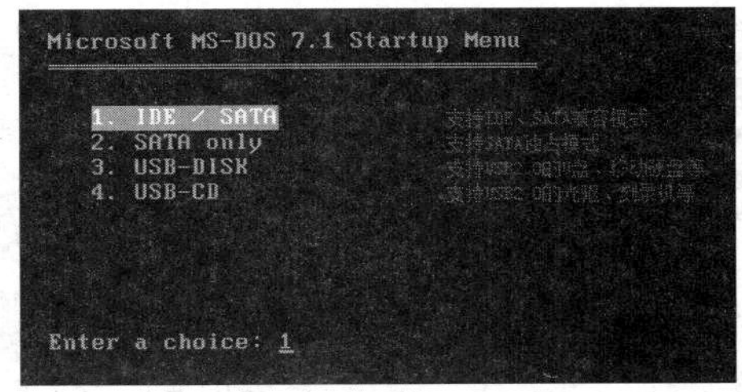

图 2-4-19　MS-DOS 二级菜单

（3）在“MS-DOS 二级菜单”界面中，选择“IDE/SATA”，即进入到备份确认界面，如图 2-4-20 所示。根据不同情况（C 盘映像是否存在）会从主窗口自动进入不同的提示窗口，如果没有系统备份的 GHO 文件，则出现“备份”窗口，若存在 GHO 文件，则出现“恢复”窗口。

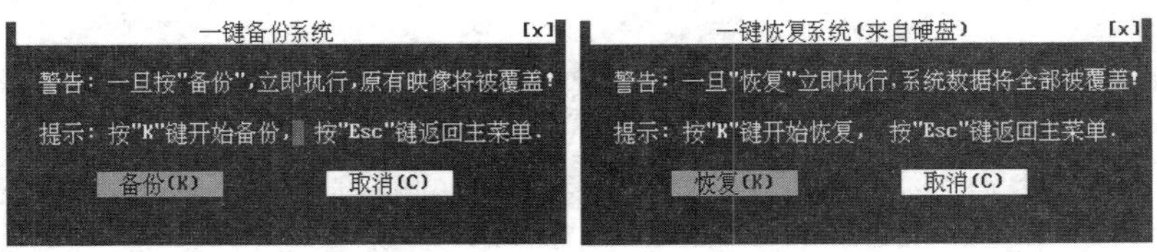

图 2-4-20　备份确认界面

（4）在备份确认界面，单击“备份”按钮后，将运行 GHOST 进行系统备份，如图 2-4-21 所示。一键 GHOST 软件将在计算机的最后一个硬盘分区中新建隐藏文件夹 ghost（～1），以及生成系统映像文件，默认文件名为 c_pan.gho。注意，要保证硬盘中有足够空间来存放映像文件。

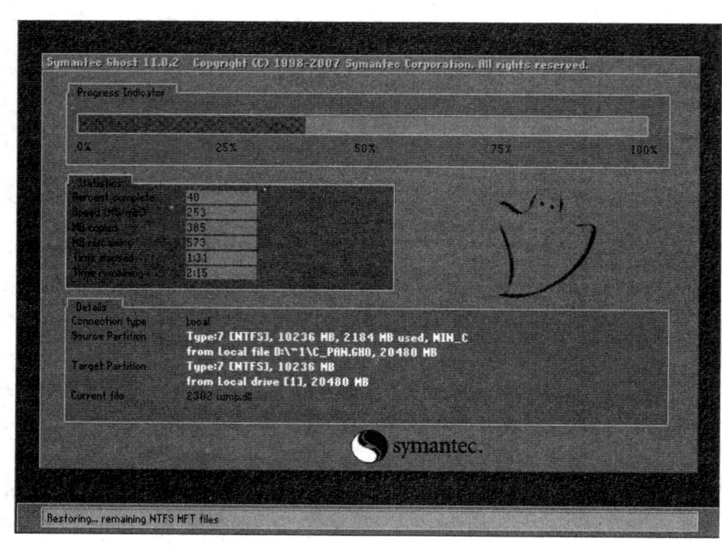

图 2-4-21　系统备份界面

（5）使用一键 GHOST 软件对系统进行还原。只要预先对系统进行过备份，在硬盘上有 c_pan.gho 映像文件，就能方便地使用该文件对系统进行还原，还原过程类似于备份过程。

项目 3 Word 文档的制作与处理

目前，办公自动化软件中应用最广泛的是 Microsoft Office 系列软件。Word 可以说是 Office 套件中的元老，也是使用最为广泛的应用软件，主要功能是进行文字（或文档）的处理。Word 最初是由 Richard Brodie 为了运行 DOS 的 IBM 计算机而在 1983 年编写的，这里介绍的版本是 Word 2010。

3.1 Word 应用入门——专业介绍编写

在日常的工作或生活中，我们经常会用 Word 来录入文本并进行一些简单的编排最后打印发放，比如发布会议通知、编写专业介绍等。本学习情境通过案例“专业介绍编写”的制作过程，介绍了 Word 文本的录入方法，Word 字符格式化、段落格式化等设置方法，完成了一个简单 Word 文档的处理过程。

3.1.1 情境分析

3.1.1.1 案例背景

2015 年度四川省高职院校自主招生将于 2015 年 4 月 11 日全省统一考试，四川机电职业技术学院作为国家骨干高职院校、四川省首批示范高职院校，具备举行自主招生考试的资格，已自主招生多年。

信息工程系计算机网络技术专业是国家骨干专业、学校重点建设专业，也是自主招生专业之一，为了让考生更好地了解该专业，系部要求小陈老师编写一个专业介绍，再用 Word 2010 进行编排。

3.1.1.2 任务描述

编写“计算机网络技术专业介绍”，样板效果如图 3-1-1 所示。任务具体要求描述如下。

（1）录入所有中、英文以及特殊字符。

（2）将标题文本设为黑体，三号，加粗；其余文本的中文字体设为宋体、英文字体设为 Times New Roman，字号设为 14 磅。

（3）将所有段落行间距设为 25 磅，段前段后间距各为 0.5 行；将标题、版权、日期等三个段落居中对齐；将“培养目标”“主干课程”“就业方向”三个段落首行缩进 2 字符。

（4）将“专业亮点”段落首字下沉 2 行。

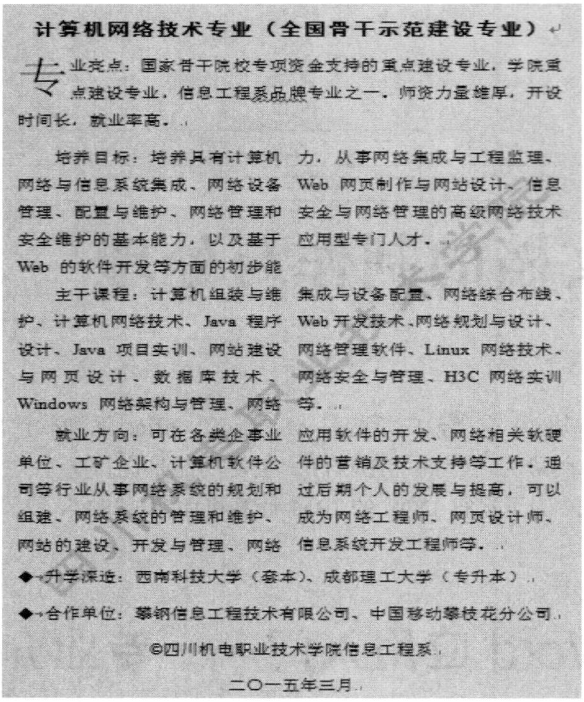

计算机网络技术专业（全国骨干示范建设专业）

专业亮点：国家骨干院校专项资金支持的重点建设专业，学院重点建设专业，信息工程系品牌专业之一。师资力量雄厚，开设时间长，就业率高。

培养目标：培养具有计算机网络与信息系统集成、网络设备管理、配置与维护、网络管理和安全维护的基本能力，以及基于Web的软件开发等方面的初步能力，从事网络集成与工程监理、Web网页制作与网站设计、信息安全与网络管理的高级网络技术应用型专门人才。

主干课程：计算机组装与维护、计算机网络技术、Java程序设计、Java项目实训、网站建设与网页设计、数据库技术、Windows网络架构与管理、网络集成与设备配置、网络综合布线、Web开发技术、网络规划与设计、网络管理软件、Linux网络技术、网络安全与管理、H3C网络实训等。

就业方向：可在各类企事业单位、工矿企业、计算机软件公司等行业从事网络系统的规划和组建、网络系统的管理和维护、网站的建设、开发与管理、网络应用软件的开发、网络相关软硬件的营销及技术支持等工作。通过后期个人的发展与提高，可以成为网络工程师、网页设计师、信息系统开发工程师等。

◆ 升学深造：西南科技大学（统本）、成都理工大学（专升本）

◆ 合作单位：攀钢信息工程技术有限公司、中国移动攀枝花分公司

©四川机电职业技术学院信息工程系

二〇一五年三月

图 3-1-1　专业介绍样板

（5）为“升学深造”“合作单位”两个段落添加项目符号。

（6）将“培养目标”“主干课程”“就业方向”三个段落分栏（两栏，栏宽相等，间距 1 字符，无分隔线）。

（7）为文档添加页面背景（主题颜色为茶色，背景 2，深度 10%），添加文字水印“四川机电职业技术学院”（字体为“隶书”，颜色为“红色”，版式为“斜式”）。

3.1.1.3　解决途径

小陈老师接到任务要求，先收集和整理相关素材。新建 Word 文档，录入相关内容，然后执行文字格式化、段落格式化等操作排版文档，在这期间，如果发现文档有误或有增减，还可以打开文档，再次编排。最后保存文档，准备打印并发放。具体解决路径如图 3-1-2 所示。

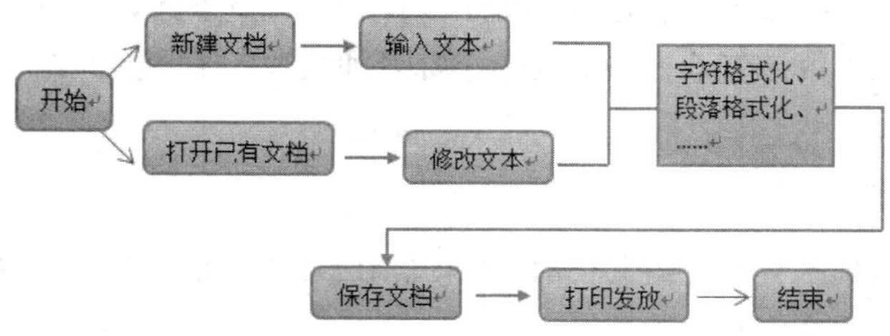

图 3-1-2　“专业介绍”案例的解决路径

3.1.1.4　学习目标

1. 知识与技能

（1）掌握 Word 文档的操作（新建、打开、保存及关闭）。

（2）熟练文字录入方法，掌握特殊字符的录入技巧。

（3）掌握字符格式化方法（字体、字号、字形、颜色、字间距）。

（4）掌握段落格式化方法（对齐方式、段落缩进、行间距、段间距）。

（5）学会文档排版的简单技巧（项目符号、首字下沉、分栏设置）。

（6）学会文档美化的简单技巧（页面背景、文字水印）。

2. 过程与方法

（1）通过探究式学习、讨论式学习和教师对重、难点的讲述，能对 Word 文档进行简单排版。

（2）通过教师讲析演示，学生自我实践，提高学习效果。

3. 情感态度与价值观

（1）培养学生利用 Word 进行排版的基本操作能力，在这一过程中，加强学生与同伴的合作交流意识和能力，加强团队合作。

（2）培养学生的创造能力和审美能力，激发学生对学习计算机的兴趣。

3.1.2　任务实施

3.1.2.1　新建文档

启动 Word 2010 后，系统将新建一个空白文档。用户也可以在现有文档基础上另外新建空白文档，方法是：①单击“文件”菜单中的“新建”命令，②单击右侧的“可用模板”列表中的“空白文档”选项，③单击“创建”按钮，创建新的空白文档，如图 3-1-3 所示。

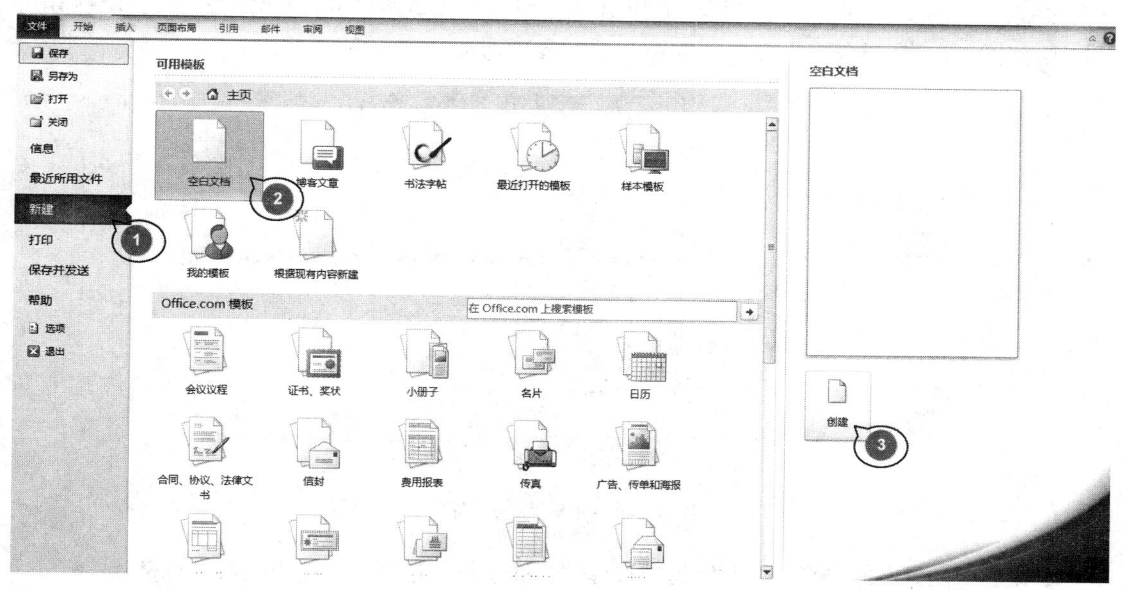

图 3-1-3　新建 Word 空白文档

【技能拓展】

文档编辑过程中，按下 Ctrl+N 快捷键，可快速创建空白文档。按下 Ctrl+O 快捷键，可以打开已有 Word 文档进行重新编辑。

【知识拓展】

Word 2010 提供了各种固定格式的写作文稿模板，参见图 3-1-3。我们可以使用这些模板，由于这些模板有一个标准化的环境，因此可以快速地完成文稿的写作。模板就是一种特殊的预先设置格式的文档，模板决定了文档的基本结构和文档格式设置。每个文档都是基于某个模板而建立的。

3.1.2.2 录入文字

1. 普通文本录入

新建 Word 文档“专业介绍.docx”，录入相关文字，文字内容参见图 3-1-1。

在录入文本时，还需要注意以下几点。

（1）在 Word 中，如果是从英文输入法切换到默认的中文输入法，可以按 Ctrl+Space 快捷键切换，也可以通过按 Ctrl+Shift 快捷键切换各种已经安装好的中文输入法。

（2）录入文本时，在同一段文本之间不需要手动分行，当输入内容超过一行时，Word 会自动换行。当录入完一段文字后，按 Enter 键，文档会自动产生一个段落标记符，表示换行分段。

（3）如果需要强制换行，并且需要该行的内容与上一行的内容保持一个段落属性，可以按 Shift+ Enter（软回车）来完成。

（4）当文本出现错误或有多余的文字，可以使用删除功能。Backspace 键可以删除插入点左侧的文字，Delete 键可以删除插入点右侧的文字。

2. 特殊符号录入

利用键盘可以轻松地输入常用的文字、符号、字母、数字等，如果需要插入键盘外的其他符号，则需要通过“插入符号”功能来完成。在“专业介绍”中，就用到了版权所有符号“©”，录入方法如下。

步骤一：①单击“插入”选项卡，②再单击“符号”工具组中的“符号”按钮，③在弹出的下拉菜单中选择“其他符号”命令，如图 3-1-4（a）所示。

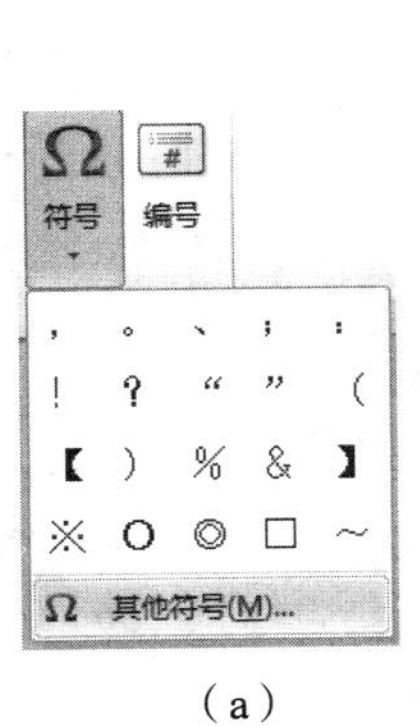

（a）

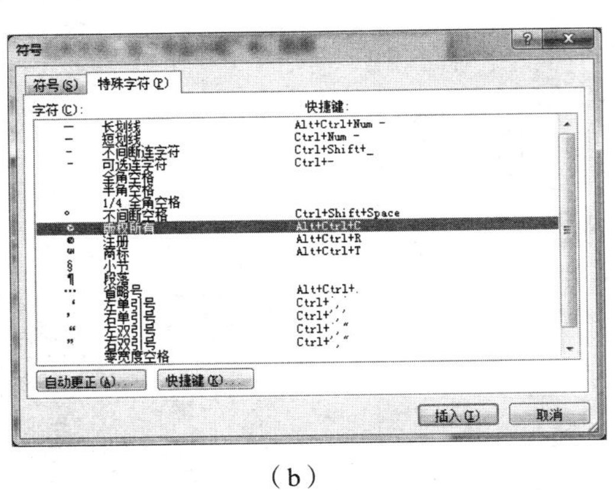

（b）

图 3-1-4 插入“特殊字符”

步骤二：在弹出的“符号”对话框中选择“特殊字符”选项卡，选中版权所有符号“©”，单击“插入”按钮，就录入了特殊符号“©”，如图 3-1-4（b）所示。

从图 3-1-4（b）可以看出，很多特殊符号可以通过快捷键快速录入，比如“©”就可以通过快捷键 Alt+Ctrl+C 快速录入。

【技能拓展】

①如果需要录入序号❶❷❸等特殊符号，也可以在弹出的“符号”对话框中，在“字体”列表中选择 Wingdings 字体，然后选择要插入的符号，如图 3-1-5 所示。②其实类似“★”这些特

殊符号，还可以通过右键单击中文输入法的软键盘，然后选择相应的选项完成录入，如图 3-1-6 所示。

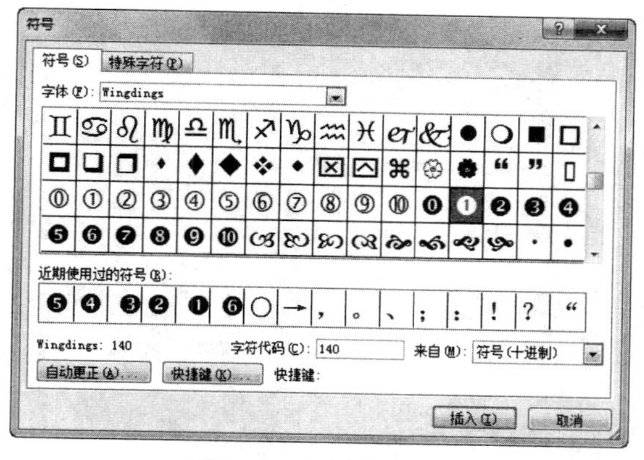

图 3-1-5 “符号”对话框

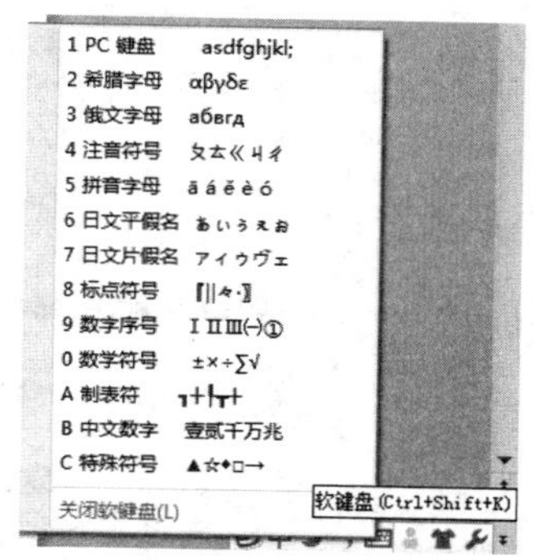

图 3-1-6 中文输入法软键盘

3. 插入日期

在本任务中，最后需要录入当前日期，Word 2010 中可以快速插入日期与时间，也可以手动输入。具体操作方法如下。

步骤一：将插入点定位到文档最后，单击“插入”选项卡中“文本”功能区中的“日期和时间”按钮 日期和时间。

步骤二：在弹出的“日期和时间”对话框中，在“可用格式”列表中选择日期格式，单击“确定”按钮，插入日期和时间，如图 3-1-7 所示。

4. 使用“自动更正”快速输入

利用“自动更正”或“自动图文集”能够自动快速插入一些长文本、图像和符号。使用“自动更正”功能还可以自动检查并更正输入错误、误拼的单词、语法或大小写错误。

创建“自动更正”词条，操作步骤如下。

步骤一：选择“文件”→“选项”命令。

步骤二：在弹出的“Word 选项”对话框中选择“校对”选项卡。

步骤三：单击“自动更正选项”按钮，然后选择“自动更正”选项卡。

步骤四：选中“输入时自动替换”复选框（如果尚未选中）。在“替换”输入框输入“scemi”；在“替换为”文本框输入“四川机电职业技术学院”。

步骤五：单击“添加”按钮，如图 3-1-8 所示。

经过上述步骤，此后如在文档编辑区输入“scemi”，系统会自动替换成“四川机电职业技术学院”。

5. 利用“查找/替换”快速替换

利用“自动更正”功能可以提高用户录入一些比较复杂且录入频率又高的文本或符号的效率，也可以作为更正全篇文档多处存在相同的某个错误录入字符或词组的简单方法。其实事后我们也可以通过“查找/替换”功能来完成这些功能，“查找/替换”除了可以对普通字符操作之外，还可以对“格式”和“特殊符号”进行查找或替换操作。

如果现在需要对专业介绍文档中所有“网络”二字以红色显示并加着重号，可以使用“查找/替换”功能，其操作步骤如下。

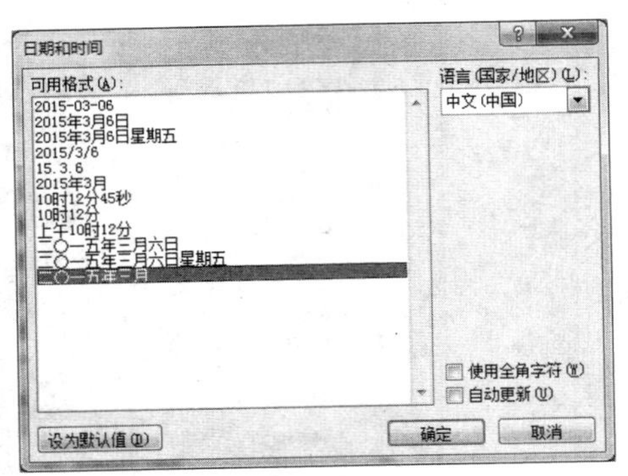

图 3-1-7 “日期和时间”对话框

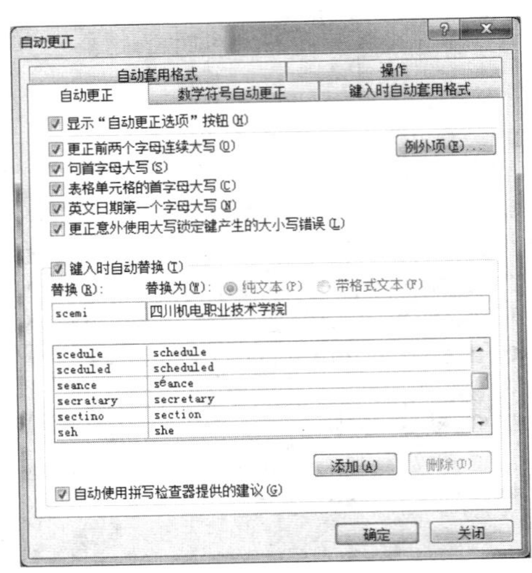

图 3-1-8 “自动更正”对话框

步骤一：选择“开始”→“编辑”→“替换”命令 替换，或者单击状态栏左端的“页面”。

步骤二：在弹出的“查找和替换”对话框的“查找内容”文本框中，输入文字“网络”。在“替换为”文本框中，输入文字“网络”，设置所需的格式（红色字体，加着重号），如图 3-1-9 所示。

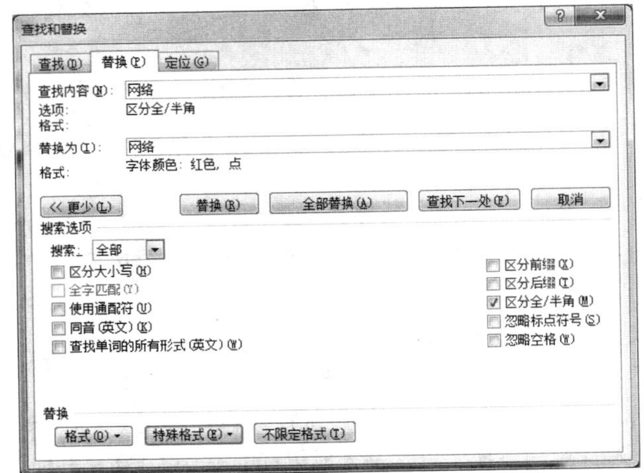

图 3-1-9 “查找和替换”对话框

步骤三：在“查找和替换”对话框中，单击“全部替换”按钮。至此完成任务。

【技能拓展】

当用户在进行文档录入、编辑或者其他处理时，Word 会将用户所做的操作记录下来，如果用户出现错误的操作，可以通过“撤销”按钮（Ctrl+Z）将错误的操作取消，如果在撤销操作时也出现了错误，则可以利用“恢复”按钮（Ctrl+Y）恢复到撤销之前的内容。

3.1.2.3 字符格式化

1. 选中文档内容

在 Word 的操作中，同样也遵循“先选中，后操作”的原则。对文档内容进行操作之前，都需要先选中要编辑的内容，也就是要指明对哪些内容进行编辑。表 3-1-1 列举了用鼠标选定文字的操作方法，当然也有相应的快捷键，比如选定整篇文档就可以用 Ctrl + A 快捷键实现，但更多时候还是用鼠标选定文字。

表 3-1-1　　用鼠标选定文本的各种操作方法

所选文本	鼠标的操作
任何数量的文字	按住鼠标左键，从左或右拖过这些文字
一个单词	双击该单词
一个图形	单击该图形
一行文字	在左侧选择区单击
多行文字	在左侧选择区向上或向下拖动鼠标
一个句子	按住 Ctrl 键，然后在该句的任何位置单击
一个段落	在左侧选择区双击
多个段落	在左侧选择区向上或向下拖动鼠标
一大块文字	在开始处单击，滚动到所选内容结束的位置，按住 Shift 键并单击
整篇文档	在左侧选择区单击鼠标三次
垂直文字块	按住 Alt 键然后拖动鼠标

2. 设置标题文字格式

选中标题“计算机网络技术专业（全国骨干示范建设专业）”，单击“开始”选项卡中“字体”功能区里相应的字符格式按钮，完成“黑体、三号、加粗”设置，如图 3-1-10 所示。

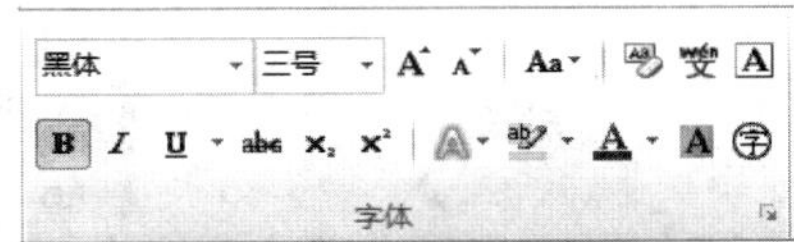

图 3-1-10　标题格式设置

【知识拓展】

在“字体”功能区，含有多种基本格式设置按钮（见图 3-1-10），其作用及含义如表 3-1-2 所示。

表 3-1-2　　“字体”功能区各按钮及功能作用

命令按钮	功能作用
黑体 ▾	字体列表，用于设置文本字体，如黑体、楷体、隶书等
三号 ▾	字号按钮，设置字符大小，如五号、三号、12 磅等
A A	增大、减小字号按钮，可快速增大或减小字号
Aa ▾	更改大小写按钮，单击可对文档中的英文进行大小写之间的互换
	清除格式按钮，单击可将文字格式还原到 Word 默认状态
	拼音指南按钮，单击可给文字注音，且可编辑文字注音的格式
A	字符边框，可以给文字添加一个线条边框
B	加粗按钮，将字符的线型加粗
I	倾斜按钮，将字符进行倾斜
U ▾	下画线按钮，可为字符添加单下画线、双下画线、波浪线等下画线
abc	删除线按钮，可以给选中的字符添加删除线效果
x_2 x^2	下标和上标按钮，单击可将字符设置为下标和上标
A ▾	文本效果按钮，可以将选择的文字设置为带艺术效果的文字
ab ▾	突出显示效果按钮，可将文字以突出的底纹显示出来

续表

命令按钮	功能作用
A ▾	字体颜色按钮，给文档字符设置各种颜色
A	字符底纹按钮，给字符添加底纹效果
字	带圈字符，单击可给选中文字添加带圈效果

3. 设置正文文字格式

选中正文文字，还可以通过“字体”对话框对文字效果进行设置，方法是单击“字体”功能区右下角的“对话框启动器”按钮，在弹出的“字体”对话框中进行设置。按任务要求，将正文的中文设置为“宋体”、英文设置为“Times New Roman”，字号设为“14 磅”，如图 3-1-11 所示。

图 3-1-11 “字体”对话框

【知识拓展】

Word 字体设置中经常出现“四号”“14 磅”等不同单位字号，表 3-1-3 给出了它们的对应关系。

表 3-1-3 字号对应关系表

42	36	26	22	18	16	15	14	12	10.5	9	7.5	5.5	5
初号	小初	一号	二号	小二	三号	小三	四号	小四	五号	小五	六号	七号	八号

3.1.2.4 段落格式化

1. 设置标题段落对齐方式

选定标题文字，在“开始”选项卡的“段落”功能区中，有 5 种对齐方式，，分别是左对齐、居中对齐、右对齐、两端对齐和分散对齐，按任务要求，这里选择居中对齐。

【知识拓展】

由于默认情况下，Word 采用的是两端对齐，因此不用再对正文进行段落格式设置。同理对最后两个段落（版权段落、日期段落）进行段落居中设置。

2. 设置行间距与段间距

行间距和段间距分别是指文档段落中行与行、段与段之间的垂直距离。Word 的默认行距是单倍行距。

间距的设置方法有两种：①单击“段落”功能区的“行和段落间距”按钮设置。②单击“段落”功能区右下角的“对话框启动器”按钮，弹出“段落”对话框设置，如图 3-1-12 所示。

（1）段间距设置：选中相应段落，按任务要求，设置“段前”和“段后”为 0.5 行，如图 3-1-12❶所示。

（2）行间距设置：选中相应行，按任务要求，将文档中的行间距设置为“固定值”“25 磅”，如图 3-1-12❷所示。

3．设置段落缩进

段落缩进是指段落文字与页边距之间的距离，包括左缩进、右缩进、首行缩进、悬挂缩进四种缩进方式。可使用标尺和“段落”对话框两种方法设置。使用标尺设置比较直观，但只能对缩进量进行粗略的设置，如图 3-1-13 所示。使用“段落”对话框对段落缩进则可以得到精确的设置，按任务要求选用后者。

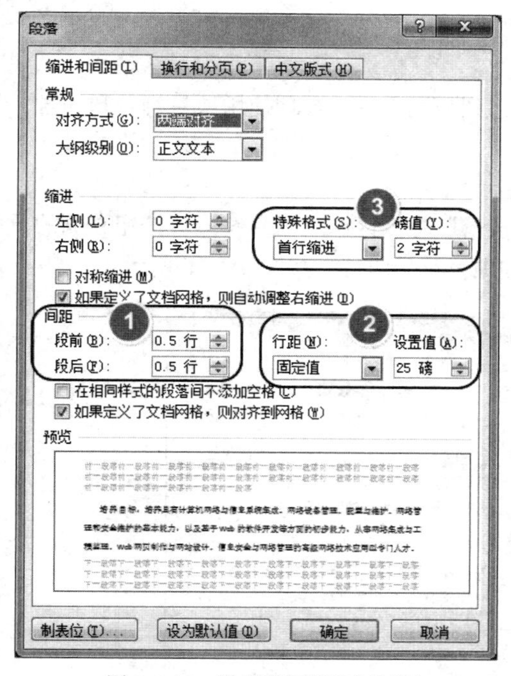

图 3-1-12　设置段间距和行间距

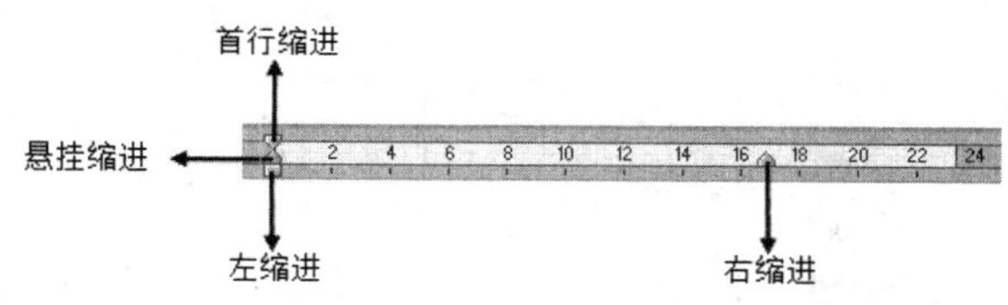

图 3-1-13　使用标尺缩进

选中“培养目标”“主干课程”“就业方向”3 个段落，单击“段落”功能区右下角的“对话框启动器”按钮，弹出“段落”对话框，选择“特殊格式”列表中的“首行缩进”选项，磅值处输入“2 字符”，如图 3-1-12❸所示。

4．首字下沉

首字下沉或悬挂就是把段落第一个字符进行放大，以引起读者注意，并美化文档的版面样式。设置段落的首字下沉或悬挂，可按如下步骤操作。

步骤一：将光标置于首字下沉的段落“专业亮点”段落中。

步骤二：选择“插入”选项卡的“文本”功能区的“首字下沉”按钮。如图 3-1-14 所示。

步骤三：在列表中选择“首字下沉选项”命令，在弹出的“首字下沉”对话框中设置相关选项即可，比如下沉行数设为“2”。如图 3-1-15 所示。

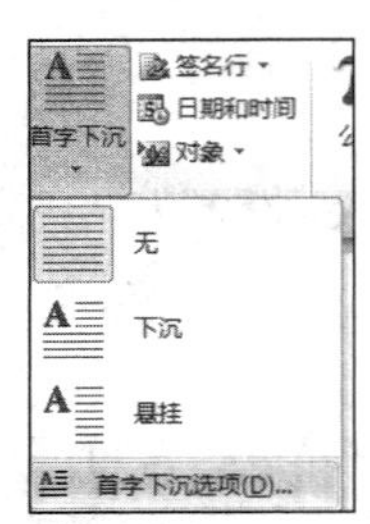

图 3-1-14　首字下沉

图 3-1-15　设置下沉行数

取消首字下沉，可在“首字下沉”列表中选择“无”命令，如图 3-1-14 所示。同理可以设置首字悬挂。

3.1.2.5　添加项目符号

项目符号和编号是放在文本前的点或其他符号，起到强调作用。合理使用项目符号和编号，可以使文档的层次结构更清晰、更有条理。

1. 设置项目符号

选中“升学深造”和“合作单位”两段，单击“段落”功能区中“项目符号”按钮右侧的下三角按钮☷▾，打开项目符号列表，单击选择所需要的项目符号即可，如图 3-1-16 所示。

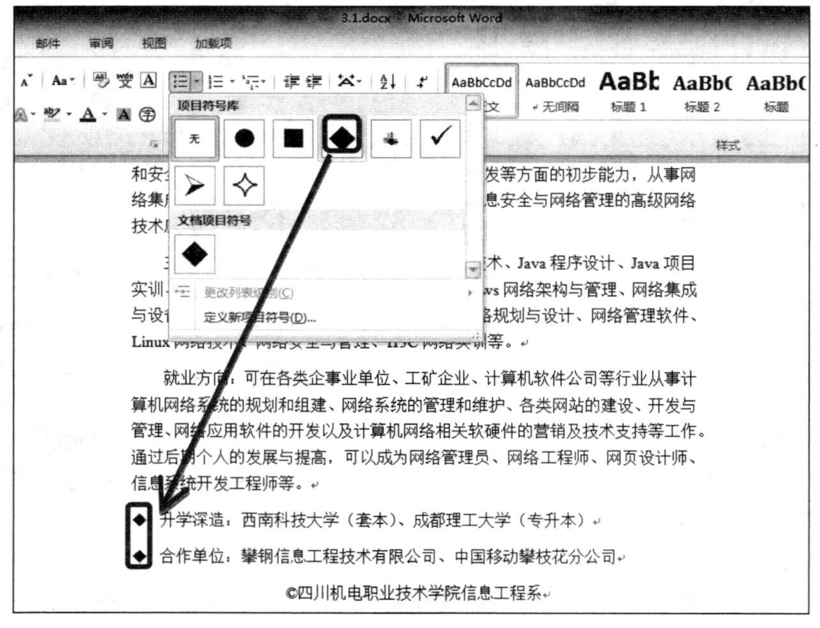

图 3-1-16　设置项目符号

【知识拓展】

如果打开的项目符号列表中没有需要的符号类型，可以在项目符号列表的下方单击“定义新项目符号”命令，在弹出的“定义新项目符号”对话框中重新选择图片或符号作为新的项目符号。

2. 设置编号

编号是按照大小顺序为文档中的行或段落添加编号。选中要添加编号的内容，单击“段落”功能组中“编号”按钮右侧的下三角按钮 ，打开编号列表，选择需要的编号即可。

【知识拓展】

Word 提供了智能化编号功能。例如，在输入文本前，输入数字或字母，如“1.”“(一)”“a)”等格式的字符，后跟一个空格或制表符，然后输入文本。当按 Enter 键时，Word 会自动添加编号到文字的前端。

3.1.2.6　分栏操作

分栏就是将文档分割成几个相对独立的部分。利用 Word 的分栏功能，可以实现类似报纸或刊物、公告栏、新闻栏等的排版方式，既可美化页面，又可方便阅读。在文档中分栏的操作步骤如下。

步骤一：选择要设置分栏的段落（可多选，本任务选中三个段落）。

步骤二：选择“页面布局”选项卡，单击“页面设置”功能区的“分栏”命令按钮。如图 3-1-17 所示。

步骤三：在“分栏”下拉列表中，可设置常用的一、二、三栏及偏左、偏右格局；如果有进一步的设置要求，可单击该列表的“更多分栏”命令，弹出“分栏”对话框，如图 3-1-18 所示。设置栏数为“2”，栏宽相等，间距为“1 字符”，无分隔线。

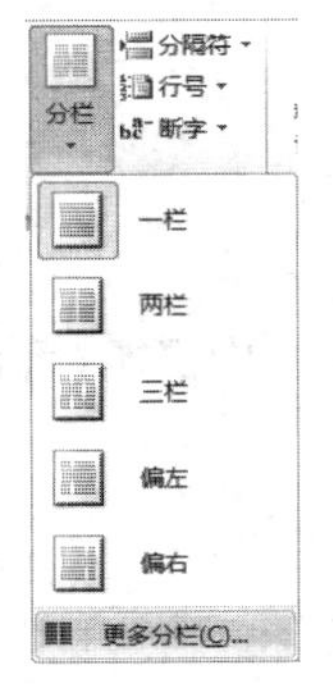

图 3-1-17　分栏操作

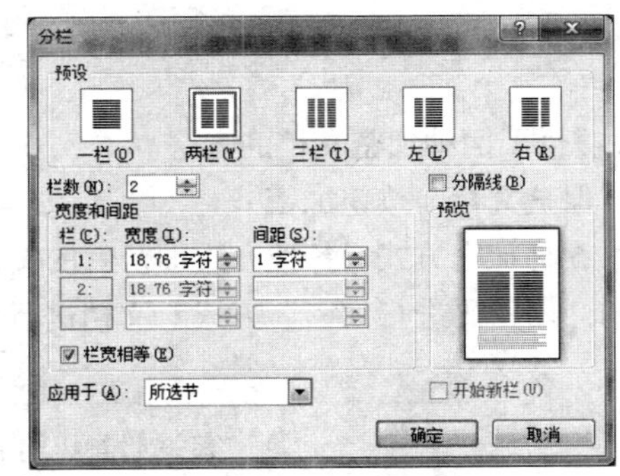

图 3-1-18　弹出“分栏”对话框

如果要删除分栏效果，则选择分栏段落后，打开“分栏”对话框，再单击“一栏”选项即可。

3.1.2.7　页面背景设置

1. 添加页面背景

单击“页面布局”选项卡中“页面背景”功能区中的“页面颜色”按钮 ，在弹出的下拉列表中选择对应的颜色，这里按任务要求选择“主题颜色为茶色，背景 2，深度 10%”（第二行第三列）。

【技能拓展】

页面背景还可以采用“纹理”“图案”“图片”等，如果添加背景图片，则在弹出的下拉列表中单击“填充效果”命令，弹出“填充效果”对话框。切换到“图片”选项卡，选择相应图片即可。

2. 添加文字水印

单击“页面布局”选项卡中“页面背景”功能区中的“水印”按钮，在弹出的快捷菜单中选择“自定义水印”命令，弹出“水印”对话框。设置水印文字的相关选项，重新设置文字、字体、字号、颜色等。单击“确定”按钮，完成设置后关闭对话框，如图 3-1-19 所示。

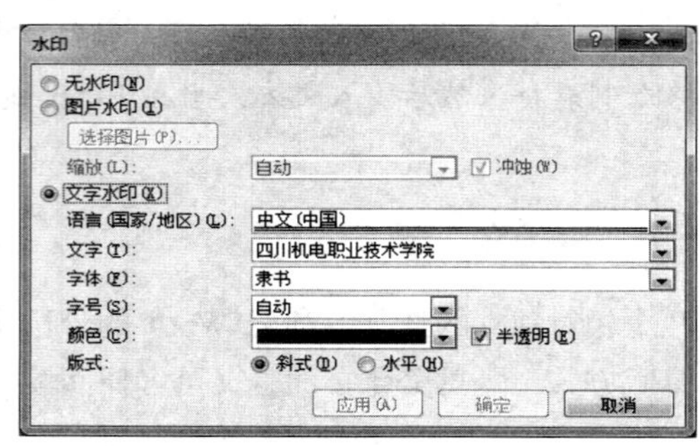

图 3-1-19　设置水印文字

3.1.2.8　保存与加密文档

1. 保存文档

要保存新建的文档，可通过选择“文件”→“保存”命令；或者直接单击快速访问工具栏的“”按钮；或者直接使用 Ctrl+S 快捷键。如果是第一次保存，会弹出“另存为”对话框。在“另存为”对话框中，选择好保存位置，输入文件名，并注意在“保存类型”下拉列表框中选择文件类型。

2. 加密文档

Word 2010 提供了两种加密文档的方法。

（1）使用“保护文档”按钮加密

这里提供了 5 种加密方式，各种方式加密后的文档权限在图 3-1-20 中都能看到详细描述，这里以最常用到的“用密码进行加密”方式对文档进行加密。

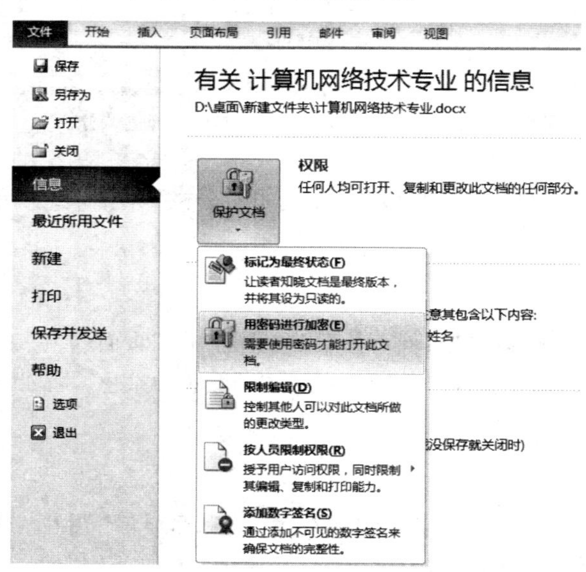

图 3-1-20　“保护文档”按钮

在“加密文档”对话框中输入密码，单击“确定”按钮，然后在“确认密码”对话框中再次输入密码，单击“确定”按钮。设置完成后，“保护文档”按钮右侧的“权限”两字由原来的黑色变成了红色。要打开设置了密码的文档，用户必须在系统弹出的“密码”对话框中输入正确的密码，否则系统会提示密码错误，无法打开文档。

（2）使用“另存为”对话框加密

在弹出的“另存为”对话框中，在其下方依次单击“工具”→“常规选项”按钮，弹出“常规选项”对话框，在该对话框中可以设置打开文件时的密码和修改文件时的密码，各输入两次（需要确认密码）即可。

3.1.3　知识链接

3.1.3.1　Office 2010 工作界面

在学习使用 Office 软件之前，首先需要对其工作界面有所了解。Office 2010 中各组件的工作界面都大同小异，其工作界面主要包括“文件”菜单、快速访问工具栏、标题栏、功能选项卡、选项组、文档编辑区、状态栏和视图栏等几部分。此处以 Word 2010 的工作界面为例，如图 3-1-21 所示，介绍工作界面的各组成部分及其作用。

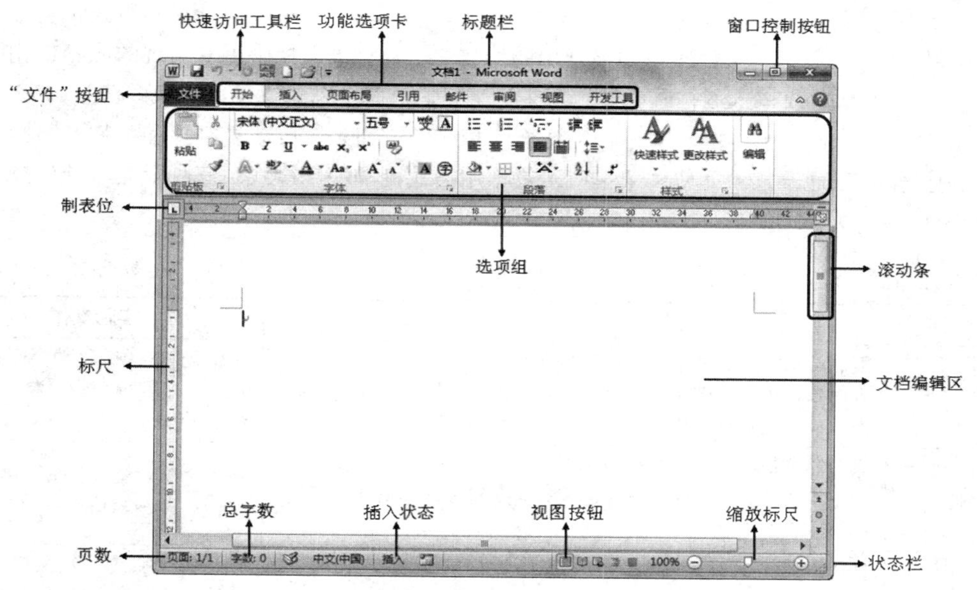

图 3-1-21　Word 2010 工作界面

（1）快速访问工具栏：位于窗口上方左侧，用于放置一些常用工具，默认包括保存、撤销和恢复三个工具按钮。用户可以根据需要进行添加。

（2）功能选项卡：用于切换功能区，单击功能选项卡的标签名称就可以完成切换。

（3）标题栏：用于显示当前文档的名称，默认为“文档 1.docx”。

（4）功能区（选项组）：用于放置编辑文档时所需的功能按钮，系统将功能区的按钮按功能划分为组，称为工具组，可以理解为传统意义上的菜单。在某些功能组右下角有“对话框启动器”按钮 ，单击可以打开相应的对话框，打开的对话框包含了该工具组的相关设置选项。

（5）窗口控制按钮：包括最小化、最大化和关闭三个按钮，用于对文档的大小和关闭进行控制。

（6）标尺：分为水平标尺和垂直标尺，用于显示或定位文本的位置。

（7）滚动条：分为水平滚动条和垂直滚动条，拖动滚动条可以查看文档中未显示的内容。

（8）文档编辑区：用于显示或编辑文档内容的工作区域，编辑区内不停闪烁的光标称为插入点，新输入或插入的文本内容定位在此处。

（9）状态栏：用于显示当前文档的页数、字数、拼写和语法状态、使用的语言、输入状态等信息。

（10）视图按钮：用于切换文档的视图方式。Word 2010 包括了“页面”“阅读版式”“Web 版式”“大纲”和“草稿”等五种视图方式。

（11）缩放标尺：用于对编辑区的显示比例和缩放尺寸进行调整，用鼠标拖动滑块后，标尺左侧会显示缩放的具体数值。

【知识拓展】

Office 2010 中各组件在启动后展示的是默认工作界面，用户可以根据自己的习惯自定义工作界面。

3.1.3.2 复制和粘贴

1. 文档复制

“复制”和“粘贴”是文档编辑中最常用的操作之一。对于文档中重复出现的内容或相同的格式，不必一次次地重复输入或格式化，可以采用“复制”和“粘贴”操作完成。在 Word 2010 中，可以利用“开始”选项卡中的“剪贴板”功能区相应的按钮来完成“复制”和“粘贴”操作。

复制操作有三种方式，如使用菜单或工具、用格式刷和使用样式。三种复制方式的操作和效果如表 3-1-4 所示。

表 3-1-4 复制操作一览表

复制工具	复制效果	适合操作范围	实际操作
“复制”、“粘贴”菜单或工具	复制包括字符、图片、文本框或插入对象在内的全部字符、图片、文本框或插入对象和格式	文本和插入对象的复制	选中复制对象，移动光标到目标处或选中要覆盖的对象后，进行粘贴操作
格式刷	只复制被选中对象的全部“格式”，如字符、段落和底纹的格式，不复制被选中的内容	字符和段落格式的复制	选中复制对象，单击“格式刷”按钮后，光标拖动全部目标文档
样式	把选中的样式的全部格式，复制到被选中的操作对象	文档的标题、章节标题和段落的格式统一定义	光标置于要统一定义格式的段落后，单击合适的样式项

2. 使用格式刷

步骤一：选择已设置好格式的段落或文本。

步骤二：单击“开始”选项卡的“剪贴板”功能区的“格式刷”按钮，此时光标变成形状。

步骤三：选择要复制格式的段落，按住鼠标左键拖动，然后释放鼠标左键。

需要注意的是，单击“格式刷”按钮，用户只可以将选择的格式复制一次，双击“格式刷”按钮，用户可以将选择的格式复制到多个位置。再次单击格式刷或按 Esc 键即可关闭格式刷。

3. 粘贴

在粘贴文档的过程中，有时希望粘贴后的文稿的格式有所不同，在 Word 2010“开始”选项卡的“剪贴板”功能区的“粘贴”按钮命令，提供了三种粘贴选项：保留源格式、合并格式、只保留文本。这三个选项的功能如下。

“保留源格式”：粘贴后仍然保留源文本的格式。

“合并格式”：粘贴后的文本格式，是源文本格式与粘贴位置处文本格式的“合并”。

只保留文本”：粘贴后的文本和粘贴位置处的文本格式一致。

除了三种粘贴选项外，Word 还提供了“选择性粘贴”“设置默认粘贴”选项。选择性粘贴有很多用途，比如可以将文本粘贴成图片，可以复制网页上的文本（无格式文本）等。

3.2　Word 表格处理——求职简历制作

日常办公事务中，经常用到表格，形式简洁明了，比如通讯录，比赛成绩，课程表等内容都是通过表格的形式呈现出来的。Word 2010 除了方便对文本进行排版外，还可以在文档中灵活地使用表格。本学习情境通过“求职简历制作”介绍了 Word 表格的创建、表格的编辑以及美化、表格中数据的简单计算。

3.2.1　情境分析

3.2.1.1　案例背景

又是一年毕业季，毕业生们除了庆祝与狂欢，还面临着人生十字路口的抉择，又到了忙着找工作的季节。然而各种简历满天飞，怎样才能在简历中让别人记住我，给人留下深刻印象？毕业生小周同学陷入了深深的思索中。

3.2.1.2　任务描述

本任务要求制作图 3-2-1 所示的个人求职简历，其中涉及的项目很多，比如表格绘制、表格美化、表格计算等。当然根据不同的需要，可以创建出不同类型的表格，另外，组合边框和底纹等，能够增强表格的美观性。根据实际需求，选择 Word 完成个人简历制作是一个不错的想法。

<table>
<tr><td colspan="7">基本情况</td></tr>
<tr><td>姓名</td><td>周**</td><td>性别</td><td>男</td><td>出生年月</td><td>1993.05</td><td rowspan="5">照片</td></tr>
<tr><td>民族</td><td>汉</td><td>籍贯</td><td>四川江油</td><td>政治面貌</td><td>预备党员</td></tr>
<tr><td>毕业院校</td><td colspan="2">四川机电职业技术学院</td><td>所学专业</td><td colspan="2">计算机网络技术</td></tr>
<tr><td>通讯地址</td><td colspan="5">四川省攀枝花市东区马家田路 65 号（617000）</td></tr>
<tr><td>联系方式</td><td colspan="5">Tel:1808959****　Email:*****@163.com　QQ:1566****7</td></tr>
<tr><td colspan="7">求职意向</td></tr>
<tr><td>1</td><td>目标职位</td><td>网络工程师</td><td>期望薪资</td><td>3500 元/月</td><td>工作地点</td><td>攀枝花</td></tr>
<tr><td>2</td><td>目标职位</td><td>网页设计师</td><td>期望薪资</td><td>4000 元/月</td><td>工作地点</td><td>成都</td></tr>
<tr><td colspan="7">主干课程成绩</td></tr>
<tr><td rowspan="2">科目
成绩</td><td>网络技术</td><td>网页设计</td><td>Java</td><td>Web 开发</td><td>网络规划</td><td rowspan="2">平均分
91.8</td></tr>
<tr><td>96</td><td>92</td><td>86</td><td>90</td><td>95</td></tr>
</table>

图 3-2-1　求职简历样板

3.2.1.3 解决途径

小周同学为了制作一份与众不同的求职简历，先收集整理自己的相关材料，在网上搜索很多求职简历模板以供参考，然后在手绘草图的基础上，利用 Word 创建表格，利用单元格合并（拆分）和自绘表格等功能不断调整表格，再填入相关内容到单元格，通过行高/列宽的调整和单元格对齐方式的设置，最后通过设置底纹和表格样式的应用来美化表格。具体解决路径如图 3-2-2 所示。

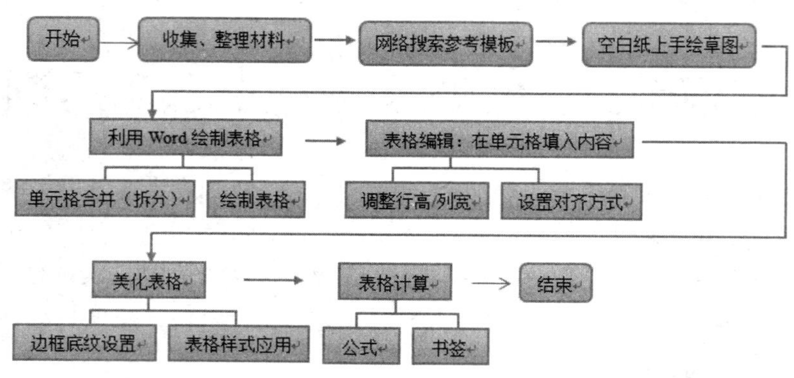

图 3-2-2 “求职简历”案例的解决路径

3.2.1.4 学习目标

1. 知识与技能

（1）获取 Word 表格的新知识，了解表格制作的含义，理解表格在文字处理中的作用。

（2）掌握创建表格的三种方法：利用快捷按钮制表、用菜单命令制表、手动绘制表格。

（3）掌握单元格的合并（拆分）、行与列的插入（删除）、表格大小设置以及行高与列宽的调整。

（4）了解 Word 表格样式，掌握表格的修饰（表格斜线、文字方向、单元格对齐、边框和底纹）。

（5）掌握 Word 表格中的数据计算功能。

2. 过程与方法

（1）通过讨论式学习和教师对重、难点的讲析，会用 Word 表格解决具体问题。

（2）通过探究学习，培养学生发现问题、分析问题和解决问题的能力。

3. 情感态度与价值观

（1）培养学生处理的 Word 表格基本操作能力，在这一过程中，加强学生与同伴的合作交流意识和能力，加强团队合作。

（2）培养审美能力，自主思考与学习能力，在探索中进步。

3.2.2 任务实施

3.2.2.1 表格绘制

1. 拖动行列数创建表格

如果创建的表格行列数较少（10 列 8 行），并且是规则的表格，就可以在“表格”列表中的

"预设方格"上拖动鼠标，快速创建出规则的表格。方法是：单击"插入"选项卡，单击"表格"功能区中的"表格"按钮后拖放，如图 3-2-3 所示。

2. 通过对话框创建表格

单击"插入"选项卡，单击"表格"功能区中的"表格"按钮，在弹出的列表中选择"插入表格"命令，弹出"插入表格"对话框。设置表格行数和列数，这里根据需要选择 7 列、12 行，如图 3-2-4 所示。单击"确定"按钮即可在文档中插入一个 7 列 12 行的表格。

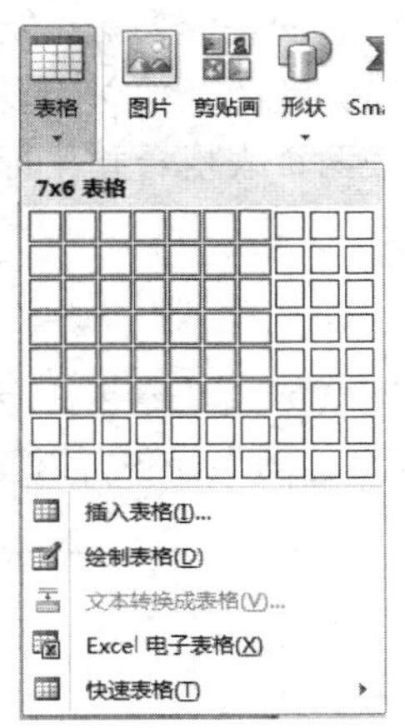

图 3-2-3　快速创建表格

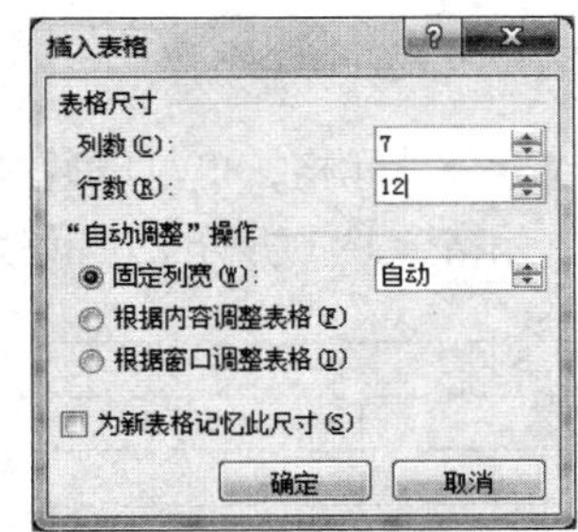

图 3-2-4　"插入表格"对话框

3. 手绘表格

对于不规则单元格，有时需要手动绘制，具体方法是：单击"插入"选项卡，单击"表格"功能区中的"表格"按钮，单击列表中的"绘制表格"命令，切换到绘制表格状态。拖动鼠标从上到下绘制表格的列线，从左至右绘制表格的行线。

3.2.2.2　表格编辑

1. 选择表格对象

在学习表格的编辑操作之前，首先要学会表格对象的选择方法，如单元格的选择、列与行的选择以及表格的选择等。

（1）选择整个表格：将鼠标指针指向表格范围时，在表格的左上角会出现选择表格标记"⊞"，单击该标记即可选取整个表格。

（2）选择表格中的行：将鼠标指针指向需要选择的行的最左端，当鼠标指针变成"↗"形状时单击鼠标左键即可选择表格的一行。此时，如果按下鼠标左键不放，向上或向下拖动时，可以连续选择表格中的多行。

（3）选择表格中的列：将鼠标指针指向需要选择的列的顶部，当鼠标指针变成"⬇"形状时单击鼠标左键，即可选择表格的一列。此时，如果按下鼠标左键不放，向右或向左拖动时，可以连续选择表格中的多列。

（4）选择单元格：由行线和列线交叉构成的区域称为单元格，一个表格由多个单元格构成。在选择一个单元格时，需要将鼠标指针指向单元格的左上角，当指针变成"➚"时，再单击鼠标左键选择相应的单元格。如果按住鼠标左键不放进行拖动，则可以选择表格中的多个连续单元格。

2. 合并和拆分单元格

选择要合并的多个单元格（按住 Shift 键再进行选择，可以选择多个相邻的单元格），选择"表格工具”→“布局”选项卡，单击“合并”功能区的“合并单元格”按钮，如图 3-2-5 所示。也可以选中多个单元格的同时，单击鼠标右键，在弹出的快捷菜单中选择“合并单元格”命令。

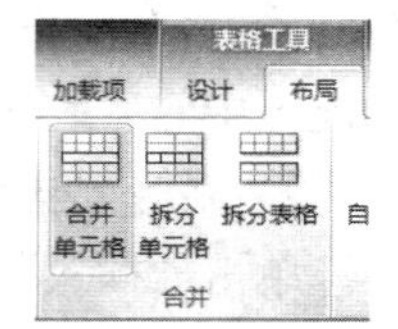

图 3-2-5　合并单元格

拆分单元格的方法：首先选中要进行拆分的单元格，单击“拆分单元格”按钮，如图 3-2-5 所示。然后在弹出的“拆分单元格”对话框中设置要拆分成几行几列即可。

Word 2010 中，也可以拆分表格，如图 3-2-5 所示，需要注意的是，表格只能从行拆分，不能从列拆分，快捷键是 Ctrl + Shift + Enter。合并表格的方法是调整两个独立的表格间位置，使之只间隔一行，选中间隔行，按 Delete 键删除间隔行，即可使两个表格合并，行、列数不一致也能合并。

【技能拓展】

其实合并或拆分单元格，也可以通过“划”或“擦”来完成（手动绘制表格命令）。

经过多次单元格合并（拆分），最终得到图 3-2-6 所示的表格，即本任务所需要的表格。

<table>
<tr><td colspan="7">↵</td></tr>
<tr><td>↵</td><td>↵</td><td>↵</td><td>↵</td><td>↵</td><td>↵</td><td rowspan="5">↵</td></tr>
<tr><td>↵</td><td>↵</td><td>↵</td><td>↵</td><td>↵</td><td>↵</td></tr>
<tr><td>↵</td><td colspan="2">↵</td><td>↵</td><td colspan="2">↵</td></tr>
<tr><td>↵</td><td colspan="5">↵</td></tr>
<tr><td>↵</td><td colspan="5">↵</td></tr>
<tr><td colspan="7">↵</td></tr>
<tr><td>↵</td><td>↵</td><td>↵</td><td>↵</td><td>↵</td><td>↵</td><td>↵</td></tr>
<tr><td>↵</td><td>↵</td><td>↵</td><td>↵</td><td>↵</td><td>↵</td><td>↵</td></tr>
<tr><td colspan="7">↵</td></tr>
<tr><td rowspan="2">↵</td><td>↵</td><td>↵</td><td>↵</td><td>↵</td><td>↵</td><td rowspan="2">↵</td></tr>
<tr><td>↵</td><td>↵</td><td>↵</td><td>↵</td><td>↵</td></tr>
</table>

图 3-2-6　单元格合并后的表格效果

3. 设置表格大小

（1）调整表格大小。将鼠标指针指向表格右下角的缩放标记“□”上，当鼠标指针变为“↘”时，按住鼠标左键并拖动，在拖动的过程中鼠标会变成十字形状，并且有一个虚框表示当前缩放的大小，当虚框符合需要时松开鼠标即可。

（2）调整表格行高。将鼠标指针指向表格中要调整行高的行线上，鼠标指针变成“÷”时，按住鼠标左键不放，上下拖动鼠标即可调整表格的行高。

（3）调整表格列宽。将鼠标指针指向表格要调整列宽的列线上，鼠标指针变为“+||+”时，按住鼠标左键不放左右拖动鼠标即可调整表格的列宽。

【技能拓展】

如果要精确设置表格的行高和列宽，应该使用“表格属性”对话框来设定。比如本任务要求将所有行高设为 0.8 厘米，具体操作方法是：选中所有行（选中表格），单击“表格工具”→“布局”选项卡，单击“单元格大小”功能区右下角的“表格属性”对话框按钮（或右键单击选择“表格属性”命令），在弹出的“表格属性”对话框中，选择“行”选项卡，然后设置“指定高度”为“0.8 厘米”，如图 3-2-7 所示。

（4）使用“自动调整”选项，平均分布行列。本任务第 8～9 行第 1 列宽度调整后，第 2～7 列需要平均分布宽度，方法是选中第 2～7 列，单击“表格工具”→“布局”选项卡，单击“单元格大小”功能区，单击“分布列”命令，如图 3-2-8 所示。

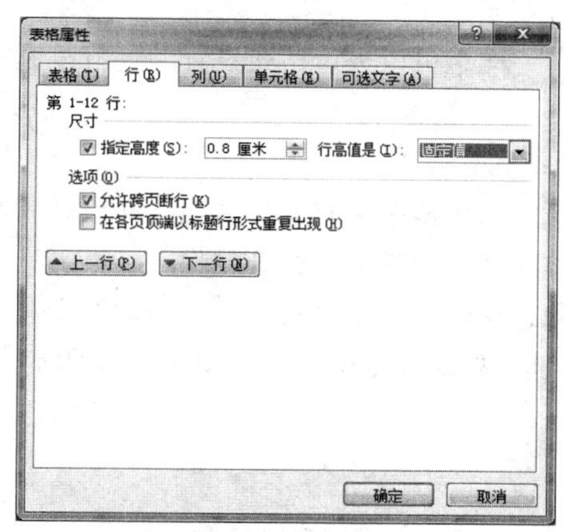

图 3-2-7　“表格属性”对话框

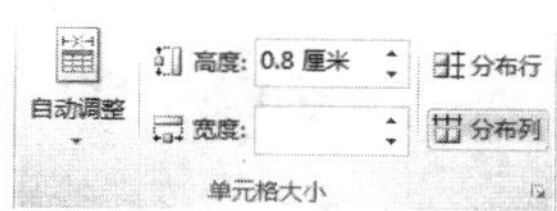

图 3-2-8　自动调整选项

4. 插入斜线

本任务第 11～12 行第 1 列需要插入一根斜线，更清楚地指明表格的内容，将表格中的成绩按科目分开，如图 3-2-1 所示。可按如下步骤操作。

步骤一：将光标置于要制作斜线的单元格中（一般是表格的左上角单元格）。

步骤二：单击“表格工具”→“设计”选项卡，单击“表格样式”功能区的“边框”按钮 边框 ▾ 的“▾”。

步骤三：在“边框”下拉列表中，选择“斜下框线”命令，如图 3-2-9 所示。

【技能拓展】

插入斜线操作也可以直接“划”（手动绘制表格命令），如果表头斜线有多条，在 Word 2010 中的绘制就显得更复杂，必须经过绘制自选图形直线及添加文本框的过程。

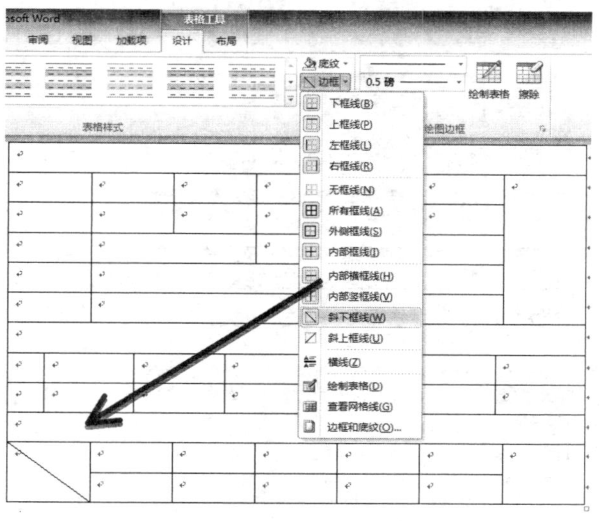

图 3-2-9　表格斜线绘制

5. 在表格中输入内容

按图 3-2-1 所示，在表格中输入内容。需要注意的是插入点位置，按 Tab 键可以将插入点由左向右依次切换到下一个单元格；按 Shift+Tab 快捷键可以将插入点自右向左切换到前一个单元格。

在表格中编辑的文字和在表格之外编辑的文字一样，可以进行格式设置，进行复制、移动、查找、替换、删除等操作。

6. 添加和删除表格对象

在创建表格时，有时并不能一次创建到位，所以当表格中需要添加数据，而行、列或单元格不够时，就需要进行添加。当有多余的行、列或单元格时，则需要将其删除。

如果需要添加或删除表格对象，要先选中对象，单击“表格工具”→“布局”选项卡，单击“行和列”功能区中的相应按钮，在弹出的列表中选择相应命令即可，如图 3-2-10 所示。

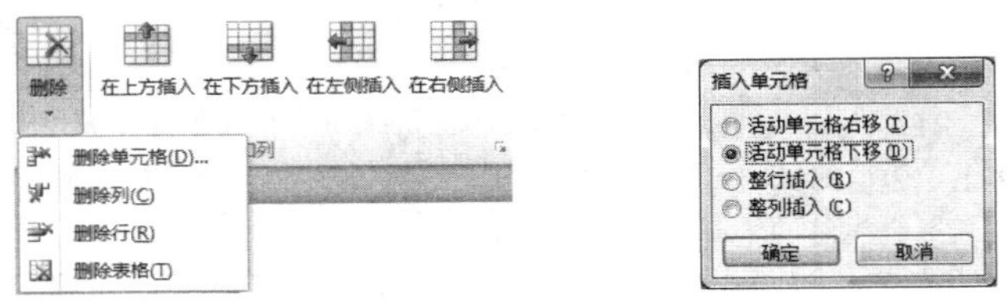

图 3-2-10　添加或删除表格对象

3.2.2.3　表格美化

1. 快速应用表格样式

Word 2010 提供了丰富的表格样式库，可以将样式库中的样式快速应用到表格中。设置方法是选择要设置样式的表格，单击“表格工具”→“设计”选项卡，单击“表格样式”功能区中的“其他”按钮，选择列表中要应用的表格样式即可，如图 3-2-11 所示。

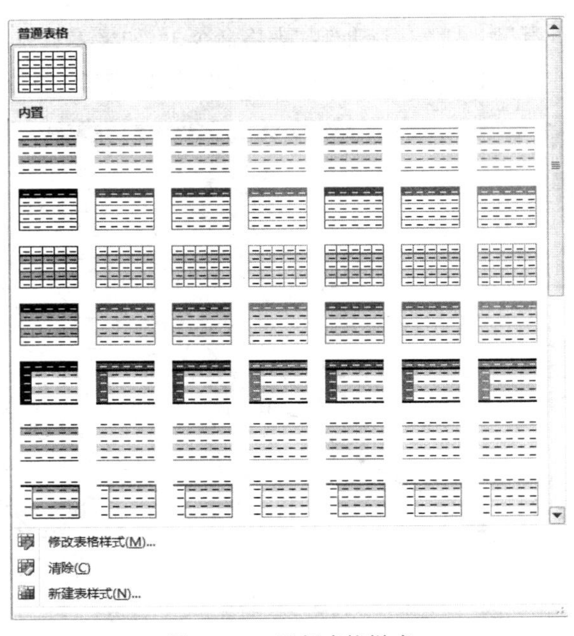

图 3-2-11　选择表格样式

如果在表格样式库中没有满足要求的，还可以自定义表格样式，可以单击样式列表中的“修改表格样式”命令，如图 3-2-11 所示，弹出“修改样式”对话框，调整该对话框中的参数即可制作出更多精美的表格。

2. 设置单元格对齐方式

根据任务要求，选择整张表格，单击“表格工具”→“布局”选项卡，单击“对齐方式”功能区中的“水平居中”按钮即可，如图 3-2-12 所示。然后微调一些地方，比如第 5～6 行第 2 列，调整为中部两端对齐“”，第 11～12 行第 1 列“科目成绩”可以通过段间距或添加空格来实现效果。

3. 设置文字方向

选择“照片”的单元格，单击“文字方向”按钮，如图 3-2-12 所示，可将单元格中的文字竖排显示。再次单击该按钮，可将竖排文字进行横排显示。

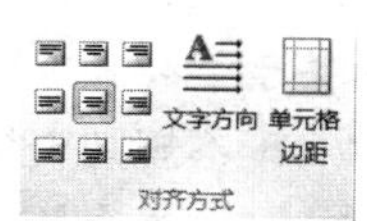

图 3-2-12　单元格对齐方式

4. 设置单元格底纹

默认情况下，Word 表格中的单元格是无底纹的，用户可以给单元格添加底纹效果来突出显示表格效果。本任务中，将第 1、7、10 三行单元格设置为茶色底纹的效果，方法是选择要添加底纹的单元格（第 1、7、10 行），单击“表格工具”→“设计”选项卡，单击“表格样式”功能区中的“底纹”按钮 底纹 ▾，选择列表中的底纹颜色即可。

5. 设置表格边框

本任务需要将表格外边框设为 0.75 磅的双实线，具体步骤如下。

步骤一：单击“表格工具”→“设计”选项卡，单击“表格样式”组中的“边框”按钮 边框 ▾ 的“▾”。在列表中，单击“边框和底纹”命令。

步骤二：在弹出的“边框和底纹”对话框中，单击“设置”列表中的“自定义”按钮，并在“样式”列表中选择“双实线”边框线型，宽度选择 0.75 磅，在预览列表中“划”外边框。如图 3-2-13 所示。单击“确定”按钮即可。

【技能拓展】

表格线（包括边框）也可以绘制，方法是先设置好“笔”的参数，然后沿边框线“划”，如图 3-2-14 所示。

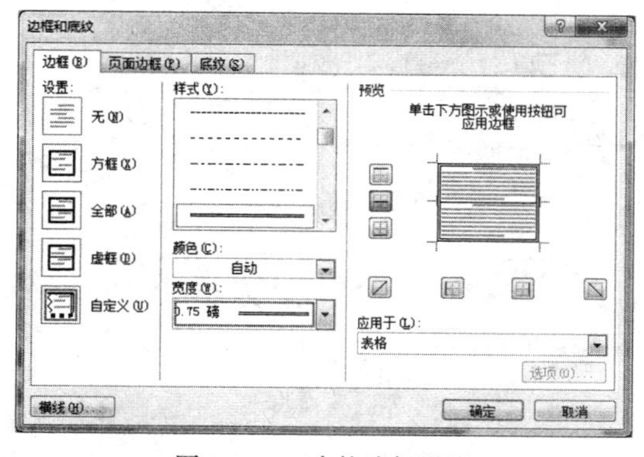

图 3-2-13　表格边框设置

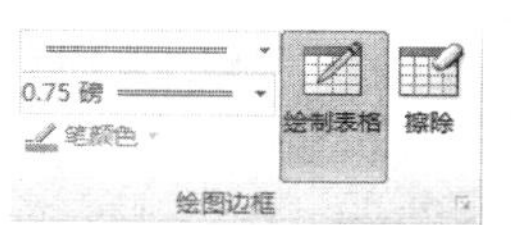

图 3-2-14　绘制表格边框

3.2.2.4 表格计算

1. 通过公式计算

Word 的强项不在于数据处理，但简单的数据计算还是可以胜任的。本任务就来计算 5 门课程的平均成绩。

操作步骤可以参考如下。

步骤一：光标置于在准备数据计算的单元格。单击“表格工具”→“布局”选项卡，单击“数据”功能区中的“公式”按钮 *fx* 。

步骤二：在打开的“公式”对话框中，“公式”编辑框中会自动推荐一个公式，本例使用“=AVERAGE（b12：f12）”，表示计算 5 门课程的平均分。

【知识拓展】

关于“公式”“函数”“列标行号”（单元格地址），以及表格计算，请参见 Excel 部分。

对于不规则表格，命名原则是：若表格中有合并单元格，则以合并前所有单元格中左上角单元格命名作为合并后单元格的命名，其他单元格的命名不受单元格合并的影响，如图 3-2-15 所示。

<table>
<tr><td>A1</td><td colspan="2">B1</td><td>D1</td><td rowspan="2">E1</td><td>F1</td><td>……</td></tr>
<tr><td>A2</td><td>B2</td><td>C2</td><td>D2</td><td>F2</td><td>……</td></tr>
<tr><td>A3</td><td>B3</td><td>C3</td><td>D3</td><td>E3</td><td>F3</td><td>……</td></tr>
<tr><td>A4</td><td>B4</td><td colspan="2" rowspan="2">C4</td><td>E4</td><td>F4</td><td>……</td></tr>
<tr><td>A5</td><td>B5</td><td>E5</td><td>F5</td><td>……</td></tr>
<tr><td>A6</td><td>B6</td><td>C6</td><td>D6</td><td>E6</td><td>F6</td><td>……</td></tr>
<tr><td>⋮</td><td>⋮</td><td>⋮</td><td>⋮</td><td>⋮</td><td>⋮</td><td></td></tr>
</table>

图 3-2-15　有合并单元格的表格命名

2. 通过书签计算

对于不规则表格，如果需要计算数据，可以使用“书签”。如下表，如果需要计算 3×4，方法与步骤如下。

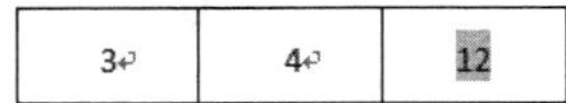

3	4	12

步骤一：为需要计算的变量（数字）都建立唯一识别的标签。选中需要建立变量的值 3，再单击“插入”→“书签”，指定要设定的标签（变量）名称，如 iNum1，如图 3-2-16 所示。同理设置变量的值 4 为 iNum2。

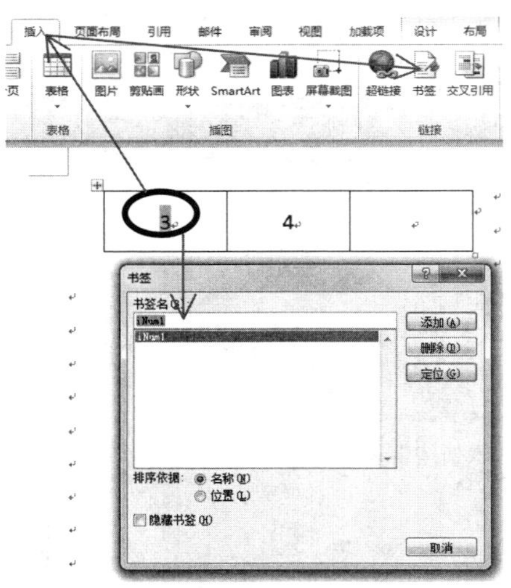

图 3-2-16　变量值建立书签

步骤二：在需要计算单元格中按 Ctrl+F9 组合键，会出现“{ }”这样的字样，因为要涉及两个值，所以通过按三次 Ctrl+F9 组合键，最终会出现{ { }{ } }，手工改变成：“{ ={ iNum1 } * { iNum2 } }”，最后按 F9 键，结果就出来了。

3.2.3　知识链接

3.2.3.1　表格与文本的转换

在 Word 中实现表格和文本之间的转换，这对于使用相同的信息源实现不同的工作目标是非常有益的。

（1）将表格转换成文本

步骤一：将光标置于要转换成文本的表格中，或选择表格，会激活“表格工具”→“布局”选项卡。

步骤二：单击“表格工具”→“布局”选项卡中“数据”功能区的“转换为文本”按钮。

步骤三：在弹出的“表格转换成文本”对话框中，选择一种文字分隔符，默认是“制表符”，即可将表格转换成文本。

（2）将文字转换成表格

也可以将用段落标记、逗号、制表符或其他特定字符分隔的“有规则”的文字转换成表格，可按如下步骤操作。

步骤一：选择要转换成表格的文字。

步骤二：单击“插入”选项卡的“表格”功能区的“表格”按钮。

步骤三：在弹出的“表格”按钮下拉列表中选择“文本转换为表格”命令。

步骤四：在弹出的“将文字转换成表格”对话框输入相关参数，即可将文字转换成表格。

3.2.3.2　表格跨页设置

当用户在 Word 中处理大型表格时，表格会在分页处自动分割，分页后的表格从第二页起就不再有标题行了，这对于查看和打印都不方便。要使分页后的每页表格都具有相同的表格标题，可以使用表格中的“重复标题行”功能。方法是选中表格中需要重复的标题行，单击“表格工具”→“布局”选项卡，单击“数据”功能区中的“重复标题行”按钮，即可为每页添加标题行。

3.3　Word 图文混排——系部简报设计

海报属于户外广告的一种，可以分布在各街道、展览会、商业闹区、车站、码头及公园等公共场所广为宣传，相比其他广告，海报具有画面大、内容广泛、艺术表现力丰富、远视效果强烈的特点。本学习情境通过案例“系部简报设计”，介绍了利用 Word 设计系部简报，用到了 Word 图文混排技术，涉及的内容包括表格布局、自绘图形、图片插入、艺术字、公式、文本框等。

3.3.1　情境分析

3.3.1.1　案例背景

四川机电职业技术学院信息工程系为了拓展学生技能，增长学生的知识，每月都要办一期系部简报，本期轮到高 13 网络 6 班承办。

高 13 网络 6 班成立了“简报小组”，参考了往期系部简报，强化了 Word 图文混排相关知识，设计出了 2015 年第 4 期系部简报。

3.3.1.2 任务描述

在 Word 2010 中，如果掌握了一定的制作技巧和设计知识，同样可以设计出美观且具有吸引力的系部简报。

图 3-3-1 所示为四川机电职业技术学院信息工程系的系部简报截图。在整个版面上，包含了文字、图形、图片、艺术字、文本框等，并应用表格进行布局设计，界定了不同的区域。

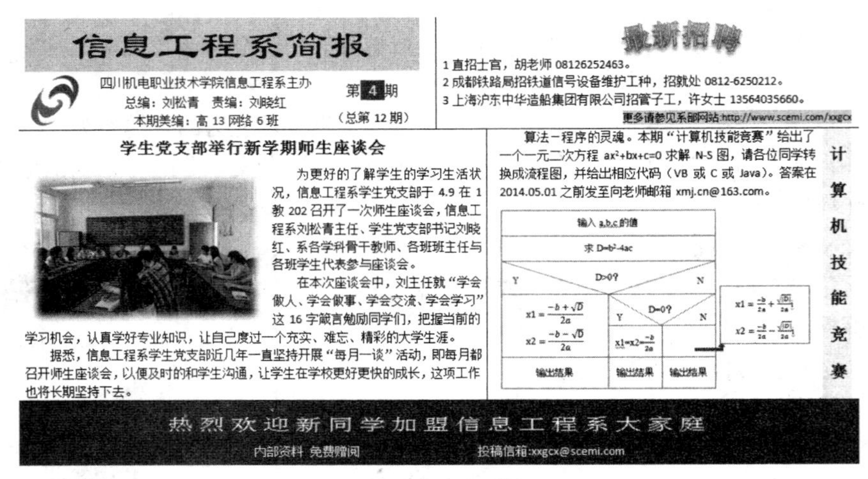

信息工程系简报

四川机电职业技术学院信息工程系主办

总编：刘松青　责编：刘晓红

本期美编：高 13 网络 6 班

第 4 期

（总第 12 期）

最新招聘

1 直招士官，胡老师 08126252463。

2 成都铁路局招铁道信号设备维护工种，招就处 0812-6250212。

3 上海沪东中华造船集团有限公司招管子工，许女士 13564035660。

更多请参见系部网站:http://www.scemi.com/xxgcx

学生党支部举行新学期师生座谈会

为更好的了解学生的学习生活状况，信息工程系学生党支部于 4.9 在 1 教 202 召开了一次师生座谈会，信息工程系刘松青主任、学生党支部书记刘晓红、系各学科骨干教师、各班班主任与各班学生代表参与座谈会。

在本次座谈会中，刘主任就“学会做人、学会做事、学会交流、学会学习”这 16 字箴言勉励同学们，把握当前的学习机会，认真学好专业知识，让自己度过一个充实、难忘、精彩的大学生涯。

据悉，信息工程系学生党支部近几年一直坚持开展“每月一谈”活动，即每月都召开师生座谈会，以便及时的和学生沟通，让学生在学校更好更快的成长，这项工作也将长期坚持下去。

算法－程序的灵魂。本期“计算机技能竞赛”给出了一个一元二次方程 $ax^2+bx+c=0$ 求解 N-S 图，请各位同学转换成流程图，并给出相应代码（VB 或 C 或 Java）。答案在 2014.05.01 之前发至向老师邮箱 xmj.cn@163.com。

输入 a,b,c 的值

求 $D=b^2-4ac$

D>0?　Y　N

$x1=\frac{-b+\sqrt{D}}{2a}$　$x2=\frac{-b-\sqrt{D}}{2a}$

D=0?　Y　N

$x1=x2=\frac{-b}{2a}$

$x1=\frac{-b}{2a}+\frac{\sqrt{|D|}}{2a}i$　$x2=\frac{-b}{2a}-\frac{\sqrt{|D|}}{2a}i$

输出结果　输出结果　输出结果

计算机技能竞赛

热烈欢迎新同学加盟信息工程系大家庭

内部资料 免费赠阅　投稿信箱:xxgcx@scemi.com

图 3-3-1　系部简报样板截图

3.3.1.3 解决途径

使用 Word 设计海报，首先要进行页面大小设置，然后利用表格或文本框进行布局设计，然后录入需要的文字，以及插入需要的图形、图片、艺术字等各个元素。经过精心的设计，可以制作出精美的海报，从而达到宣传的效果。本案例具体解决途径如图 3-3-2 所示。

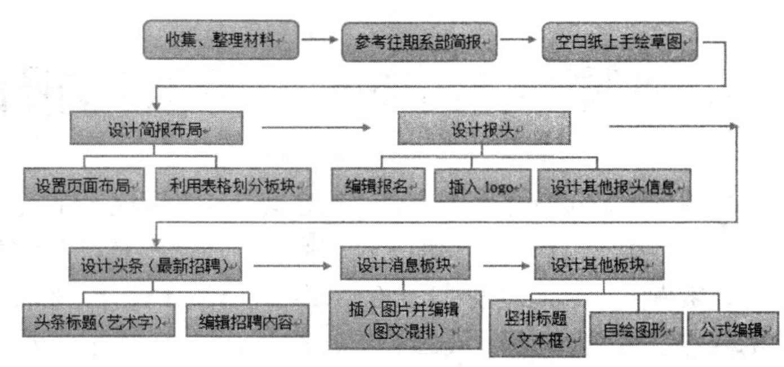

图 3-3-2　“系部简报”解决路径

3.3.1.4 学习目标

【知识与技能】

（1）了解制作海报的基本流程。

（2）掌握页面设置。

（3）掌握图片的插入和基本编辑。

（4）掌握简单图形绘制和基本编辑。

（5）掌握艺术字的插入和编辑。

（6）掌握文本框的插入和应用。

【过程与方法】

（1）通过探究式学习、讨论式学习和教师对重、难点的讲析，能利用 Word 进行图文混排。

（2）学会表达解决问题的过程和方法，培养学生综合运用知识分析、处理实际问题的能力；锻炼学生发现问题的能力，提高学生组织能力、交往与合作能力、学习技能。

【情感态度与价值观】

（1）培养学生 Word 图文混排的操作能力，在这一过程中，加强学生与同伴的合作交流意识和能力，加强团队合作。

（2）激发创新意识，培养勇于实践、勇于探索的精神。

（3）通过欣赏美、创造美的劳动，获得审美的体验和享受成功的愉悦，激发学习兴趣。

3.3.2 任务实施

3.3.2.1 页面设置

Word 默认的页面模板是“Normal”。为了取得更好的打印效果，要根据文稿的最终用途选择纸张大小，纸张使用方向是纵向还是横向，每页行数和每行的字数等，可以进行特定的页面设置。

1. 纸张设置

单击“页面布局”选项卡的“页面设置”功能区的“纸张大小”按钮进行设置，从“纸张大小”下拉列表框中选择需要的纸张型号，Word 默认的纸张大小为 A4（宽度为 21 cm，高度为 29.7 cm），本例选用 A4。

如果需要自定义纸张的宽度和高度，在“纸张大小”下拉列表框中选择“其他页面大小（A）...”选项，然后再分别输入“宽度”和“高度”值，单击“确定”按钮即可。

【技能拓展】

对于纸张设置，也可以单击“页面设置”功能区右下角的扩展按钮，弹出“页面设置”对话框，在其中进行设置，如图 3-3-3 所示。

2. 纸张方向设置

单击“页面布局”选项卡的“页面设置”功能区的“纸张方向”按钮进行设置，提供了两种方向“纵向”和“横向”的设置。默认为“纵向”，如果设置为“横向”，则屏幕显示的页面是横向显示，适合于编辑宽行的文档，本例选用“横向”。

3. 页边距设置

页边距是指正文与纸张边缘的距离，包括上、下、左、右页边距，如图 3-3-4 所示。直接单击“页面布局”选项卡的“页面设置”功能区的“页边距”按钮进行设置。

【技能拓展】

对于纸张方向、页边距的设置，同理也可以在“页面设置”对话框中进行，如图 3-3-3 所示。

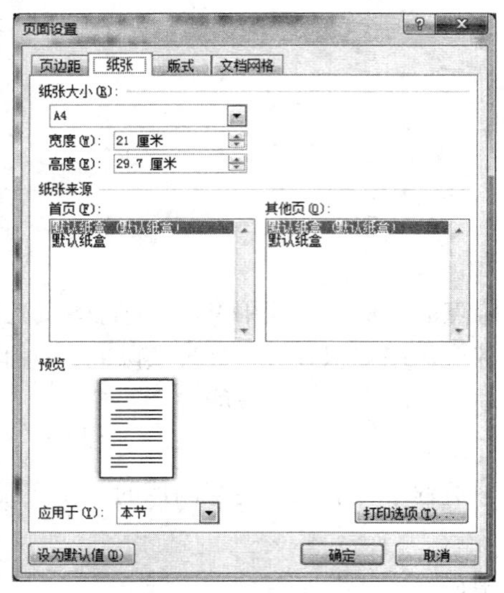

图 3-3-3 “页面设置”对话框

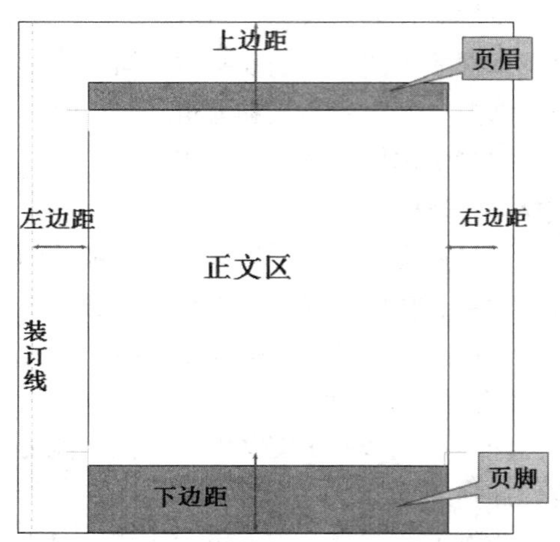

图 3-3-4 页面设置示意图

3.3.2.2 利用表格布局

页面设置完成后，接下来就应该将简报划分为合适的几个板块，可以通过文本框，但本例通过插入并编辑表格的方式，这样可以更快速地将简报版面划分为五大板块。其中 1、4 板块用于在单元格里插入新表格（嵌套表格），经过多次合并单元格以及行高列宽的调整，最终形式如图 3-3-5 所示。

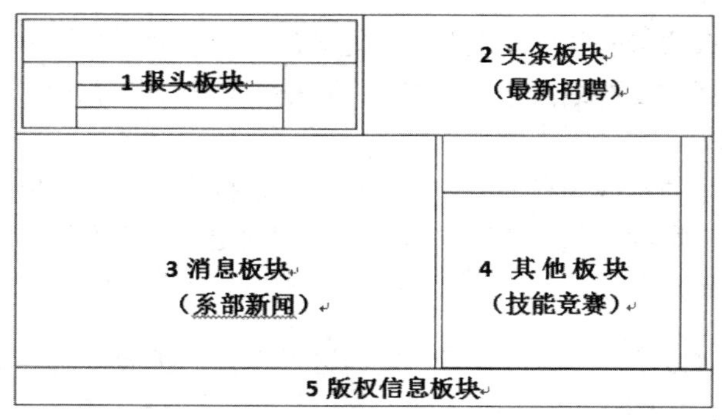

图 3-3-5 板块划分示意图

【技能拓展】

为了达到更好的最终效果，整个表格应该设置为不要外边框，1、4 板块里面的嵌套表格应该设置为不要边框。

3.3.2.3 特殊格式设置

经过“学习情境 1：编写专业介绍”和“学习情境 2：求职简历制作”的学习，我们现在应该熟悉掌握了文字的录入，字体、字号的设置，段落首行缩进，表格单元格对齐方式、单元格底纹设置等知识和技能，这里不再赘述，只介绍一些特殊的字符格式设置。

1. 字符间距设置

选中文字“热烈欢迎新同学加盟信息工程系大家庭”，单击“开始”选项卡的“字体”功能区右下角的扩展按钮，在弹出的“字体”对话框中，切换到“高级”选项卡。根据任务要求和实际效果需要，缩放设为 150%，间距设为加宽 2 磅，如图 3-3-6 所示。

2. 字符底纹、颜色设置

选中报头中的文字“4”，单击“开始”选项卡的“字体”功能区中“字体颜色”按钮右侧的下拉按钮，按任务要求，将“4”字体颜色设为白色。

单击“开始”选项卡的“段落”功能区中“下框线”按钮右侧的下拉按钮，在弹出的子菜单中选择“边框和底纹”命令。切换到“底纹”选项卡，单击“填充”下三角按钮，选择红色作为底纹颜色，应用于文字，如图 3-3-7 所示。

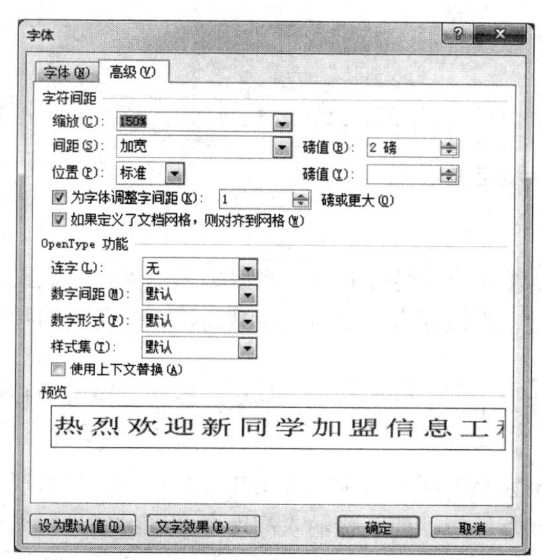

图 3-3-6　设置文字间距效果

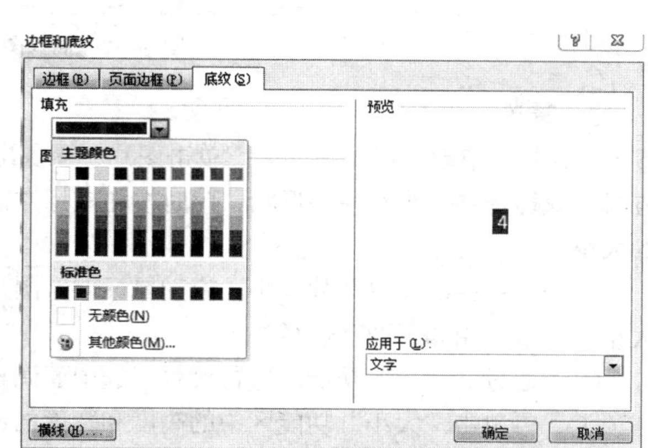

图 3-3-7　设置文字底纹

3. 上标设置

要录入本例中诸如“$ax^2+bx+c=0$”这样的上标，选中上标“2”，单击“开始”选项卡“字体”功能区中的“上标”按钮即可，其他上标可以再分别设置或使用格式刷复制。

【技能拓展】

关于上标设置，也可以通过提升字符位置来实现，如图 3-3-6 所示，在“位置”下拉列表中进行选择。

3.3.2.4　图片处理

1. 插入图片

在 Word 中，插入图片的方法是：将光标定位到要插入图片的位置，单击“插入”选项卡中“插图”功能区的“图片”按钮，弹出“插入图片”对话框，如图 3-3-8 所示，选择要插入的图片，然后单击“插入”按钮即可。

【知识拓展】

Word 2010 中可以插入剪贴画，单击“插入”选项卡“插图”功能区中的“剪贴画”按钮，在右侧弹出的“剪贴画”面板中单击“搜索”按钮，在下面的“剪贴画”列表中选择需要的图片即可。

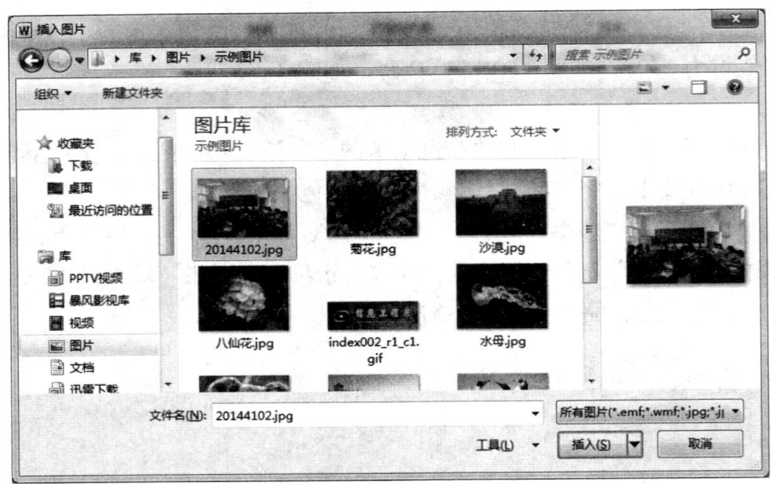

图 3-3-8　插入图片对话框

2. 设置图片大小

方法 1：拖动鼠标调整大小。单击图片，周围出现 8 个白色控制点，当鼠标移动到控制点上方时，鼠标指针变为双箭头形状，此时按住鼠标左键，当鼠标指针变为十字型时拖放，调整图片的大小。

方法 2：精确设置图片大小。拖动鼠标调整图片大小，只能凭感觉，如果需要精确设置图片大小，可以使用如下两种途径。

（1）通过“大小”功能区进行设置：选中要调整大小的图片，单击“图片工具”→“格式”选项卡，再单击“大小”功能区中的高度和宽度的调整按钮，或直接输入高度和宽度的值进行调整，如图 3-3-9（a）所示。

（2）通过“布局”对话框进行设置：选中要调整大小的图片，单击“图片工具”→“格式”选项卡，再单击“大小”功能区的对话框启动器；或单击鼠标右键，在快捷菜单中选择快捷方式 大小和位置(Z)... ，在弹出的“布局”对话框中设置图片的宽度和高度即可，如图 3-3-9（b）所示。

裁剪　高度: 4.63 厘米　宽度: 6.93 厘米　大小

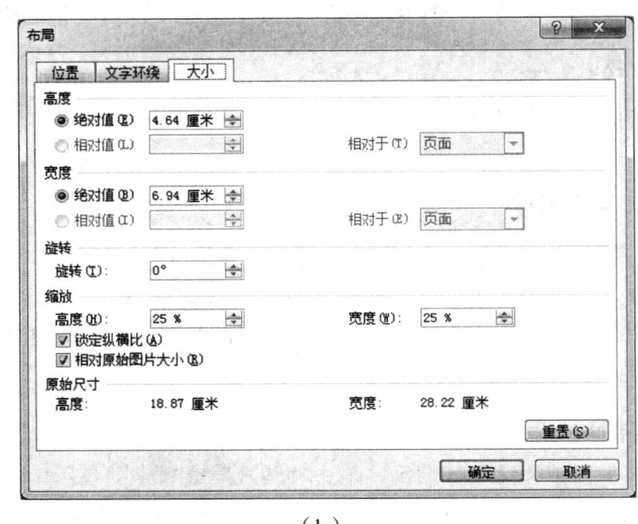

（a）　　　　　　（b）

图 3-3-9　精确调整图片大小

3. 设置图片的环绕方式

默认情况下，插入到 Word 2010 文档中的图片作为字符插入，其位置随着其他字符的改变而改变，用户不能自由移动图片，而通过为图片设置文字环绕方式，则可以自由移动图片的位置。

选中要设置环绕方式的图片，单击“图片工具”→“格式”选项卡，再单击“排列”功能区中的“自动换行”按钮，在弹出的列表中选择环绕方式。默认情况下是“嵌入式”，本例 logo 图片选择“嵌入式”，另外一张选择“紧密型环绕”。常见的环绕方式及功能见表 3-3-1。

表 3-3-1　图文混排常见环绕方式及功能

环绕方式	功能作用
四周型环绕	文字在对象周围环绕，形成一个矩形区域
紧密型环绕	文字在对象四周环绕，以图片的边框形状形成环绕区域
嵌入型	文字围绕在图片的上下方，图片只能在文字范围内移动
衬于文字下方	图形作为文字的背景图形
衬于文字上方	图形在文字的上方，挡住图形部分的文字
上下型环绕	文字环绕在图形的上部和下部
穿越型环绕	适合空心的图形

4. 旋转图片

使用旋转图片功能可以调整图片在文档中的方向。操作方法：选中图片，单击“图片工具”→“格式”选项卡，再单击“排列”功能区中的“旋转”按钮 旋转，在弹出的列表中选择对应的选项。

【技能拓展】

Word 中，图片的旋转可以是任意角度，单击图片，出现绿色小圆点，按所需角度旋转，释放鼠标即可。按住 Shift 键，则每次旋转 15 度。

5. 裁剪图片

裁剪图片功能可以将插入到文档中的图片多余部分去掉。操作方法：选中图片，单击“图片工具”→“格式”选项卡，再单击“大小”功能区的“裁剪”按钮，进入裁剪状态，指向图片中的裁剪标记，按住鼠标左键拖动，显示裁剪区域，松开鼠标，在空白处单击，即可完成裁剪。

【技能拓展】

Word 2010 新增功能，还可以将图片裁剪为任何形状，操作方法：在“裁剪”列表中选择“裁剪为形状”命令 裁剪为形状(S)，选取相应形状即可。

6. 设置图片样式

Word 2010 预设了一组十分美观的图片样式，可以快速更改图片的外观效果。操作方法是：选中图片，单击“图片工具”→“格式”选项卡，然后单击“图片样式”功能区样式框中的预设样式，如图 3-3-10 所示。本例选用“柔化边缘矩形”。

【知识拓展】

Word 2010 允许用户自定义图片的样式。设置图片边框样式：边框的颜色、线条的粗细、虚实等。设置图片效果：如阴影、映像、发光等。设置图片版式：使图片成为带 SmartArt 效果的图片。

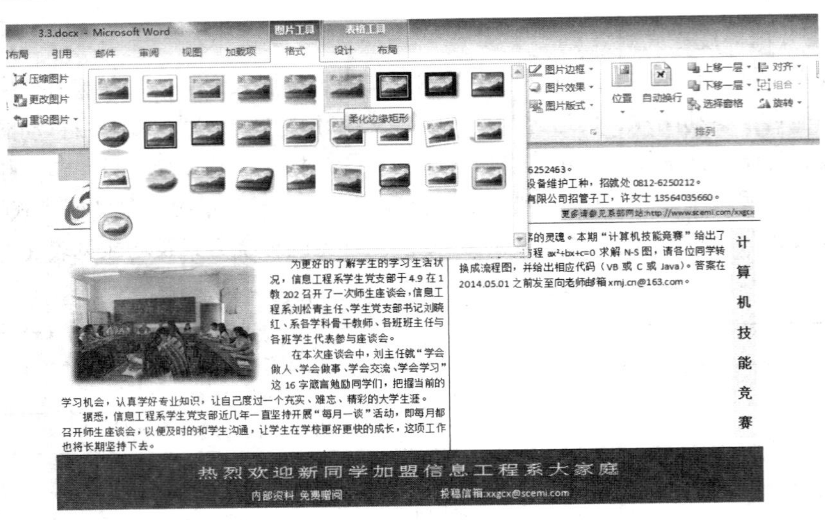

图 3-3-10 使用预设图片样式

7. 设置图片的艺术效果

设置图片的艺术效果是 Word 2010 新增的功能。选中图片后，单击“图片工具”→“格式”选项卡，再单击“调整”功能区中的“艺术效果”按钮，在弹出的列表中即可选择艺术效果的样式，如图 3-3-11 所示。本例不选用艺术效果。

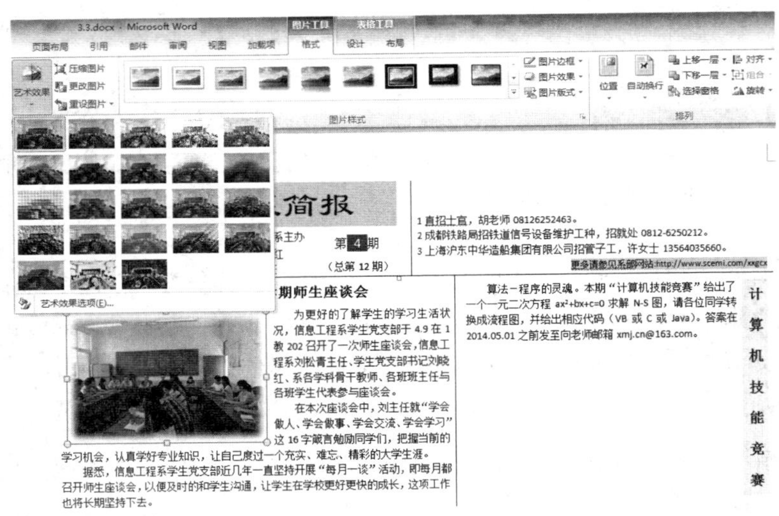

图 3-3-11 设置图片艺术效果

3.3.2.5 艺术字设计

艺术字具有特殊视觉效果，可以使文档的标题变得更加生动活泼。

在 Word 2010 中，艺术字可以像普通文字一样设定字体、字号、字形，也可以像图形那样设置旋转、阴影、三维等效果。

1. 插入艺术字

步骤一：单击“插入”选项卡的“文本”功能区的“艺术字”按钮，会弹出 6 行 5 列的“艺术字”列表。

步骤二：选择一种艺术字样式后，本例选用第 3 行第 2 列样式，插入点出现一个艺术字图文框，将光标定位在艺术字图文框中，输入文本即可，这里输入“最新招聘”，如图 3-3-12 所示。

2. 编辑艺术字

（1）设置文本填充效果：选中艺术字，单击“绘图工具”→“格式”选项卡的“艺术字样式”功能区中的“文本填充”按钮，设置填充效果。

（2）设置文本轮廓样式：选中艺术字，单击“绘图工具”→“格式”选项卡的“艺术字样式”功能区中的“文本轮廓”按钮，设置轮廓效果。

（3）更改文本效果：选中艺术字，单击“绘图工具”→“格式”选项卡的“艺术字样式”功能区中“文本效果”按钮，在弹出的下拉列表中选择要改变的样式，本例选用“上弯弧”转换，如图 3-3-13 所示。

图 3-3-12　插入的艺术字

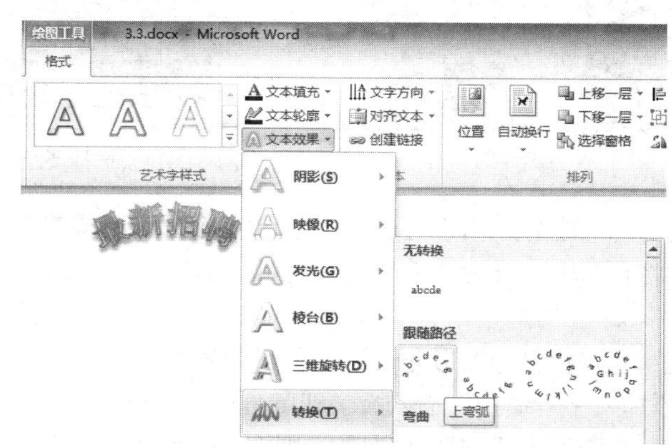

图 3-3-13　设置艺术字文本效果

【知识拓展】

艺术字的其他操作，如文字环绕方式等设置与图片的操作方法相同。

3.3.2.6　自绘图形

1. 插入形状

在 Word 2010 文档中，用户可以根据需要插入现成的形状，如矩形、菱形、箭头、线条、流程图符号、标注等类型。本例关于“流程图”的绘制，就大量用到了矩形和直线。插入方法：单击“插入”选项卡中的“形状”按钮，在弹出的列表中选择要绘制的图形，如图 3-3-14 所示，切换为绘制状态，拖动鼠标在文档中绘制形状，调整到合适大小后释放鼠标即可，形状就绘制成功了。

【技能拓展】

在绘制图形时，按住 Shift 键拖动“椭圆”“矩形”以及“直线”绘图工具，可以分别画出正圆形、正方形以及水平或垂直直线。按住 Ctrl 键时，则可以以鼠标为中心开始绘制图形。

2. 设置图形样式

Word 2010 中，在“绘图工具”→“格式”选项卡的“形状样式”功能区，为自选图形预设了一组十分美观漂亮的形状样式，可以快速更改自选图形的外观效果，如图 3-3-15 所示。

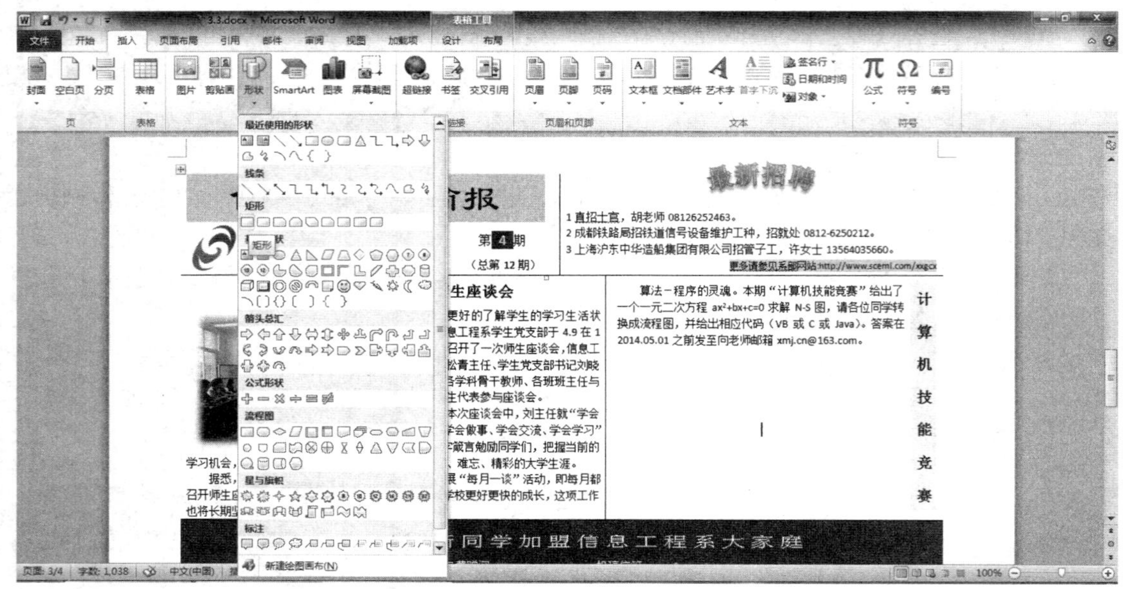

图 3-3-14　选择要绘制的图形

除此之外，用户可通过“形状填充”“形状轮廓”“形状效果”的设定，自定义形状样式。本例将自绘图形设为“无填充颜色”“轮廓粗细 0.75 磅”。

3. 在图形中添加文字

大多数自选图形允许用户在其内部添加文字，方法右键单击图形，在弹出的快捷菜单中选择“添加文字”命令，输入文字即可，比如“输入 a，b，c 的值”。

在图形中添加了文字后，也可以利用“开始”选项卡“字体”功能区中的相关按钮来设置图形中文字的格式。

4. 对齐图形

在绘制了多个形状后，如果需要按照某种标准将形状对齐，操作方法是选中多个要对齐的图形（按住 Ctrl 键，依次单击），单击“绘图工具”→“格式”选项卡的“排列”功能区中的“对齐”按钮，在列表中选择对齐方式即可。

5. 组合形状

使用组合功能可以将多张图片组合成一个对象，以便作为单个对象进行处理，操作方法：选中要进行组合的图形（多选：按住 Ctrl 键，依次单击），单击“绘图工具”→“格式”选项卡的“排列”功能区中的“组合”按钮，在弹出的列表中选择“组合”命令即可，如图 3-3-16 所示。

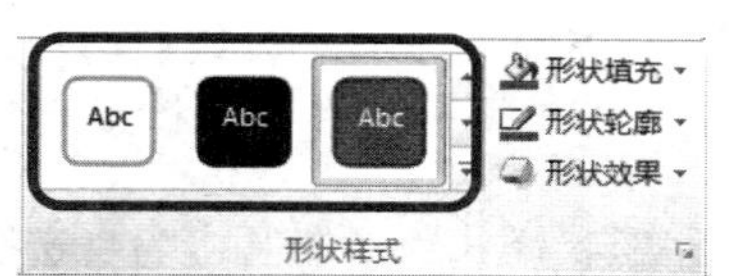

图 3-3-15　使用内置的形状样式

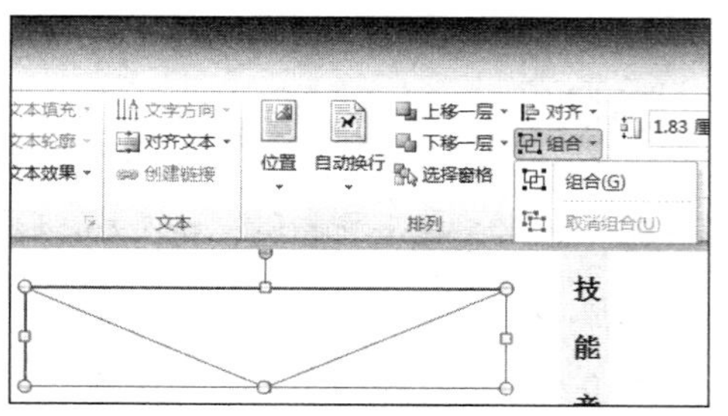

图 3-3-16　执行“组合”命令

【知识拓展】

形状组合后就是一个整体，Word 把组合图形作为一个对象处理，所以不能更改单个图形的细节，建议所有图形完成后，最后一步才是组合。要取消图形的组合，选择“取消组合”命令即可。

【技能拓展】

编辑自选图形的方法和编辑图片对象有很多相似的地方，如图形的大小设置、图形的旋转等。同理，编辑自选图形的很多方法，也可以用于编辑图片对象，比如对齐、组合等。

3.3.2.7 使用文本框

1. 手动绘制文本框

如果内置样式的文本框不能满足排版需要，可以手动绘制空白的文本框，操作方法：单击“插入”选项卡中的“文本框”按钮，在弹出的列表中选择“绘制文本框”命令，如图 3-3-17 所示，按住鼠标左键拖动，释放即可绘制文本框。然后在其中输入文本。

本例用到“D>0？”“Y”“N”等大量文本框。文本框的操作方法与图片、图形有很多相似的地方，比如样式的设置等。本例的文本框应该设为“无填充颜色”“无轮廓”。

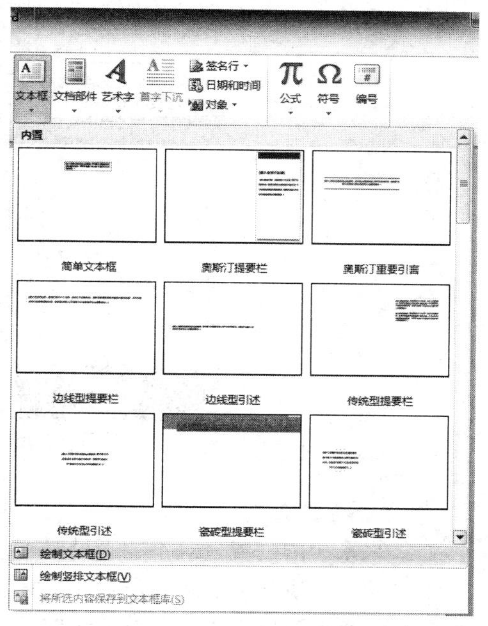

图 3-3-17 绘制文本框

2. 设置叠放次序

在 Word 2010 中插入或绘制多个对象时，用户可以设置对象的叠放次序，以决定哪个对象在上层，哪个对象在下层。当多个对象放在同一位置时，上层的对象会把下层的对象遮住，因此无法看到下层对象中被挡住的部分。所以，有必要设置对象的叠放次序，以决定着重显示哪些对象，或可利用这一点把不希望浏览者看到的部分遮挡起来。

如果想设置对象的叠放次序，先选择对象，单击“图形工具”→“格式”选项卡，在“排列”功能区中可以选择相应的操作，比如“上移一层”，可以将对象上移一层。本例中的文本框应该“下移一层”。

【技能拓展】

多个图形的制作步骤：①分别制作单个图形；②按设计总体要求，调整各图形的位置；③利用“绘图工具”→“格式”选项卡的“排列”功能区的“对齐”按钮对图形进行对齐或分布调整，单击“旋转”按钮设置图形的旋转效果。④多图形重叠时，单击“绘图工具”→“格式”选项卡“排列”功能区的“上移一层”按钮和“下移一层”按钮调整各图形的叠放次序，改变重叠区的可见图形。

3.3.2.8 插入公式

在编辑科技性的文档时，通常需要输入数理化公式，其中含有许多数学符号和运算公式，Word 2010 提供了编写和编辑公式的内置支持，可以满足日常大多数公式和数学符号的输入和编辑需求。

1. 插入内置公式

将光标置于需要插入公式的位置，单击“插入”选项卡“符号”功能区的“公式”下方的下拉按钮，然后选择“内置”下拉列表中罗列的公式。例如，选择本例用到的“二次公式”，即可在光标处插入相应的公式，如图 3-3-18 所示。

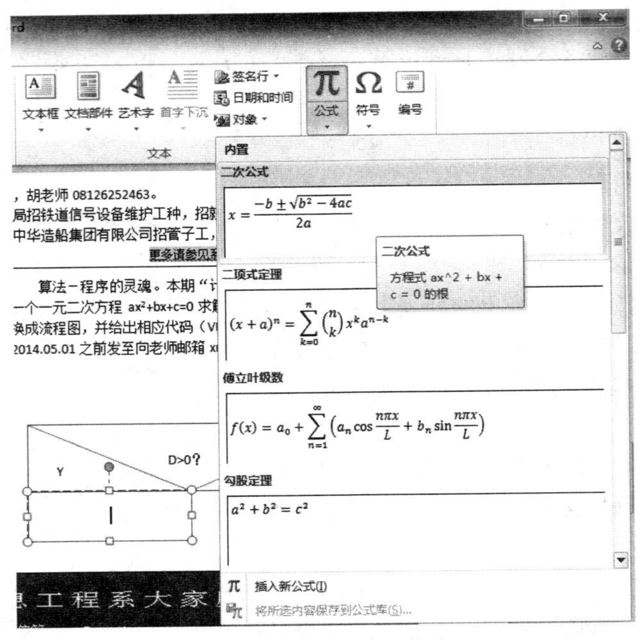

图 3-3-18 插入内置公式

2. 插入新公式

如果系统的内置公式不能满足要求，用户可以插入自己编辑的公式来满足自己的个性化需求。

步骤一：决定公式输入位置，选择“内置”下拉列表中的“插入新公式”命令，如图 3-3-18 所示，在光标处插入一个空白公式框。

步骤二：选中空白公式框，Word 会自动展开“公式工具”→“设计”选项卡，如图 3-3-19 所示。

图 3-3-19 “公式工具”→“设计”选项卡

步骤三：选择相应的公式符号，依次在每部分输入。

3. 插入外部公式

在 Windows 7 操作系统中，增加了“数学输入面板”程序，利用该功能可手写公式并将其插入到 Word 文档中。插入外部公式的操作步骤如下。

步骤一：定位光标在要输入公式的位置。

步骤二：选择“开始”→“所有程序”→“附件”→“数学输入面板”命令，启动“数学输入面板”程序，利用鼠标手写公式。如图 3-3-20 所示。

步骤三：单击右下角的“插入”按钮，即可将编辑好的公式插入到 Word 文档中相应的位置。

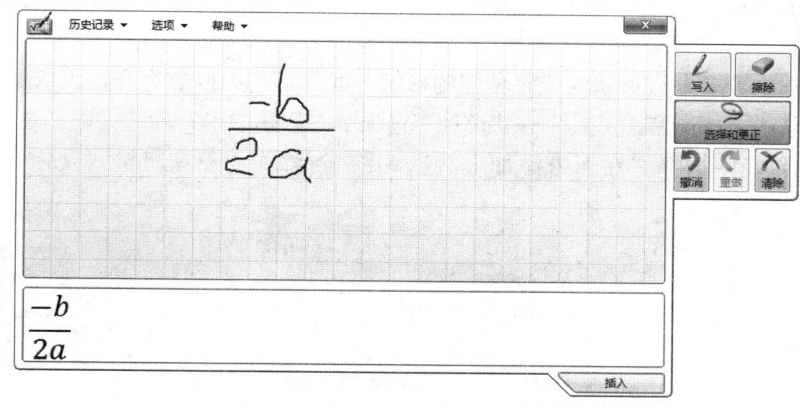

图 3-3-20　数学输入面板

3.3.3　知识链接

3.3.3.1　SmartArt

Office 2010 新增了 SmartArt 功能，SmartArt 图是信息和观点的视觉表示形式，可以快速、轻松、有效地传达信息。

1. 创建 SmartArt 图形

步骤一：将光标定位到需要插入 SmartArt 图形的位置。单击“插入”选项卡“插图”功能区的“SmartArt”按钮，会弹出“选择 SmartArt 图形”对话框，如图 3-3-21 所示。

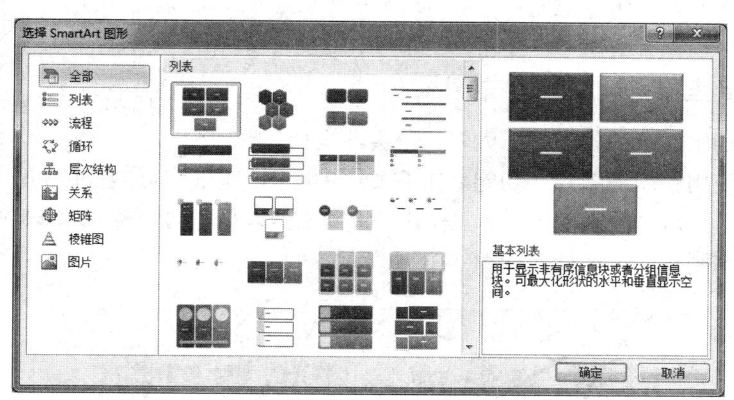

图 3-3-21　选择 SmartArt 图形对话框

步骤二：在“选择 SmartArt 图形”对话框中，本例根据需要选择“层次结构”选项卡，选择“层次结构”选项，单击“确定”按钮，即可将图形插入相应位置。

2. 在 SmartArt 图形中输入文字

步骤一：单击 SmartArt 图形左侧的按钮，会弹出“在此处输入文字”任务窗格，如图 3-3-22 所示。

步骤二：在“在此处输入文字”任务窗格中输入文字，右边的 SmartArt 图形对应的形状中则会出现相应的文字，如图 3-3-22 所示。

3. 添加 SmartArt 形状

如果默认的结构不能满足需要，还可以在指定的位置添加形状或删除形状，添加形状的具体操作步骤如下。

步骤一：选中需要插入形状的位置相邻的形状，如本例选中内容为“招聘部长”的形状。

步骤二：单击“SmartArt 工具”→“设计”选项卡“创建图形”功能区的“添加形状”按钮，在弹出的下拉列表中选择“在下方添加形状”，并在新添加的形状里输入文字“联络员”，如图 3-3-23 所示。

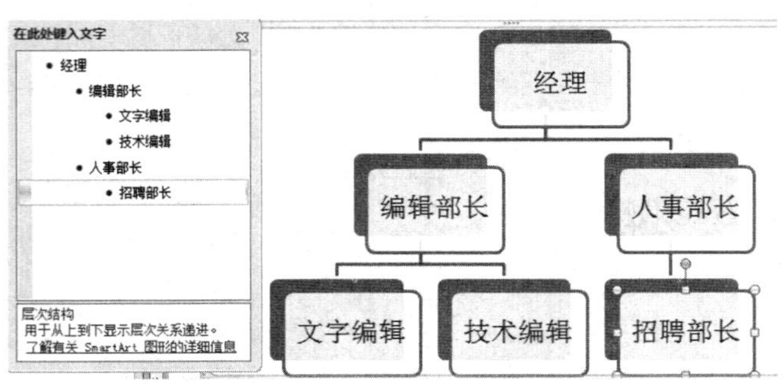

图 3-3-21 “在此处输入文字”任务窗格

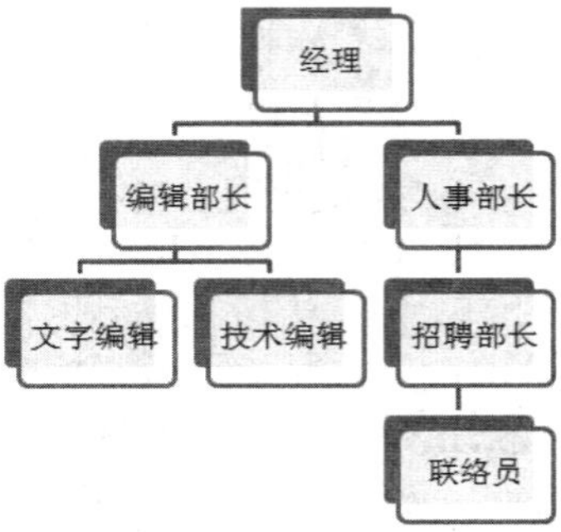

图 3-3-23 添加形状后的 SmartArt 图形

4. 更改单元格级别

选中图 3-3-23 所示的 SmartArt 图形，选择“联络员”形状，单击“SmartArt 工具”→“设计”选项卡“创建图形”功能区的“升级”按钮，即可看到图 3-3-24 所示的效果。如果再次单击“升级”按钮，还可将“联络员”形状的级别调到第一级，与“人事部长”形状同级。

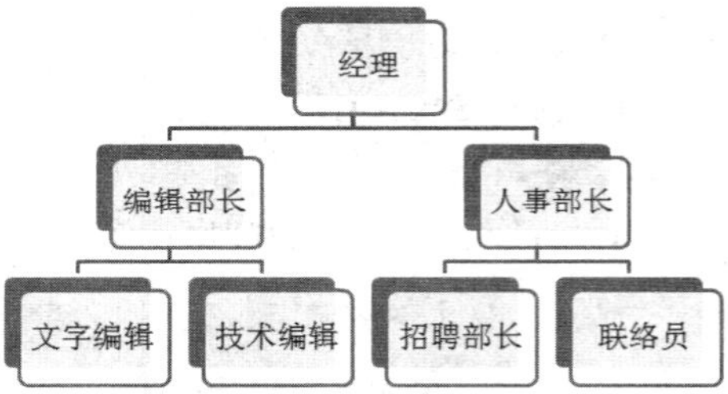

图 3-3-24 更改单元格级别

3.3.3.2 图片压缩

如果一个文档中插入的外部图片太多，就会使文档很大，这时可以使用“压缩图片”功能来压缩文档中的图片以减小文档的大小。具体操作是：选中文档中的图片，单击“图形工具”→“格式”选项卡，再单击“调整”功能区中的“压缩图片”按钮，弹出“压缩图片”对话框，如图 3-3-25 所示。

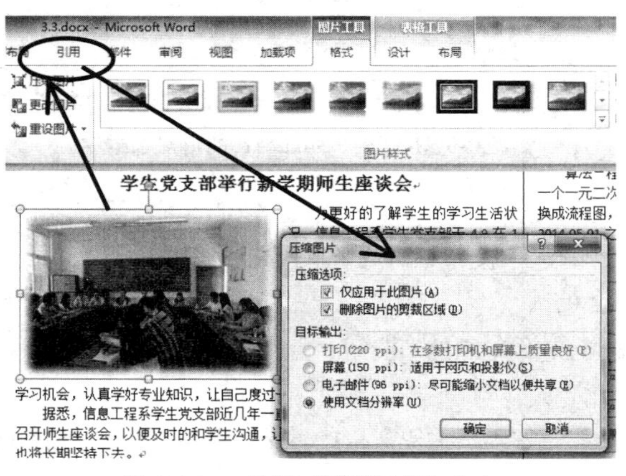

图 3-3-25 执行“压缩图片”命令

如果在“压缩图片”对话框中选中“仅应用于此图片”复选框，那么该压缩命令仅对当前选中的图片有效，如果取消选中该复选框，则压缩命令对当前文档中的所有图片有效。

3.4　Word 综合应用——毕业论文编排

3.4.1　情境分析

在日常的工作和学习中，有时会遇到长文档（比如：毕业论文、网络小说）的编排，以达到出版前的设计规格。由于长文档内容多，目录结构复杂，如果不使用正确的 Word 排版方法，整篇文档的编排可能会事倍功半，最终效果也不尽如人意，本任务主要解决此问题。

3.4.1.1　案例背景

四川机电职业技术学院信息工程系学生刘四同学即将毕业了，按照学院要求，毕业论文（设计报告）须按照格式要求进行排版。

毕业论文（设计报告）主要包括封面、摘要、英文摘要、关键词、目录、正文、参考文献等。论文撰写的整个过程中，排版是很重要的工作。不同的学校对毕业论文的排版会有一些差别，但所使用到的排版软件功能和技巧基本相同。

3.4.1.2　任务描述

本任务主要介绍使用 Word 2010 对毕业论文（设计报告）进行排版，主要操作包括文本和段落的格式设置、页面设置、样式的管理和使用、插入分隔符、插入页眉与页脚、创建目录等。实现效果如图 3-4-1 和图 3-4-2 所示。

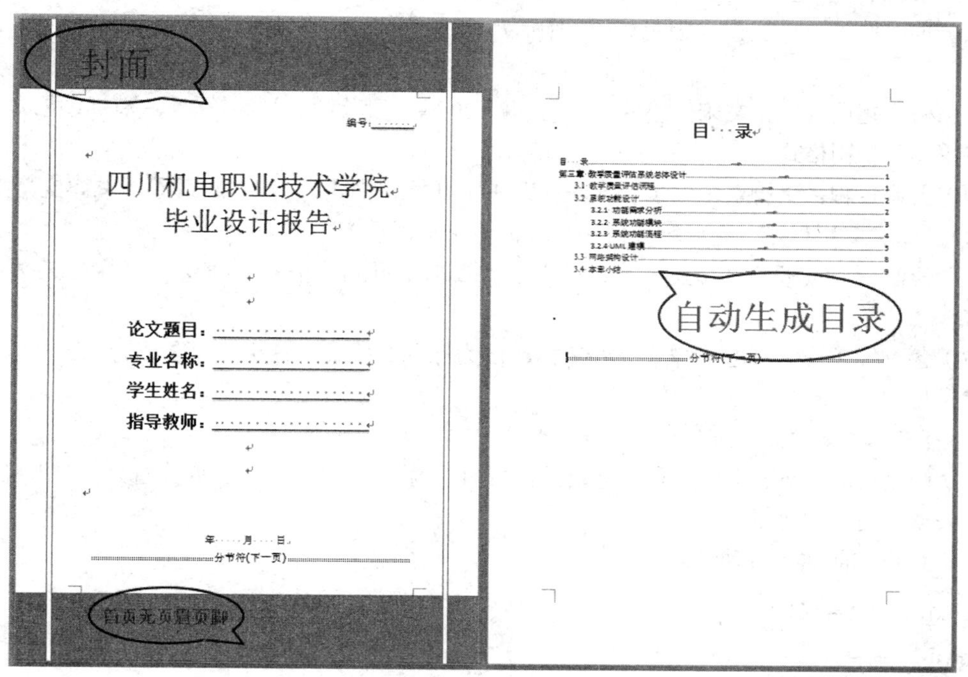

图 3-4-1　论文排版效果 1

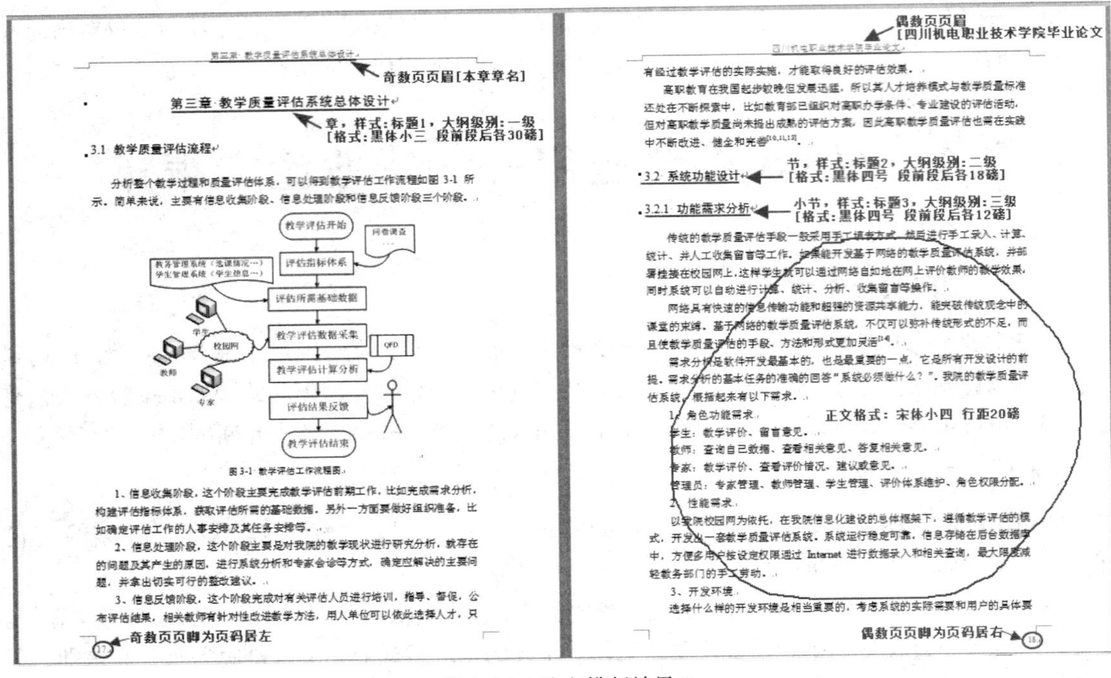

图 3-4-2 论文排版效果 2

3.4.1.3 解决途径

“长论文”排版可以分三步走，每步任务描述如下。

1. 第一步（知识点：页面设置、字符格式化、段落格式化）

（1）素材准备：上网搜索一篇网络小说（本例以张三的毕业论文为素材），为文章制作封面。

（2）页面设置：将纸张设为上、下边距为 3.5 厘米，左、右边距为厘米，双面打印，左侧装订。

（3）格式化设置：正文宋体小四号，行间距 20 磅，段落缩进 2 字符。（章节标题格式见第二步，应用样式来刷格式）。

（4）页眉页脚：页脚要求，页码从正文第 1 页开始，格式为-××-，页眉要求详见第三步。

2. 第二步（知识点：奇偶页不同、样式的使用与修改）

（1）修改页眉页脚，页脚要求：页码从正文第 1 页开始，格式为-××-，奇数页在左，偶数页在右。

（2）各章标题设为标题 1 样式，各节标题设为标题 2 样式，各小节标题设为标题 3 样式。格式要求参见图 3-4-2。

3. 第三步（知识点：节的使用、生成目录）

（1）修改页眉页脚，页眉要求：奇数页页眉内容为“章名称”，偶数页页眉为“四川机电职业技术学院毕业论文”。

（2）在正文前插入自动目录。

3.4.1.4 学习目标

【知识与技能】

（1）掌握、巩固 Word 中常用的格式化方法，理解其在现实排版中的意义。

（2）掌握节的概念及使用，会设置不同的页眉页脚。

（3）掌握样式的使用与修改，会“刷”样式。

（4）会自动生成目录。

【过程与方法】

（1）通过角色扮演为出版社编辑，模拟本排版项目，感受排版印刷行业中排版工作的一般工作流程，熟练掌握 Word 的排版功能。

（2）学会表达解决问题的过程和方法，培养学生综合运用知识分析、处理实际问题的能力；锻炼学生发现问题的能力，提高学生的组织能力、交往与合作能力、学习技能。

【情感态度与价值观】

（1）模拟真实职业场景，使学生体验到排版印刷行业的工作过程，增强学生的职业素养。

（2）通过欣赏美、创造美的劳动，获得审美的体验，享受成功的愉悦，激发学习兴趣。

3.4.2　任务实施

3.4.2.1　特殊页面设置

参见“3.3.2.1 页面设置”，单击“页面布局”选项卡“页面设置”功能区的右下角的扩展按钮 ，弹出“页面设置”对话框，如图 3-4-3 所示。

在“页边距”选项卡中，设置上、下边距为 3.5 厘米，左、右边距为 3 厘米；切换至“纸张”选项卡中，在“纸型”下拉列表框中选择“A4”；切换至“版式”选项卡，设置页眉、页脚边距为 2.75 厘米，按后续要求，勾选“奇偶页不同”和“首页不同”复选框，如图 3-4-4 所示。

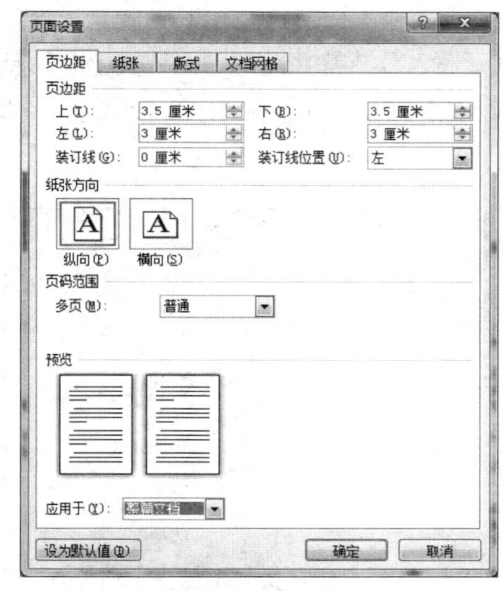

图 3-4-3　特殊页面设置

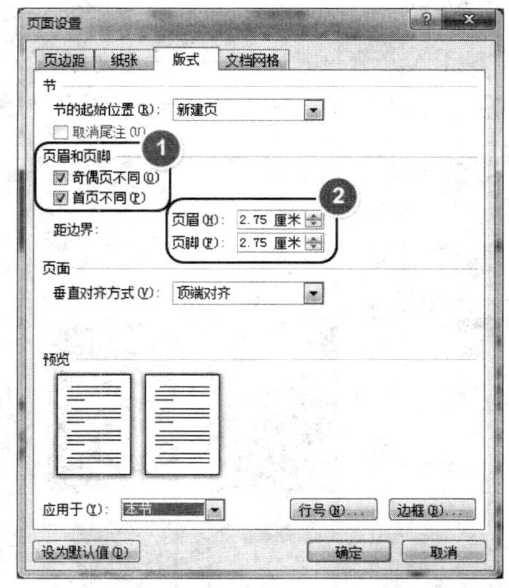

图 3-4-4　页眉和页脚设置

【知识拓展】

纸张的规格是指纸张制成后，经过修整切边，裁成一定的尺寸。过去是以多少"开"（例如 8 开或 16 开等）来表示纸张的大小，如今我国采用国际标准，规定以 A0、A1、A2、B1、B2......等标记来表示纸张的幅面规格。标准规定纸张的幅宽（以 X 表示）和长度（以 Y 表示）的比例关系为 X：Y=1：n。A0～A8 和 B0～B8 的幅面尺寸见下表 3-4-1 所列。其中 A3、A4、A5、A6 和 B4、B5、B6 等 7 种幅面规格为复印纸常用的规格。

表 3-4-1　纸张幅面规格尺寸

规格	A0	A1	A2	A3	A4	A5	A6	A7	A8	B0	B1	B2	B3	B4	B5	B6	B7	B8
幅宽（mm）	841	594	420	297	210	148	105	74	52	1000	707	500	353	250	176	125	88	62
长度（mm）	1189	841	594	420	297	210	148	105	74	1414	1000	707	500	353	250	176	125	88

3.4.2.2　为文章插入封面

Word 2010 提供的多种封面样式为 Word 文档插入风格各异的封面提供了可能，无论当前插入点在什么位置，插入的封面总是位于 Word 文档的第一页。

单击“插入”选项卡，在“页”分组中单击“封面”按钮，在打开的“封面”样式库中选择合适的封面样式即可，本例选择“细条纹”，如图 3-4-5 所示。再录入所需内容，编辑排版，参见图 3-4-1。

3.4.2.3　为文章分节

在 Word 中，“节”是文档的一部分，也是 Word 长篇文档排版的灵魂。如果整篇文档采用统一的格式，则不需要进行分节，如果想在文档的某一部分中间采用不用的页面设置（比如不同的页眉页脚），就必须分节。节可小至一个段落，大至整篇文档。分节符在文档中显示为包含有“分节符”字样的双虚线。

在 Word 2010 文档中插入分节符：将光标定位到准备插入分节符的位置，在“页面布局”选项卡的“页面设置”功能区中单击“分隔符”按钮，如图 3-4-5 所示，插入一个分节符。

“分节符”区域列出 4 种不同类型的分节符：①下一页，插入分节符并在下一页上开始新节；②连续，插入分节符并在同一页上开始新节；③偶数页，插入分节符并在下一偶数页上开始新节；④奇数页，插入分节符并在下一奇数页上开始新节。本例选择“下一页”分节符，如图 3-4-6 所示。

图 3-4-5　插入封面

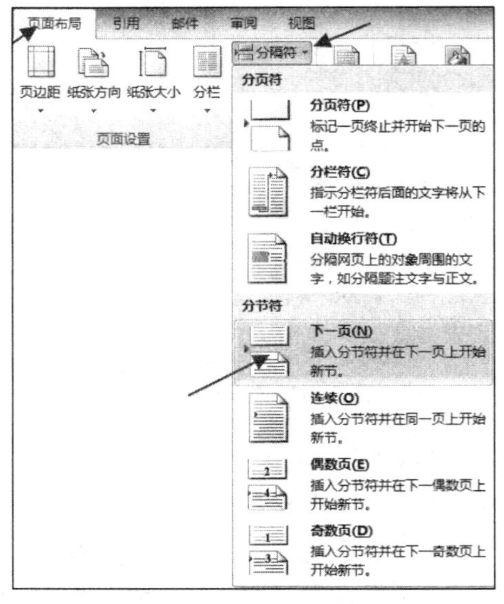

图 3-4-6　插入分节符

插入分节符首先要确定插入位置，即将光标定位到哪里，这里再以一个例子说明：假如从第

3 页开始要添加不同页眉，将光标移至第 2 页末尾，插入一个分节符。这样一来，第 1～2 页变成了“1 节”，而第 3 页以后变成了“2 节”。

“长”文档中一般会要求用各章的大标题作为页眉。这时需要先对论文中的各章进行分节，将光标定位至前一章的末尾，插入一个分节符。

3.4.2.4　样式的应用

对一篇“长”文档进行排版，应该先熟知论文的排版要求，然后在样式中进行设置，例如本例中就应该先按照格式要求对各级章节标题样式进行设置。

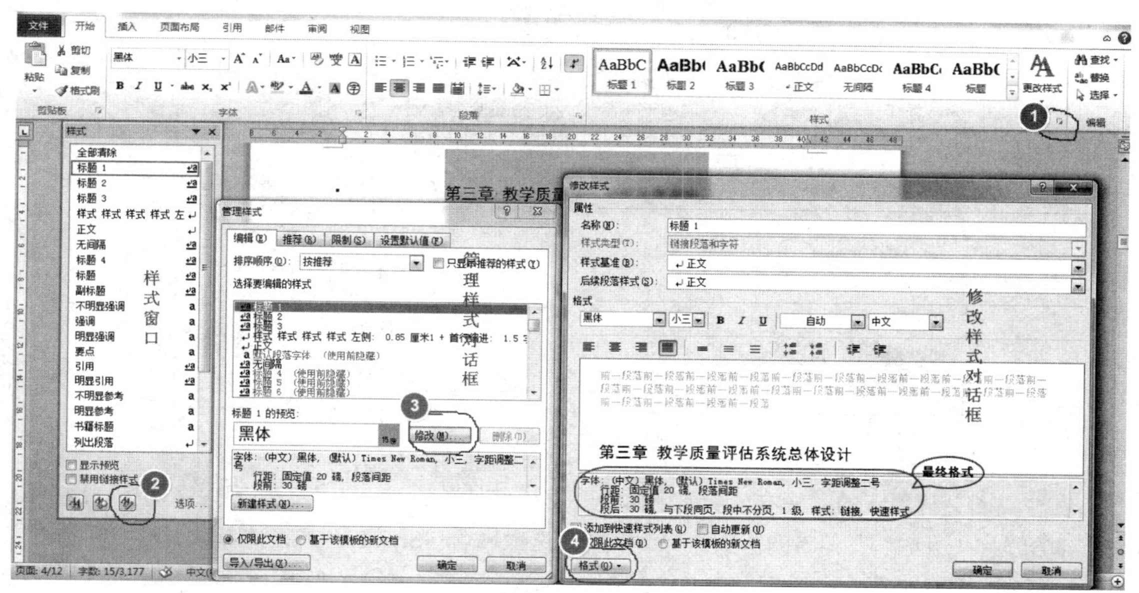

图 3-4-7　样式修改

单击“开始”选项卡→“样式”功能区右下角的扩展按钮（图中①）打开“样式”窗格（不同状况下出现的样式可能不同）。如果样式库里面没有适合要求的，在“样式”窗格下方单击“管理样式”按钮（图中②），打开“管理样式”对话框。单击“修改”按钮（图中③），打开“修改样式”对话框。在本例中对标题 1 的格式要求为“黑体小三、段前段后间距 30 磅”，单击“修改样式”对话框左下角的“格式”按钮（图中④）进行格式修改，直到符合要求位置，如图 3-4-6 所示。

同理依次按要求修改好“标题 2”“标题 3”样式备用。

选中需要应用样式的内容，比如章标题，单击“样式”窗格中的样式，如“标题 1”即可应用。当然其他章标题，也可以利用格式刷来“刷”样式。

【知识拓展】

样式是应用于文档中的文本、表格和列表的一套格式特征，它是指一组已经命名的字符和段落格式。用户可以将一种样式应用于某个段落，或者段落中选定的字符上。使用样式能减少许多重复的操作，在短时间内排出高质量的文档。如果用户要一次改变使用某个样式的所有文字的格式时，只需修改该样式即可。使用样式定义文档中的各级标题，如标题 1、标题 2、标题 3……标题 9，就可以智能化地制作出文档的标题目录。

3.4.2.5 插入页眉页脚

1. 页眉的设置

在“插入”选项卡的“页眉和页脚”功能区单击“页眉”按钮，选择“编辑页眉”(或在页眉处双击)，单击“页眉页脚工具”栏“设计”选项卡中的“链接到前一条页眉”取消页眉与上一节的链接。此时再编辑节(第3节)的页眉时，前面一节的页眉将不被编辑。为了分开编辑奇数页页眉页脚和偶数页页眉页脚，继续保持奇偶页不同，勾选“奇偶页不同”复选框，如图3-4-8所示。

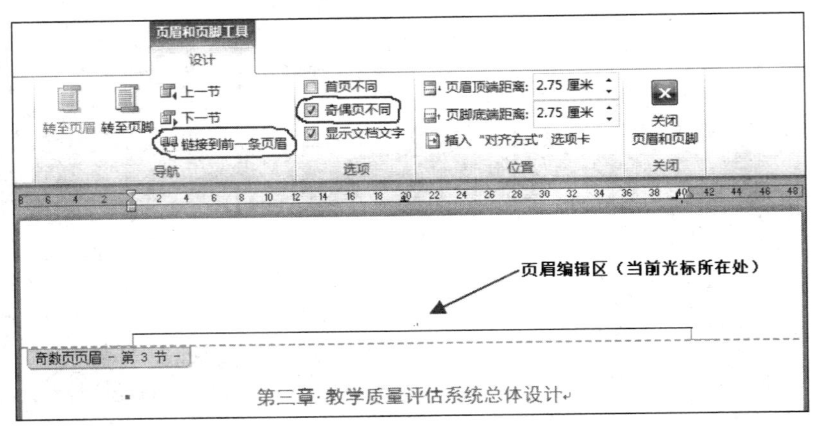

图 3-4-8　编辑页眉

在“插入”选项卡的“文本”功能区单击“文档部件”按钮，在下拉列表中选择“域”命令，如图3-4-9所示。在弹出的“域”对话框中，选择域名“StylePef”，在选择域属性“标题1”。单击“确定”按钮，提取本章的章名。

在偶数页页眉处输入“四川机电职业技术学院毕业论文”。

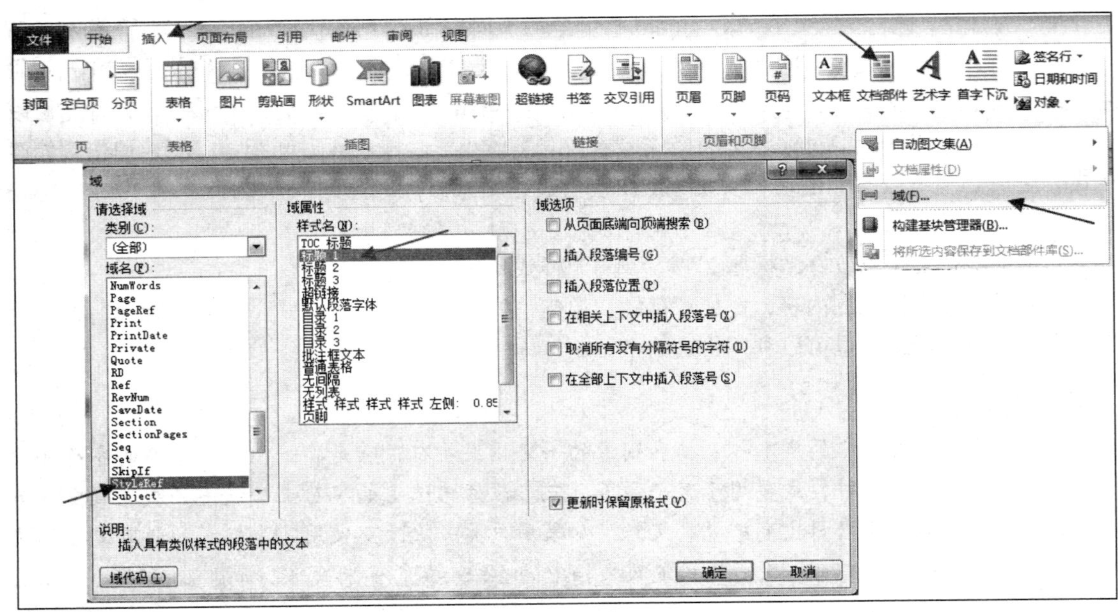

图 3-4-9　插入域

2. 页脚的设置：插入页码

在“插入”选项卡的“页眉和页脚”功能区中单击“页脚”按钮，选择编辑页脚，在打开的“页脚”面板中选择“编辑页脚”命令（或在页眉处双击），页脚处于编辑状态。

按本例要求，首先设置页码格式，单击“页眉页脚工具”栏“设计”选项卡中的“页码”按钮，选择“设置页码格式”命令，如图 3-4-10 所示。在弹出的“页码格式”对话框中设置编号格式，本例要求页码格式“-××-”，所以选择图 3-4-11 所示的编号格式。

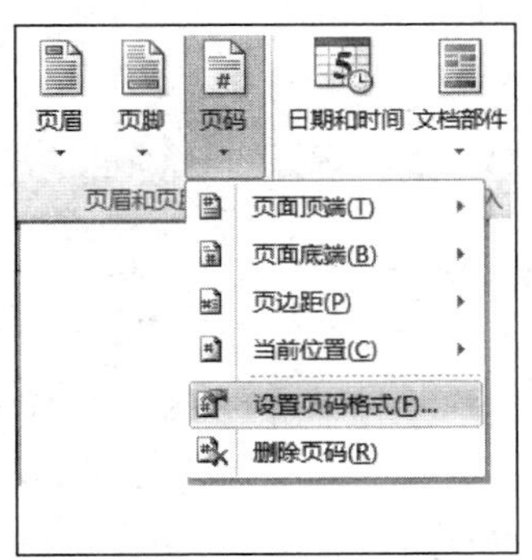

图 3-4-10　设置页码格式

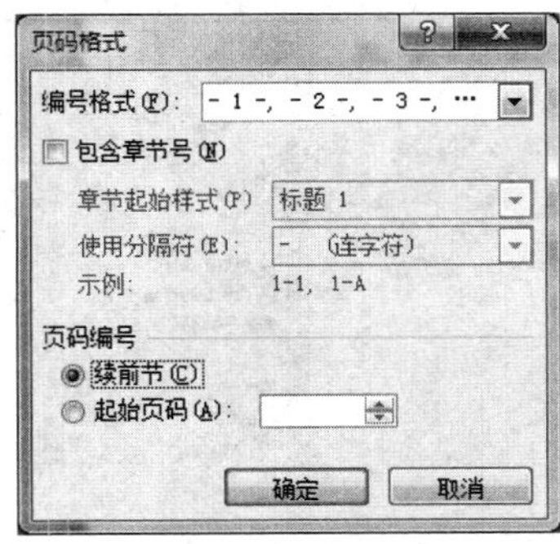

图 3-4-11　页码编号

“续前节”即当前页码顺着前一节排，输入“起始页码”即重新开始新的页码。实际排版中，页码应该是连续的，所以选择“续前节”，本例只拿出一章来排版，所以选择输入“起始页码”为 1。

设置了页码格式，就可以在页脚位置插入页码了。单击“页眉页脚工具”栏“设计”选项卡中的“页码”按钮，选择“当前位置”命令，在下拉列表中选择“普通数字”，如图 3-4-12 所示。

页码插入后，也可以编辑，比如偶数页页码需要右对齐。

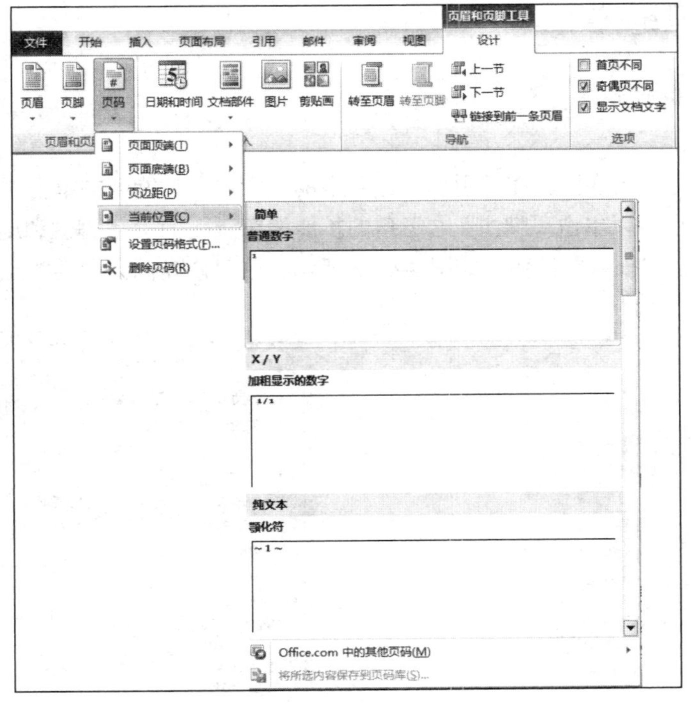

图 3-4-12　插入页码

3.4.2.6 自动生成目录

1. 插入目录

当整篇论文的排版基本完成后，就可以插入目录了。在“引用”选项卡的“目录”功能区单击“目录”按钮，选择“插入目录”命令，打开“目录”对话框，如图 3-4-13 所示。根据需要设置各选项，单击“确定”按钮后即可生成目录。

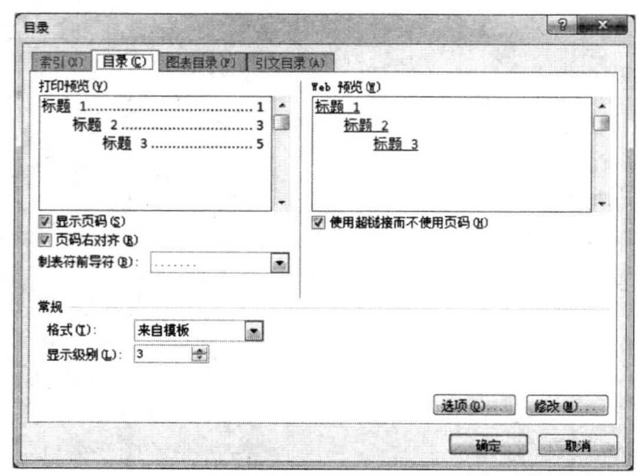

图 3-4-13 “目录”对话框

2. 修改目录格式

有些论文中对目录的格式有要求，这时不能使用 Word 提供的目录样式了，需要自定义。需要指出的是，Word 中，只能修改来自模板的目录样式。选择来自模板后，单击“修改”按钮就可以修改各级目录所需的格式了。

3.4.3 知识链接

3.4.3.1 脚注和尾注

1. 脚注的插入

先选中需要被注释的字词，在“引用”选项卡的“脚注”功能区中单击“插入脚注”按钮，如图 3-4-14 所示。也可以单击“脚注”右下角的扩展按钮，打开“脚注和尾注”对话框，设置好需要的格式后单击“插入”按钮，如图 3-4-15 所示，这时候光标会自动跳至本页的末尾，此时即可输入脚注。

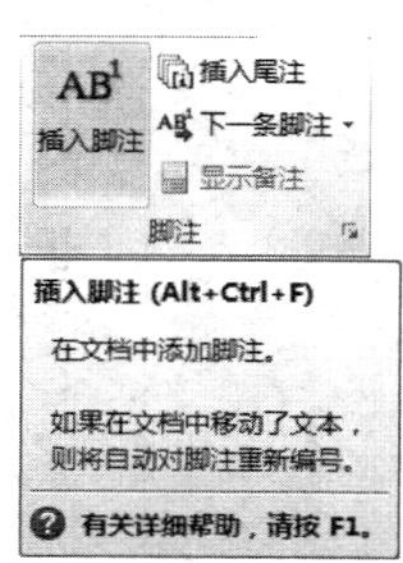

图 3-4-14 插入脚注

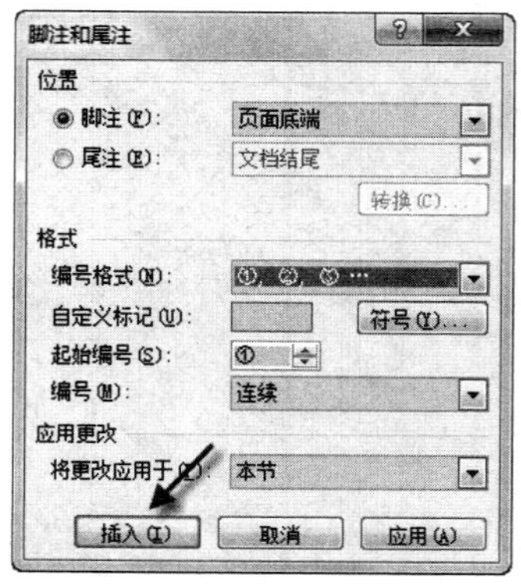

图 3-4-15 插入脚注和尾注

2. 尾注的插入

尾注的插入和脚注的插入雷同，在此不再赘述。

【技能拓展】

在文中首次插入脚注或尾注时，要把“脚注和尾注”对话框的“将更改应用于”改为“本节”，否则会自动插入一个分节符，造成不必要的麻烦。

3. 关于尾注和脚注的说明

使用脚注和尾注后，只要光标停留在被注释的字词或文段上时，注释会自动出现。

脚注和尾注会自动依据在文中的位置编号，删改尾注和脚注时也会自动更改编号，且双击脚注和尾注的编号时能快速地找到尾注和脚注在文中的位置。

3.4.3.2　批注

批注是我们在阅读文章时经常用到的一项功能，批注中有我们对重点事项的标注，也可能是老师对毕业论文的批阅等。

要添加批注，首先选中要添加批注的文字。如果不选中添加批注的文字，则默认为鼠标焦点所在位置到该位置前面最近的一个字符。单击“审阅”选项卡的“新建批注”按钮，如图 3-4-16 中的椭圆部分，即可为所选的文字添加批注。

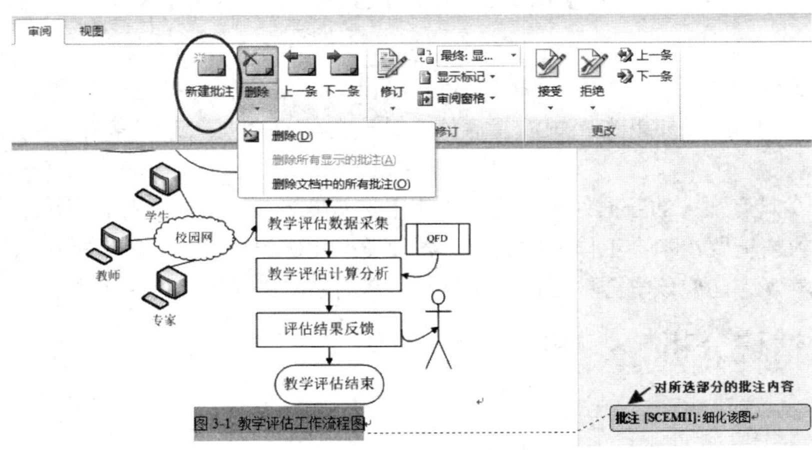

图 3-4-16　添加、删除批注

若要取消添加的批注，则选中要删除的批注（可单击要删除的批注，此时鼠标焦点在该批注中），然后单击“审阅”选项卡“批注”功能区中的“删除”按钮，参见图 3-4-15。该按钮的下拉列表中有“删除”和“删除文档中的所有批注”两个选项，前者是删除选中的批注，后者是删除文档中所有的批注，可根据需要选择。

项目 4
Excel 电子表格数据处理

Microsoft Excel 2010 是 Microsoft Office 2010 系列办公软件中的一个重要组件，其功能主要是进行各种数据的处理，广泛地应用于管理、统计、财经、金融等众多领域。熟练掌握 Excel 2010 的操作对于提高处理数据的效率有着重要的作用，本项目介绍如何使用 Excel 2010 处理办公中的数据信息。

4.1 创建、美化学生信息表

在日常的工作或生活中，我们经常会用到 Word 来创建文档，经过一系列的格式设置，最终制作一份“美文”。但如果文档中涉及表格，特别是需要数据处理的表格，用 Excel 应该是最合适的。

Excel 2010 具有强大的数据处理功能，在使用它的高级功能之前，首先应该学会 Excel 的基本操作。本学习情境要求学会工作表的操作、各种类型数据的录入、自动填充功能的使用，为了使数据表更加美观，还应该学会单元格格式设置、套用表格样式等个性化操作。

4.1.1 情境分析

4.1.1.1 案例背景

又是一个开学季，通过招生就业处和信息工程系的共同努力，今年我系计算机网络技术专业招生人数首次超过 100 人，分成三个班。辅导员段老师任务更重了，首先他需要一份网络专业的学生基本信息表。学习部干事刘明同学为了锻炼、提升自己的 Excel 应用水平，主动承担了这项工作，而且还对学生基本信息表按自己的理解进行了“美化”，段老师非常满意，对刘明同学提出表扬和感谢。

4.1.1.2 任务描述

本任务主要完成网络专业学生信息的录入，并按指定格式美化表格，成绩分析等功能在后续的学习情境中完成。

经过一番研究和试验，刘明同学掌握了 Excel 2010 的基本操作，很快就制作出了学生基本信息表，如图 4-1-1 所示。

刘明同学虽然完成了学生基本信息表的制作，但他觉得这个表不够美观，所以又对自己制作的学生基本信息表进行美化处理，最终，经过他的努力，制作了一份美观的学生基本信息表，效果如图 4-1-2 所示，上交给段老师。

	A	B	C	D	E	F	G
1	计算机网络专业学生基本信息表						
2	序号	学号	姓名	性别	出生日期	班级名称	籍贯
3	1	20140001	王雅丽	女	1996-8-19	网络一班	四川攀枝花
4	2	20140002	耿方	女	1996-5-20	网络二班	四川攀枝花
5	3	20140003	张大路	男	1995-5-14	网络三班	四川南充
6	4	20140004	叶东方	男	1995-12-23	网络一班	四川宜宾
7	5	20140005	谢华	男	1996-7-4	网络二班	四川攀枝花
8	6	20140006	陈晓雷	男	1995-3-8	网络三班	四川江油
9	7	20140007	刘通	男	1996-9-6	网络三班	四川简阳
10	8	20140008	齐西西	女	1996-1-20	网络二班	四川攀枝花
11	9	20140009	林丽	女	1997-11-5	网络二班	四川达州
12	10	20140010	陈舒	女	1996-5-2	网络一班	四川西昌
13	11	20140011	向晓桢	男	1996-7-9	网络二班	四川广元
14	12	20140012	童林玲	女	1997-10-9	网络三班	四川巴中
15	13	20140013	林苑	男	1994-12-5	网络一班	四川攀枝花
16	14	20140014	张小燕	女	1996-4-5	网络二班	四川攀枝花
17	15	20140015	曾研	男	1995-6-7	网络一班	四川广安
18	16	20140016	冯瑶	男	1996-3-16	网络三班	四川南充
19	17	20140017	张锐	男	1996-5-23	网络二班	四川攀枝花
20	18	20140018	郑兰兰	女	1997-10-19	网络三班	四川泸州
21	19	20140019	雷晓	男	1995-6-17	网络一班	四川西昌
22	20	20140020	段薇	女	1996-7-20	网络三班	四川广元

图 4-1-1　学生基本信息表

	A	B	C	D	E	F	G
1	计算机网络专业学生基本信息表						
2	序号	学号	姓名	性别	出生日期	班级名称	籍贯
3	1	20140001	王雅丽	女	1996-08-19	网络一班	四川攀枝花
4	2	20140002	耿方	女	1996-05-20	网络二班	四川攀枝花
5	3	20140003	张大路	男	1995-05-14	网络三班	四川南充
6	4	20140004	叶东方	男	1995-12-23	网络一班	四川宜宾
7	5	20140005	谢华	男	1996-07-04	网络二班	四川攀枝花
8	6	20140006	陈晓雷	男	1995-03-08	网络三班	四川江油
9	7	20140007	刘通	男	1996-09-06	网络三班	四川简阳
10	8	20140008	齐西西	女	1996-01-20	网络二班	四川攀枝花
11	9	20140009	林丽	女	1997-11-05	网络二班	四川达州
12	10	20140010	陈舒	女	1996-05-02	网络一班	四川西昌
13	11	20140011	向晓桢	男	1996-07-09	网络二班	四川广元
14	12	20140012	童林玲	女	1997-10-09	网络三班	四川巴中
15	13	20140013	林苑	男	1994-12-05	网络一班	四川攀枝花
16	14	20140014	张小燕	女	1996-04-05	网络二班	四川攀枝花
17	15	20140015	曾研	男	1995-06-07	网络一班	四川广安
18	16	20140016	冯瑶	男	1996-03-16	网络三班	四川南充
19	17	20140017	张锐	男	1996-05-23	网络二班	四川攀枝花
20	18	20140018	郑兰兰	女	1997-10-19	网络三班	四川泸州
21	19	20140019	雷晓	男	1995-06-17	网络一班	四川西昌
22	20	20140020	段薇	女	1996-07-20	网络三班	四川广元

图 4-1-2　美化后的学生基本信息表

4.1.1.3　解决途径

刘明同学接受任务后，先从段老师那里获取网络专业新学生名单，新建 Excel 文档，录入相关内容，然后按指定格式完成表格美化，在这期间，要注意保存数据，如果发现有误或有增减，还可以打开文档，再次编排。最后保存文档，准备打印并上交。具体解决路径，如图 4-1-3 所示。

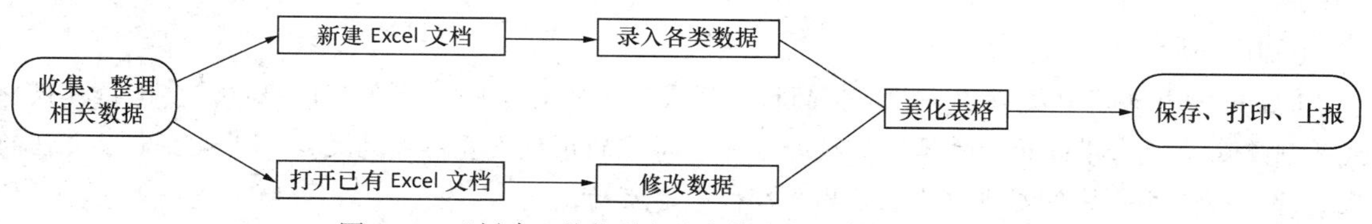

图 4-1-3　“创建、美化学生基本信息表”案例的解决路径

4.1.1.4　学习目标

通过对该任务的分析得知，本工作任务的重点是录入各种不同类型的数据，并能够对相关的格式进行设置以达到美化表格的效果，完成该任务，需要掌握以下几点。

（1）掌握创建、打开并保存工作表的方法。

（2）会在工作表中输入各项数据。

（3）能够根据需要设置单元格的格式。

（4）能够修改工作表标签。

4.1.2　任务实施

4.1.2.1　创建工作表

启动 Excel 2010 后，系统会默认新建一个名称为“新建 Microsoft Excel 工作表.xlsx- Microsoft Excel”的空白工作表。用户也可以在现有文档基础上另外新建空白工作簿。方法是：①单击“文件”功能选项卡中的“新建”命令，②单击右侧的“可用模板”列表中的“空白工作簿”选项，③单击“创建”按钮，如图 4-1-4 所示。

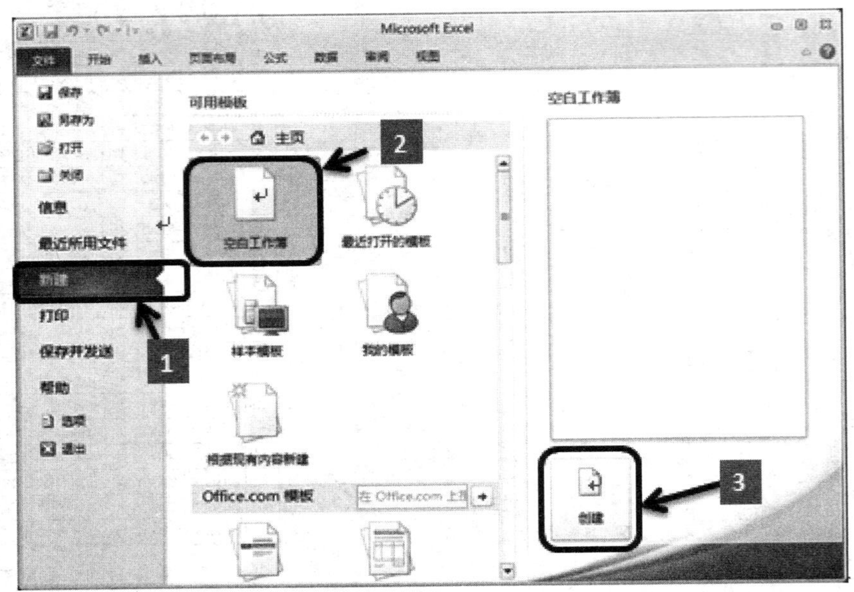

图 4-1-4　新建工作簿

【技能拓展】

在编辑 Excel 文档的过程中，也可以使用 Ctrl+N 快捷键，快速创建空白工作簿。如果重复按该快捷键，可按工作簿 1、工作簿 2……的命名方式新建工作簿文档。

【知识拓展】

Excel 2010 为用户提供了多种类型的模板样式，参见图 4-1-4。我们可以根据需要选择模板样式并创建基于所选模板的工作簿。模板就是一种特殊的预先设置格式的文档，模板决定了文档的基本结构和格式。每个文档都是基于某个模板而建立的。

4.1.2.2　快速录入数据

创建工作表后的第一步就是向工作表中输入各种数据。工作表中常用的数据类型包括数值型、文本型、日期型、货币型等。

1. 使用自动填充功能输入“序号”

如果工作表中的数据列的内容是一批有序、有规律的数据。可以选用下列方法之一来进行数据的自动填充录入。

方法一：首先在 A3、A4 单元格分别输入数值“1”“2”两个数据；选中这两项内容，拖曳右下方的填充柄，至最后一个需填充的单元格释放鼠标，即可快速填充具有序列、有规律的数据。

方法二：在 A3 单元格，输入数值“1”，将鼠标指针移至该单元格的右下角，指向填充柄（右下角的黑点），当指针变成黑十字形状时，按住 Ctrl 键，鼠标向下拖动填充柄，至最后一个需填充的单元格释放鼠标，即可快速填充具有序列、有规律的数据。

本例中的“学号”也是有规律的“递增”，同理可以使用上述方法之一利用填充柄进行自动填充录入。

【知识拓展】

填充句柄是 Excel 中非常实用的一个工具。填充句柄是指选定单元格或选定区域的周围黑色线框右下角的一个黑色小方块。当鼠标指针移动到填充句柄上时，会变成黑色实心细十字形状，此时，按时鼠标并拖曳，就可以在拖曳过的区域内进行复制填充操作。

【技能拓展】

如果用户要在连续的单元格中输入有规律的一列或一行数据，可以使用“填充”对话框进行快速编辑。譬如输入图 4-1-5（b）所示的内容，①选中起始单元格，然后输入数字“1”，切换到“开始”选项卡，单击“编辑”选项组中的“填充”按钮，在弹出的下拉列表中选择“系列”选项。②弹出“序列”对话框，如图 4-1-5（a）所示，在“序列产生在”组合框中选中“列”单选钮，在“类型”组合框中选中“等差序列”单选钮，然后在“步长值”文本框中输入“2”，在“终止值”文本框中输入“20”。③单击“确定”按钮。最终填充效果如图 4-1-5 所示。

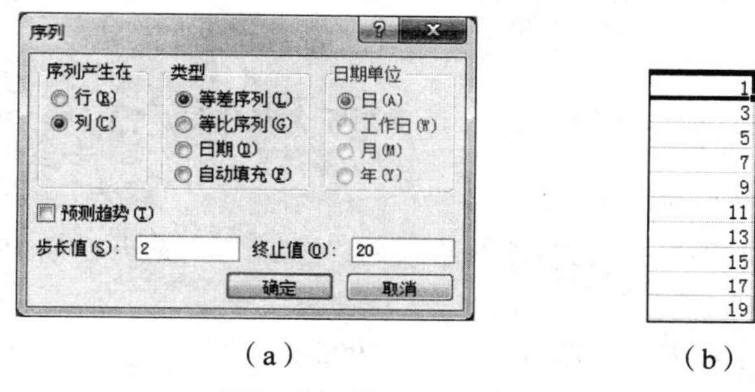

（a）　　　　（b）

图 4-1-5　数据自动填充

2. 对数值型文本数据的录入

对于“学号”之类的，不参与四则混合计算的数字串，虽然是由阿拉伯数字组成的，但应当作数值型文本来处理。类似的还有“身份证号码”“手机号码”等，可以有两种处理方法。

方法一：选中 B3，先录入英文单引号“'”为前导符，再录入职工号，即可实现数值型文本的录入，其他同理。

方法二：选中 B3：B22 单元格区域，单击鼠标右键，在弹出的快捷菜单中选择“设置单元格格式”命令，切换到“数字”选项卡，并在“分类”列表框中选择“文本”类型，然后单击“确定”按钮，如图 4-1-6 所示。

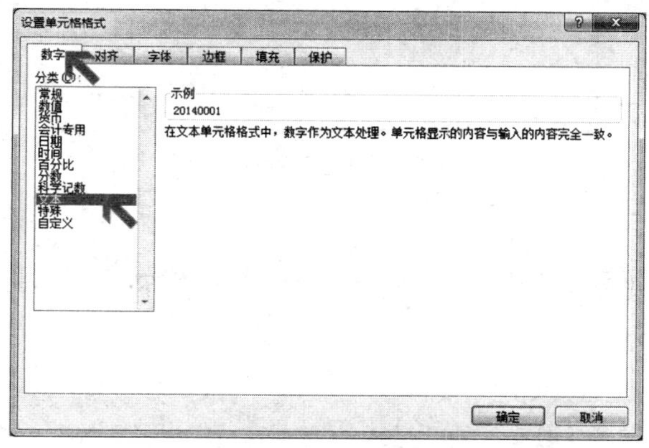

图 4-1-6　设置单元格格式中的数字

数值型文本单元格左上角的绿色标记则表示当前单元格的内容为数值型文本，另外从对齐方式上来看，文本型数据默认的对齐方式是靠左对齐，而不是数值型数据默认的靠右对齐。

3. 设置数据有效性

为了避免录入出现不规范的数据，Excel 可以设置数据有效性，比如对于“性别”数据列，就应该只能属于“男”或“女”。

具体操作步骤为：选中“性别”列，切换到功能区中的“数据”选项卡，在“数据工具”选项组中单击“数据有效性”按钮，打开“数据有效性”对话框，在“设置”选项卡中的“允许”下拉列表框中选择“序列”选项，然后在“来源”文本框中输入“男，女”，如图 4-1-7 所示，单击“确定”按钮。

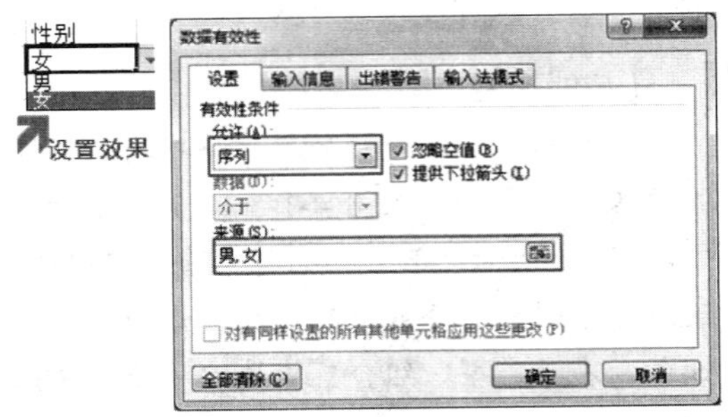

图 4-1-7　设置数据的有效性

【重要提示】

数据有效性的设置应该在数据输入之前，否则不会起作用。

4. “出生日期”数据列的录入

Excel 2010 的日期型数据，年月日之间直接用“-”或“/”隔开，如 1996 年 8 月 19 日可以录入 1996-8-19 或 1996/8/19。

如果需要设置日期型数据的特殊格式，如“1996-08-19”，还需进一步设置。具体步骤：①选择 E3：E22 单元格区域，单击鼠标右键，在弹出的快捷菜单中选择“设置单元格格式”命令，在“数字”选项卡的“分类”列表框中选择“自定义”选项。②在“类型”文本框中输入“yyyy-mm-dd”，如图 4-1-8 所示。最后单击“确定”按钮，完成设置。

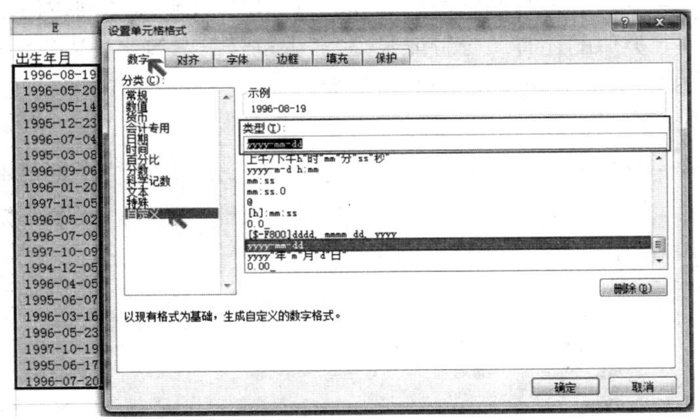

图 4-1-8　自定义类型的设置

【知识拓展】

如果单元格中数据显示为“###”，表示单元格宽度不够显示完整的数据，此时只需调整单元格的宽度便可解决问题。

【技能拓展】

若要直接输入分数形式的数据，可以在分数数据前加前导符“0”和空格，如输入“0 1/3”，则单元格显示分数“1/3”，否则，系统自动将“1/3”识别为日期型数据。

4.1.2.3　表格美化

1. 套用表格样式、单元格样式

Excel 2010 的套用表格格式功能可以根据预设的格式，将我们制作的表格生成美观的报表。从而节省使用者将报表格式化的许多时间。

Excel 2010 中有许多已经设置好了不同的颜色、边框和底纹的单元格样式，用户可以根据自己的需要套用这些不同的单元格样式，迅速得到想要的效果。

方法是：①选中需要套用样式的表格或单元格；②在“开始”功能区的“样式”分组中单击“套用表格样式”按钮或“单元格样式”按钮；③选择所需样式，完成设置，如图 4-1-9 所示。本例中不套用样式，后续自己设置需要的格式。

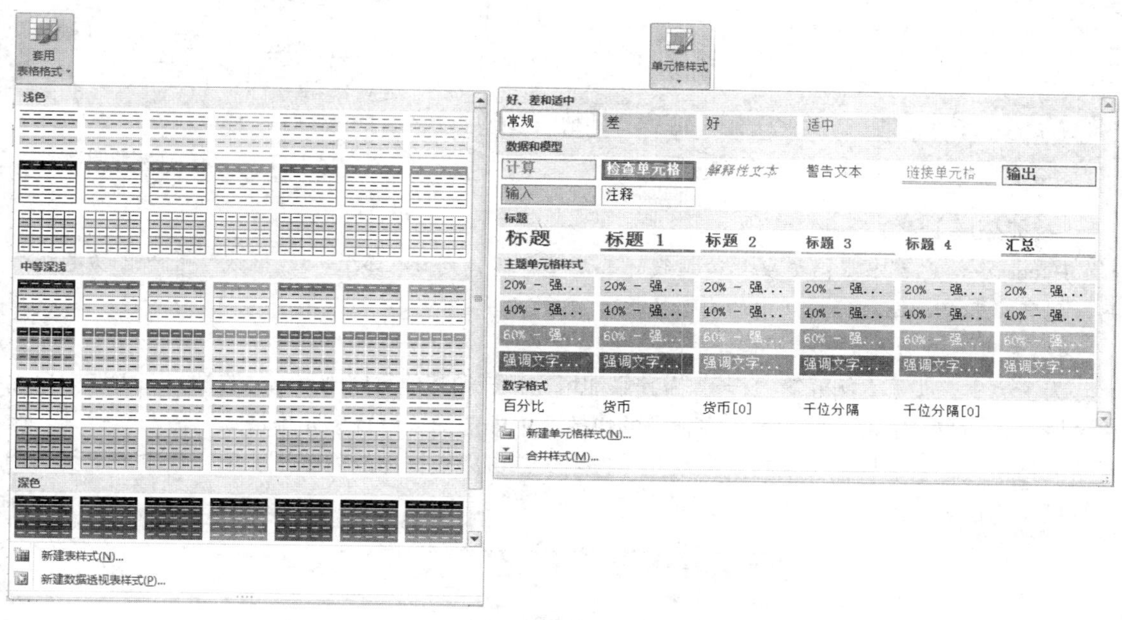

图 4-1-9　套用样式

2. 合并单元格，设置表格标题

本案例的表格标题内容“计算机网络专业学生基本信息表”需要放在第一行整行，涉及单元格合并。

选中 A1：G1 单元格区域，单击“开始”菜单的“对齐方式”功能区的“合并后居中”按钮，录入的内容、表格标题内容就居中在整行了。

Excel 中的字符格式化（字体、字号、字形、颜色）和 Word 异曲同工，可以按图 4-1-10 所示，设置表格标题格式。

【技能拓展】

如果需要单元格内强制换行，对应的快捷键是“Alt+Enter”。

3. 调整行高、列宽

通过设置 Excel 2010 工作表的行高和列宽，可以使 Excel 2010 工作表更具可读性。方法是：①选中需要设置高度或宽度的行或列；②在“开始”功能区的“单元格”分组中单击“格式”按钮，在打开的菜单中选择“自动调整行高”或“自动调整列宽”命令，则 Excel 2010 将根据单元格中的内容进行自动调整。用户还可以单击“行高”或“列宽”按钮，打开“行高”或“列宽”对话框，在编辑框中输入具体数值，并单击“确定”按钮即可，如图 4-1-11 所示。

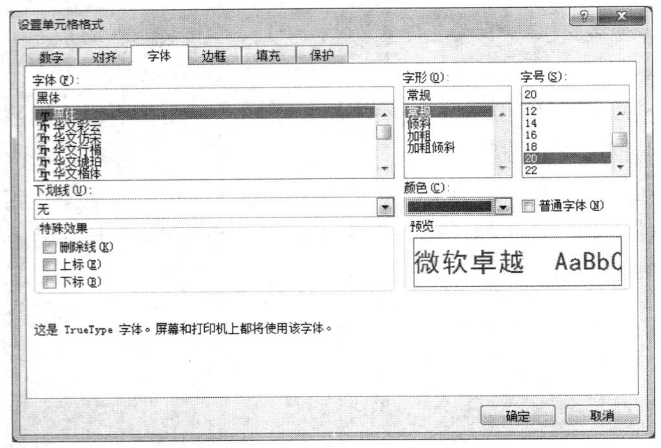

图 4-1-10 Excel 字符格式化

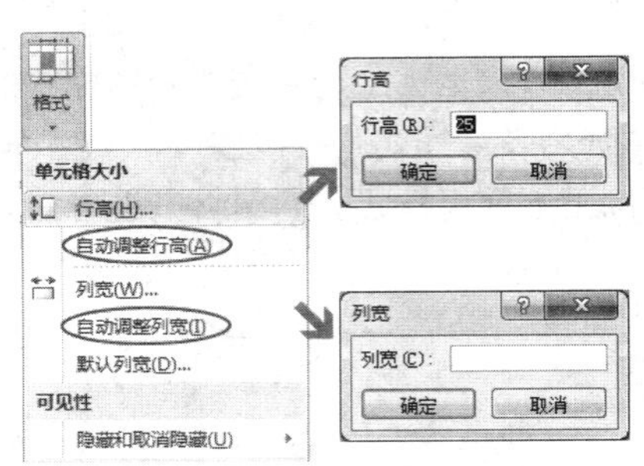

图 4-1-11 行高、列宽的调整

【技能拓展】

Excel 中，也可以直接拖曳“边框线”来调整行高、列宽，双击“边框线”可以自动调整行高、列宽，来自动适应行、列中的内容高度、宽度。

4. 为表头添加填充效果

为了突出表头（本例的第二行），为其添加填充色，和其他行区别开来。方法是：①选中单元格区域 A2：G2，单击鼠标右键，在弹出的快捷菜单中选择“设置单元格格式”命令，打开“设置单元格格式”对话框；②切换到“填充”选项卡，可以根据你的需要添加填充效果。本例选用背景色（灰色）填充，如图 4-1-12 所示。

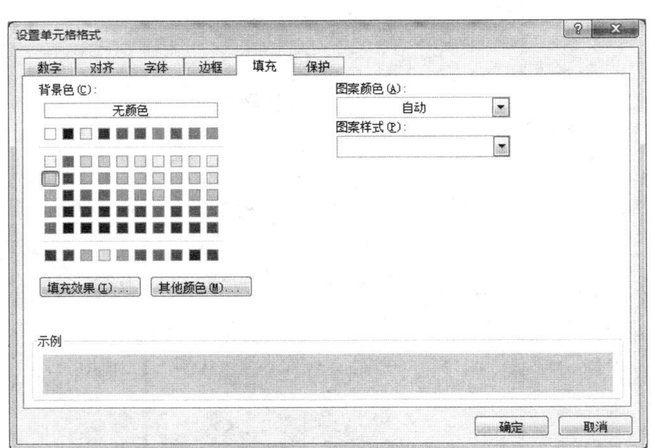

图 4-1-12 设置填充效果

5. 对齐、旋转单元格内容

在 Excel 中也可以调整对齐方式，甚至可以任意角度旋转。方法是：①选中需要设置对齐方式的单元格，切换到“开始”选项卡，单击“对齐方式”选项组中右下角的扩展按钮，如图 4-1-13 所示；②在弹出的对话框中，单击“对齐”选项卡，进行对齐方式设置，如图 4-1-13 中椭圆标注部分，可以设置单元格内容任意角度旋转；③单击“确定”按钮，图 4-1-13 最左边是逆时针旋转 15 度的效果。

注意：本例不要求旋转单元格内容。但本例中要求所有单元格的文本对齐方式为“水平对齐：居中”“垂直对齐：居中”，如图 4-1-13 中方框标注部分。

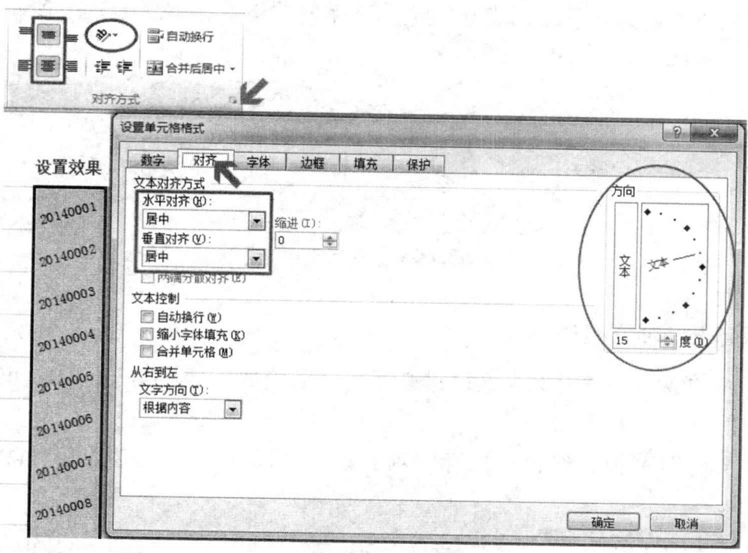

图 4-1-13　设置单元格对齐方式

6. 给表格添加边框

Excel 也可以为表格、单元格添加各式各样的边框，以区分各个部分，美化表格。方法是：①选中单元格区域 A1：G22，单击鼠标右键，在弹出的快捷菜单中选择“设置单元格格式”命令，打开“设置单元格格式”对话框；②切换到“边框”选项卡，可以根据你的需要添加边框，给表格描边，如图 4-1-14 所示。

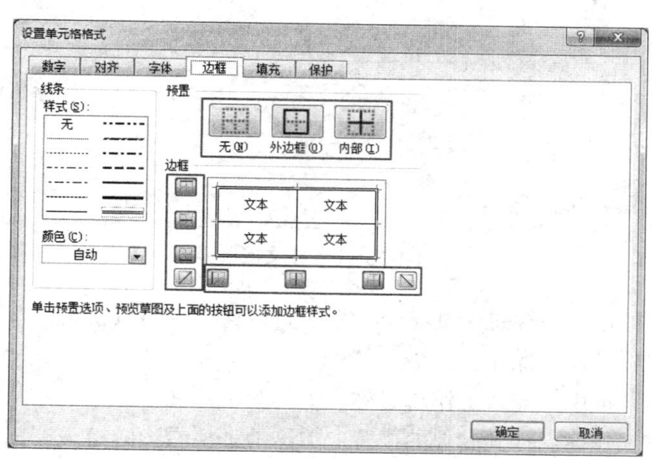

图 4-1-14　添加边框

7. 突出显示单元格

很多时候我们需要把某些满足条件的数据突出显示出来。如果数据量过大，手动突出是很麻烦的，而且人为出错率很高。那么使用 Excel 的“条件格式”功能就能从海量的数据中帮助我们突出显示特定的数据了。

现在要求将籍贯为攀枝花的突出显示。具体步骤：①选择“籍贯”列，单击“开始”选项卡“样式”功能区中的“条件格式”下拉按钮，在其列表中选择“突出显示单元格规则”中的“等于”命令，弹出“等于”对话框；②在该对话框的“为等于以下值的单元格设置格式”文本框中输入“四川攀枝花”，在“设置为”下拉列表框中选择所需要的格式，如图 4-1-15 所示。如果没有满意的格式，用户可以选择“自定义格式”命令。

图 4-1-15　突出显示单元格

4.1.2.4　保存 Excel 文档

为了保存我们的成果，及时保存文档是必要的，对应的快捷键是 Ctrl+S。也可以按照如下步骤保存工作簿文件。

（1）单击“文件”菜单，选择“保存”项，这时屏幕出现“另存为”对话框，如图 4-1-16 所示。

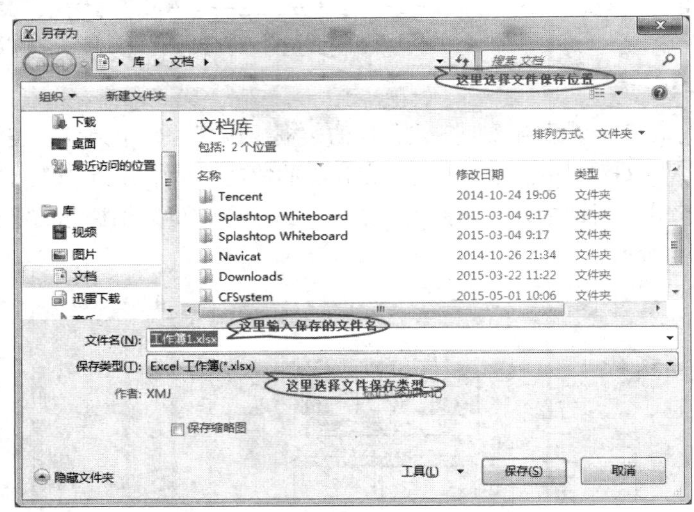

图 4-1-16　Excel 文档保存

注意：如果该文件已经保存过，则 Excel 系统直接保存当前最新文档，并不出现“另存为”对话框，同时也不执行下面的操作。

（2）在“文件名”框中，输入工作簿名称。参见图中标准。

（3）如果需要将工作簿保存到其他的位置，单击地址栏右边的箭头按钮，在弹出的列表中选择保存位置。

（4）单击“保存类型”右边的箭头按钮，在弹出的文件类型列表框中选择所需的保存类型，默认为.xlsx。

（5）单击“保存”按钮，完成工作簿的保存操作。

4.1.3　知识链接

4.1.3.1　Excel 2010 的基本元素

1. 工作簿

工作簿是 Excel 用来处理和存储数据的文件，对应一个 Excel 文件，其扩展名为.xlsx。在保存工作簿时，也可以重新定义一个自己喜欢的名字。

2. 工作表

工作簿中的每一张电子表格称为工作表。工作表是指工作表整体以及其中的全部元素，包括单元格、网络线、行号列标、滚动条和工作表标签。

3. 单元格

Excel 作为电子表格软件，其数据的操作都在组成表格的单元格中完成。一张工作表由行和列构成，每一列的列标由 A、B、C 等字母表示；每一行的行号由 1、2、3 等数字表示。行与列的交叉处形成一个单元格，例如单元格 D4，就是指位于第 D 列第 4 行交叉点上的单元格。要表示一个连续的单元格区域，可以用该区域左上角和右下角的单元格表示，中间用比号（：）分隔，例如，C1：F3 表示从单元格 C1 到 F3 的区域。

特别提示：要引用非当前工作表中的单元格，格式为 Sheet2！A2。

4.1.3.2　工作表的管理

工作表是 Excel 完成工作的基本单位，用户可以对其进行插入和删除、移动和复制、重命名等基本操作。

1. 插入和删除工作表

工作表是工作簿的组成部分，默认每个新工作簿中包含 3 个工作表，分别是“Sheet1”“Sheet2”“Sheet3”。用户可以根据需要插入或删除工作表。

插入工作表最简单的方法是单击工作表标签中的“插入工作表”按钮。也可以按照以下步骤：①在工作表标签“Sheet1”上单击鼠标右键，然后从弹出的快捷菜单中选择“插入”命令；②弹出“插入”对话框，切换到“常用”选项卡，然后选择“工作表”选项；③单击“确定”按钮。

删除工作表：选中要删除的工作表标签，然后单击鼠标右键，在弹出的快捷菜单中选择“删除”菜单项即可。

2. 移动和复制工作表

移动或复制工作表是日常办公中常见的操作。用户既可以在同一工作簿中移动或复制工作表，也可以在不同工作簿中移动或复制工作表。常用的方法是：利用鼠标在同一工作簿内移动或复制工作表。

在同一工作簿中移动工作表的方法是：①选定要移动的一个或多个工作表标签，②鼠标指针指向要移动的工作表标签，按住鼠标左键沿标签向左或向右拖动工作表标签的同时会出现黑色小箭头，当黑色小箭头指向要移动到的目标位置时，释放鼠标按键，完成移动工作表的操作。

在同一工作簿中复制工作表的方法是：与移动工作表的操作类似，只是在拖动工作表标签的同时按 Ctrl 键，当鼠标指针移到要复制的目标位置时，先放开鼠标按键，后放开 Ctrl 键即可。

【技能拓展】

利用对话框在不同的工作簿中移动或复制工作表。方法是：①在一个 Excel 应用程序窗口下，分别打开两个工作簿（源工作簿和目标工作簿）；②使源工作簿成为当前工作簿；③在当前工作簿选定要复制或移动的一个或多个工作表标签；④单击鼠标右键，在弹出的快捷菜单中选择“移动或复制工作表”命令，弹出“移动或复制工作表”对话框，如图 4-1-17 所示；⑤在“工作簿”下拉列表中选择要插入的位置；⑥在“下列选定工作表之前”列表框中选择要插入的位置；⑦如果移动工作表，则取消选中“建立副本”复选框；如果复制工作表，则选中“建立副本”复选框，单击“确定”按钮即可。

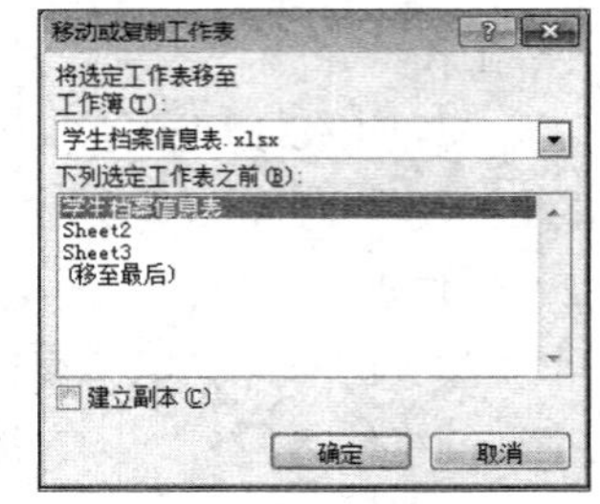

图 4-1-17 “复制或移动工作表”对话框

3. 重命名工作表

双击工作表标签，输入新的名称即可，或者鼠标右键单击要重新命名的工作表标签，在弹出的菜单中选择“重命名”命令，输入新的名称即可。

4.1.3.3 单元格的基本操作

单元格是表格中行与列的交叉部分，它是组成表格的最小单位。

1. 选定单元格

鼠标指针移至需选定的单元格上，单击鼠标左键，该单元格即被选定为当前单元格。

选定一个单元格区域：鼠标左键单击要选定单元格区域左上角的单元格，按住 Shift 键的同时单击右下角的单元格即选中单元格区域。

选定不相邻的单元格区域：单击选定第一个单元格区域之后按住 Ctrl 键，使用鼠标选定其他单元格。

单击工作表行号可以选中整行；单击工作表列标可以选中整列；单击工作表左上角行号和列标处，可以选中整个工作表；单击工作表行号或列标，并拖动行号或列号可以选中相邻的行或列；单击工作表行号或列标，按住 Ctrl 键，再单击工作表的其他行号或列标，可以选中不相邻的行或列。

2. 插入行、列与单元格

单击“开始”选项卡“单元格”选项组的“插入”命令，选择其下的“行”“列”“单元格”可进行行、列与单元格的插入，选择的行数或列数即为插入的行数或列数。

3. 删除行、列与单元格

选定要删除的行或列或单元格，选择“开始”选项卡，单击“单元格”选项组内的“删除”命令，即可完成行、列或单元格的删除，此时，单元格的内容和单元格将一起从工作表中消失，其位置由周围的单元格补充。而此时按 Del 键，将仅删除单元格的内容，空白单元格、行或列仍保留在工作表中。

4.1.3.4 工作表的拆分与冻结

我们在实际的应用中，往往会遇到这种情况：工作表信息不断增加，此时在一屏内将无法显示全部信息。要解决这个问题，就要用到工作表的拆分与冻结。工作表的拆分和冻结是方便查看工作表数据的一种方式。

1. 工作表的拆分

当需要对比同一个工作表中不同区域中的数据时，如果表格数据比较多，那么当查看后面的数据时，前面的数据却看不见；当查看前面的数据时，后面的数据又看不见了。要解决这样的问题，可以将工作表水平或者垂直拆分成多个单独的窗格，这样就可以同时查看工作表的不同部分。

具体的拆分方法为：单击要进行窗口分割的位置，单击“视图”选项卡内的“窗口”命令组中的“拆分”命令。如果对拆分的比例不满意，可以用鼠标拖曳到分割线，重新进行定位。

如果要撤销对窗口的分割，使整个屏幕恢复到分割前的状态，只需再单击“视图”选项卡内“窗口”命令组的“拆分”命令。

2. 工作表的冻结

在实际的应用中，还有一种情况：当工作表中的数据较多时，在向下或向右滚动浏览时将无法始终在窗口中显示前几行或前几列。要解决这个问题，可以采用冻结窗口数据的方法来固定表格标题。

具体的方法：单击要冻结的行的下边，要冻结列右边的交叉点单元格，例如，要冻结 A、B 列和第 1、2 行，则应单击第 2 行下边，B 列右边的单元格，即 C3 单元格，然后选择“视图”选项卡内的“窗口”命令组中的“冻结窗格”下拉按钮内的“冻结拆分窗格”命令。如果要取消窗口冻结，让工作表恢复原状，只需单击“冻结窗格”中的“取消冻结窗格”命令。

4.1.3.5　利用邮件合并批量制作奖状

在实际工作中，常常需要处理不少简单报表、信函、信封、通知、邀请信或明信片，这些文稿的主要特点是件数多（客户越多，需处理的文稿越多），内容和格式简单或大致相同，有的只是姓名或地址不同，有的可能是其中数据不同。这种格式雷同的、能套打的批处理文稿操作，一般采用 Excel 数据源，利用 Word 中的“邮件合并”功能，批量生成。

1. 编写授奖信息表

使用 Excel 2010 填写授奖信息表（也可以是其他数据源），包括姓名、部门、奖项等内容，如图 4-1-18 所示。

2. 设计荣誉证模板

结合已有的荣誉证书的证芯，使用 Word 2010 设计出荣誉证模板，将公共部分显示出来，待填的位置空出留用，如图 4-1-19 所示。根据荣誉证书的实际尺寸自定义纸张大小。

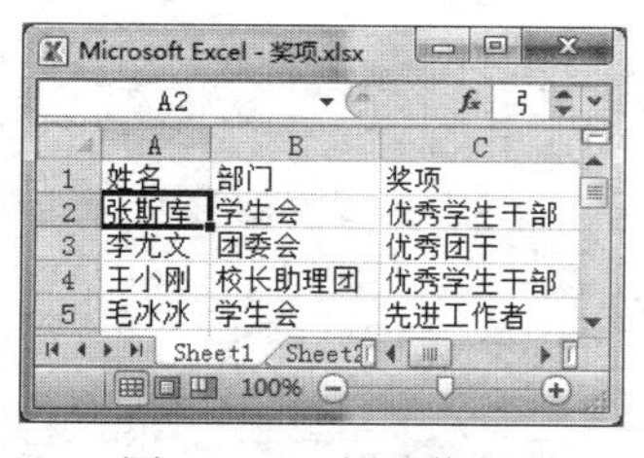

图 4-1-18　授奖信息表

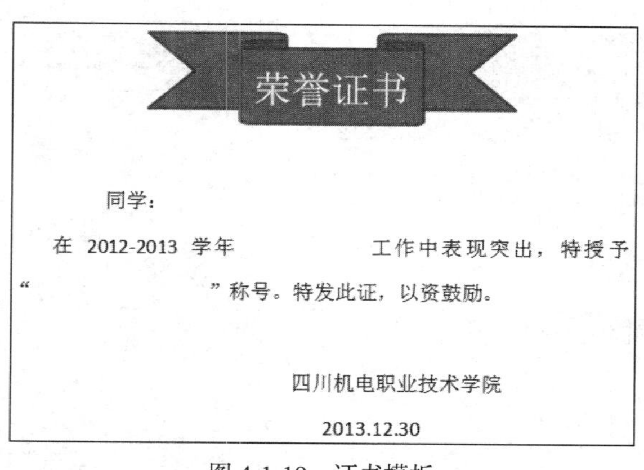

图 4-1-19　证书模板

3. 通过邮件合并自动生成荣誉证书

（1）单击“邮件”选项卡“开始邮件合并”功能区的“开始邮件合并”按钮，选择“普通 Word 文档”选项，如图 4-1-20 所示。

（2）单击“选择收件人”按钮，选择“使用现有列表”选项，如图 4-1-21 所示，打开“选取数据源”对话框。

图 4-1-20　选择“普通 Word 文档”选项

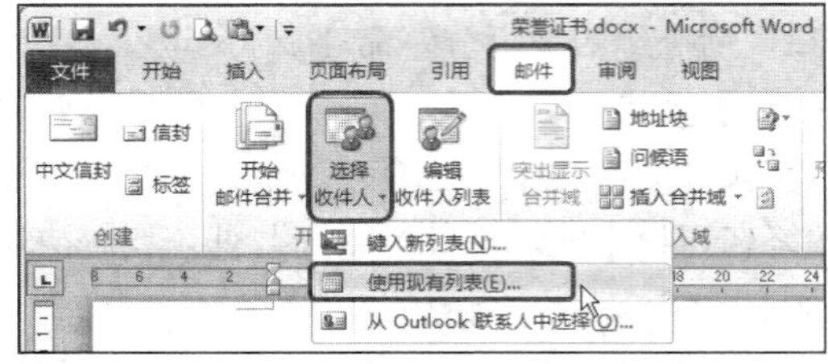

图 4-1-21　选择“使用现有列表”选项

（3）在“选取数据源”对话框中，定位到“奖项.xlsx”文件所在的路径并选择该文件。

（4）在“选择表格”对话框中选择授奖信息的“工作表”，如图 4-1-22 所示。

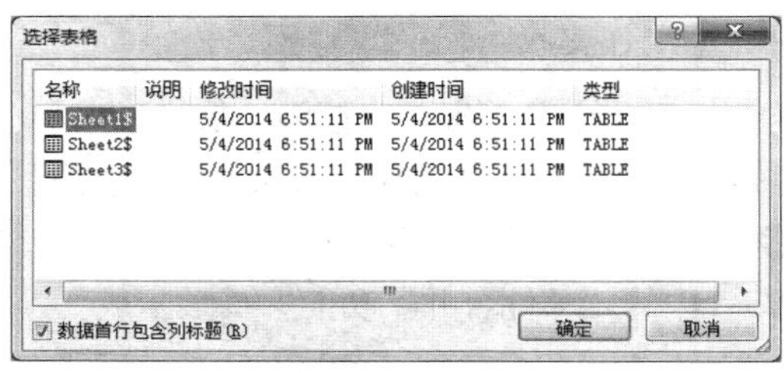

图 4-1-22　定位工作表

（5）单击“编辑收件人列表”按钮，在打开的窗口中可以选择要授奖人的姓名，默认情况下是全选，如图 4-1-23 所示，选择完毕后单击“确定”按钮即可。

（6）光标移到要插入姓名的位置，单击“插入合并域”右侧的小箭头，如图 4-1-24 所示，选择“姓名”选项。用同样的方法，依次单击“插入合并域”，选择“部门”和“奖项”选项。

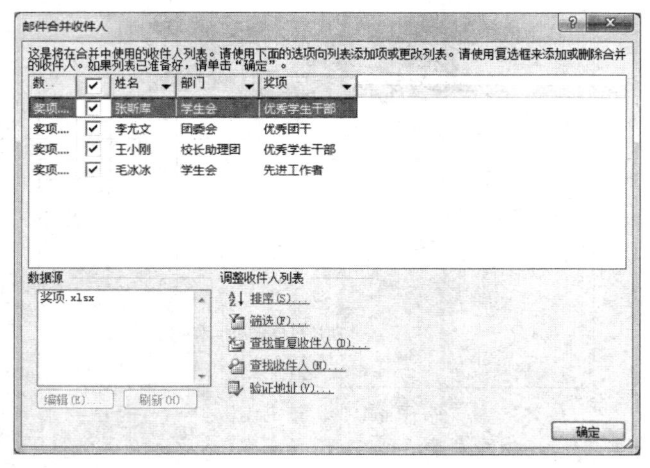

图 4-1-23　编辑收件人列表

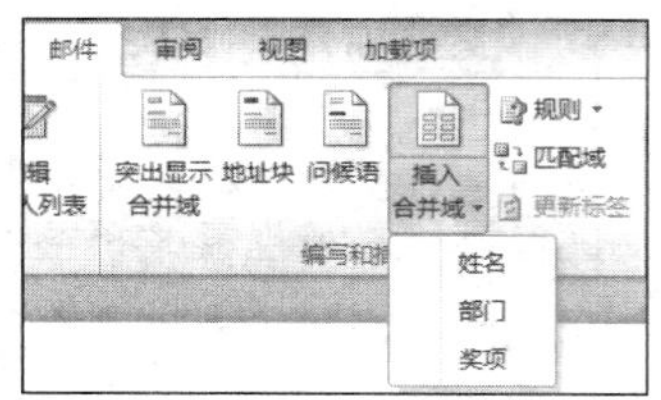

图 4-1-24　插入合并域

（7）单击“预览结果”按钮，如图 4-1-25（a）所示，可以看到姓名、类别和授奖名称自动更换为受表彰人的信息，如图 4-1-25（b）所示。单击“预览结果”右侧的箭头或者输入数字，可以查看到所有的记录已全部替换成功。

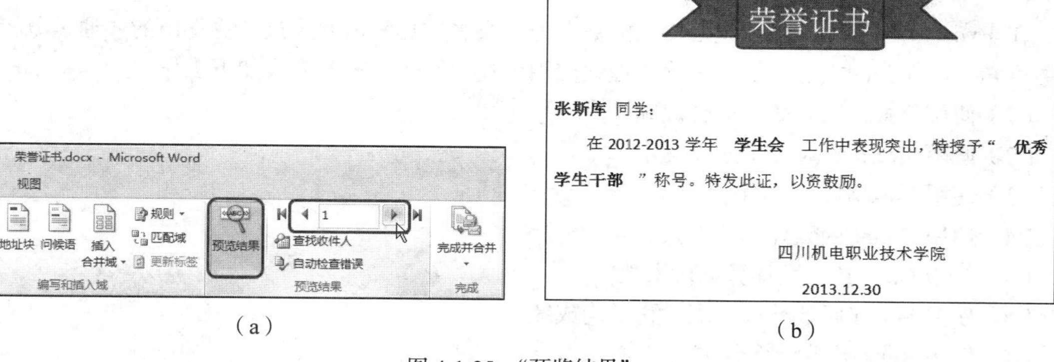

（a）　　　　　　　　　　　　　　　　（b）

图 4-1-25　“预览结果”

（10）生成荣誉证书

单击“完成并合并”按钮的下拉箭头选择不同的项对其进行不同的处理。“编辑单个文档”可以将这些荣誉证书合并到一个 Word 文档中；“打印文档”可以将这些荣誉证书通过打印机直接打印出来。选择“编辑单个文档”，如图 4-1-26 所示，在“合并到新文档”中选择“全部”记录，随即生成一个荣誉证书的新文档，其中包括所有打印内容。编辑工作全部完成。

图 4-1-26　合并到新文档

4.2　公式与函数的应用——制作学生成绩报表

Excel 电子表格最具特色的功能是数据计算和统计，这些功能是通过公式和函数来实现的。Excel 允许实时更新数据，帮助用户分析和处理工作表中的数据。本学习情境通过案例“制作学生成绩报表”介绍了常用函数的使用。

4.2.1　情境分析

4.2.1.1　案例背景

每学期期末考试一结束，辅导员段老师便忙碌起来了，他需要对自己班级学生本学期的成绩信息进行收集和分析，一是要将成绩信息发送给家长，二是要对学生成绩进行综合评定，作为下学期评优评奖的重要依据。首先，他进入学校教学综合管理平台将学生各课程的成绩通过 Excel 表格的形式保存下来，然后他找到学习部干事刘明同学来协助他来完成后续工作。刘明同学借助

Excel 强大的函数功能，完成了对排名、平均分、等级评定等主要成绩指标的统计分析工作，段老师非常满意，对刘明同学表示感谢。

4.2.1.2 任务描述

在 Excel 工作表中，除了直接输入的数据外，很多数据是需要通过计算得出的。通过分析该任务可知，本任务的重点是如何正确合理地使用公式和函数，需要完成如下工作。

（1）使用公式计算总分、综合成绩。

（2）使用 Average 函数计算平均分。

（3）使用 Max 函数计算最高分。

（4）使用 Count 函数计算总人数。

（5）使用 Countif 函数计算二班人数。

（6）使用 Sumif 函数计算二班各科平均成绩。

（7）使用 Rank 函数计算名次。

（8）使用 If 函数计算评定等级。

（9）使用 Today 函数计算当前系统时间。

由此可知，操作过程中，公式的创建、函数的使用以及单元格的引用方式是关键。最终完成效果如图 4-2-1 所示。

机电学院信息系学生成绩.xlsx

四川机电学院网络专业第1学期成绩表

学号	姓　名	班级名称	硬件基础	网络基础	操作系统	英　语	总　分	德 育 分	综合成绩	名　次	评定等级
20140001	王雅丽	一班	80	90	88	99	357	90	89.5	1	一等奖
20140002	耿方	二班	86	80	84	88	338	93	87.1	5	一等奖
20140003	张大路	三班	78	75	79	70	302	88	79.3	11	二等奖
20140004	叶东方	一班	85	78	85	80	328	90	84.4	9	二等奖
20140005	谢华	二班	80	88	80	81	329	93	85.5	6	一等奖
20140006	陈晓雷	三班	86	87	89	88	350	90	88.3	2	一等奖
20140007	刘涌	三班	84	80	85	84	333	90	85.3	8	一等奖
20140008	齐西西	二班	84	85	83	82	334	90	85.5	7	一等奖
20140009	林丽	二班	70	60	66	65	261	94	73.9	14	二等奖
20140010	陈舒	一班	73	90	78	69	310	90	81.3	10	二等奖
20140011	向晓桢	二班	85	90	96	69	340	93	87.4	4	一等奖
20140012	童林玲	三班	68	60	65	69	262	88	72.3	18	二等奖
20140013	林苑	一班	66	60	75	69	270	90	74.3	13	二等奖
20140014	张小燕	二班	65	46	74	69	254	89	71.2	19	二等奖
20140015	曾研	一班	67	60	77	69	273	90	74.8	12	二等奖
20140016	冯瑶	三班	90	89	82	90	351	89	88.1	3	一等奖
20140017	张锐	二班	66	60	80	60	266	87	72.7	16	二等奖
20140018	郑兰兰	三班	66	53	80	60	259	90	72.3	17	二等奖
20140019	雷晓	一班	50	62	65	74	251	86	69.7	20	二等奖
20140020	段薇	三班	66	62	65	74	267	90	73.7	15	二等奖

统计时间：2015/5/7

统计表

统计项目	硬件基础	网络基础	操作系统	英　语
平均分	74.8	72.8	78.8	75.5
二班各科平均分	76.6	72.7	80.4	73.4
最高分	90	90	96	99
总人数	20			
二班人数	7			

网络专业学生成绩　Sheet2

图 4-2-1　学生成绩报表样本

4.2.1.3 解决途径

刘明同学接受任务后，先从段老师那里获取网络专业成绩数据，新建 Excel 文档，录入相关内容。利用 Excel 公式计算总分以及综合成绩两项，利用常用函数 Average()、Max()分别计算出平均分、最高分；利用函数 Counta()、Countif()统计出总人数、二班总人数，利用函数 Sumif()计算出二班各科总成绩，进而计算二班各科平均成绩，利用 Rank()函数对成绩进行排名，利用 If()函数对等级进行判定。最后保存文档，准备打印并上交。

4.2.1.4　学习目标

通过制作学生成绩报表，要求掌握以下操作：公式和常用函数的正确使用以及单元格地址的引用等。

【能力目标】

（1）熟悉 Excel 文档的新建、打开、保存及关闭。

（2）熟练掌握公式和常用函数的使用方法。

（3）掌握逻辑条件函数的使用。

（4）熟练掌握单元格的引用方式。

（5）熟练掌握单元格格式的设置。

【知识准备】

（1）办公自动化软件的相关概念。

（2）Excel 2010 工作界面。

4.2.2　任务实施

刘明同学接到任务后，他找到辅导员段老师进行交流，首先他明确了要完成的任务，便设计了一个学生成绩模板，如图 4-2-2 所示。在得到段老师的认可后，他便按照任务要求一步一步地实施。

机电学院信息系学生成绩.xlsx

四川机电学院网络专业第1学期成绩表

学号	姓　名	班级名称	硬件基础	网络基础	操作系统	英　语	总　分	德 育 分	综合成绩	名　次	评定等级
20140001	王雅丽	一班	80	90	88	99		90			
20140002	耿方	二班	86	80	84	88		93			
20140003	张大路	三班	78	75	79	70		88			
20140004	叶东方	一班	85	78	85	80		90			
20140005	谢华	二班	80	88	80	81		93			
20140006	陈晓雷	三班	86	87	89	88		90			
20140007	刘涌	三班	84	80	85	84		90			
20140008	齐西西	二班	84	85	83	82		90			
20140009	林丽	二班	70	60	66	65		94			
20140010	陈舒	一班	73	90	78	69		90			
20140011	向晓桢	二班	85	90	96	69		93			
20140012	童林玲	三班	68	60	65	69		88			
20140013	林茹	一班	66	60	75	69		90			
20140014	张小燕	二班	65	46	74	69		89			
20140015	曾研	一班	67	60	77	69		90			
20140016	冯瑶	三班	90	89	82	90		89			
20140017	张锐	二班	66	60	80	60		87			
20140018	郑兰兰	三班	66	53	80	60		90			
20140019	雷晓	一班	50	62	65	74		86			
20140020	段薇	三班	66	62	65	74		90			

统计时间：

统计表

统计项目	硬件基础	网络基础	操作系统	英　语
平均分				
二班各科平均分				
最高分				
总人数				
二班人数				

网络专业学生成绩　Sheet2

图 4-2-2　学生成绩空白模板

4.2.2.1　公式的使用

公式是单元格内以等号（=）开始的值、单元格引用或运算符的组合。其输入比较简单，可在放置结果的单元格中直接输入公式内容，公式输入完毕，计算也随之完成，计算结果显示在单元格中。这一结果会随着它所引用单元格内数据的变化而自动变化。公式中要求使用英文标点符号。

Excel 2010 中公式的构成包括三部分。

- "="符号：表示输入的内容是公式而不是数据。输入公式必须以"="开头。
- 运算符：用于连接公式中参加运算的元素并指明其类型。
- 操作数：操作数可以是常量、单元格或单元格区域引用、标志、名称及函数等。

本案例中的总分和综合成绩都可以使用 Excel 中的公式完成。

1. 计算总分

首先打开已经设计好的学生成绩工作簿，并将 Sheet1 重命名为"网络专业学生成绩表"。

然后就计算总分，学生的总分为硬件基础成绩、网络基础成绩、操作系统成绩、英语成绩四门成绩的总和。使用公式的方法比较直观，在实际应用中经常采用，具体操作步骤如下。

① 选中 H3 单元格，输入公式"=D3+E3+F3+G3"，按回车键结束，得到学生王雅丽的总分，如图 4-2-3 所示。

MAX =D3+E3+F3+G3

机电学院信息系学生成绩.xlsx

	A	B	C	D	E	F	G	H	I	J	K	L
1	四川机电学院网络专业第1学期成绩表											
2	学号	姓 名	班级名称	硬件基础	网络基础	操作系统	英 语	总 分	德 育 分	综合成绩	名 次	评定等级
3	20140001	王雅丽	一班	80	90	88	99	=D3+E3+F3+G3	90			
4	20140002	耿方	二班	86	80	84	88		93			
5	20140003	张大路	三班	78	75	79	70		88			
6	20140004	叶东方	一班	85	78	85	80		90			
7	20140005	谢华	二班	80	88	80	81		93			

网络专业学生成绩 Sheet2

图 4-2-3 输入公式计算总分

② 接下来，为了得到其他 19 名同学的总分，就不需要用上述办法逐个输入公式了，我们可以使用复制公式的方法，即在 H3 单元格右下角的填充柄处按住鼠标左键不放向下拖动鼠标，直到第 22 行（最后一个学生）时松开鼠标左键，这样便完成了对所有同学的总分计算，如图 4-2-4 所示。

机电学院信息系学生成绩.xlsx

	A	B	C	D	E	F	G	H	I	J	K	L
2	学号	姓 名	班级名称	硬件基础	网络基础	操作系统	英 语	总 分	德 育 分	综合成绩	名 次	评定等级
3	20140001	王雅丽	一班	80	90	88	99	357	90			
4	20140002	耿方	二班	86	80	84	88	338	93			
5	20140003	张大路	三班	78	75	79	70	302	88			
6	20140004	叶东方	一班	85	78	85	80	328	90			
7	20140005	谢华	二班	80	88	80	81	329	93			
8	20140006	陈晓霞	三班	86	87	89	88	350	90			
9	20140007	刘通	三班	84	80	85	84	333	90			
10	20140008	齐西西	二班	84	85	83	82	334	90			
11	20140009	林丽	二班	70	60	66	65	261	94			
12	20140010	陈舒	一班	73	90	78	69	310	90			
13	20140011	向晓桢	二班	85	90	96	69	340	93			
14	20140012	董林玲	三班	68	60	65	69	262	88			
15	20140013	林苑	一班	66	60	75	69	270	90			
16	20140014	张小燕	二班	65	46	74	69	254	89			
17	20140015	曾研	一班	67	60	77	69	273	90			
18	20140016	冯瑶	三班	90	89	82	90	351	89			
19	20140017	张锐	二班	66	60	80	60	266	87			
20	20140018	郑兰兰	三班	66	53	80	60	259	90			
21	20140019	雷晓	一班	50	62	65	74	251	86			
22	20140020	段薇	三班	66	62	65	74	267	90			

网络专业学生成绩 Sheet2

图 4-2-4 利用填充柄复制公式

计算总分，还可以使用求和函数 Sum()来完成，求和函数 Sum()在 Excel 应用中非常普遍，后面我们将详细介绍函数的应用。

2. 计算综合成绩

按照学生管理规定，学生的综合成绩是对学生考试成绩和德育成绩的综合评定，其计算公式为：综合成绩=总分/4×70%+德育分×30%。具体操作步骤如下。

① 选中 J3 单元格，输入公式“=H3/4*0.7+I3*0.3”，按回车键结束，得到学生王雅丽的综合成绩，如图 4-2-5 所示。

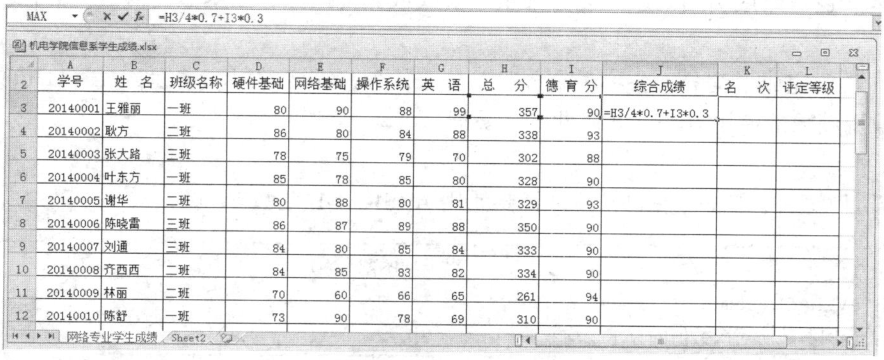

MAX　=H3/4*0.7+I3*0.3

机电学院信息系学生成绩.xlsx

	A	B	C	D	E	F	G	H	I	J	K	L
2	学号	姓　名	班级名称	硬件基础	网络基础	操作系统	英　语	总　分	德 育 分	综合成绩	名　次	评定等级
3	20140001	王雅丽	一班	80	90	88	99	357	90	=H3/4*0.7+I3*0.3		
4	20140002	耿方	二班	86	80	84	88	338	93			
5	20140003	张大路	三班	78	75	79	70	302	88			
6	20140004	叶东方	一班	85	78	85	80	328	90			
7	20140005	谢华	二班	80	88	80	81	329	93			
8	20140006	陈晓雷	三班	86	87	89	88	350	90			
9	20140007	刘通	三班	84	80	85	84	333	90			
10	20140008	齐西西	二班	84	85	83	82	334	90			
11	20140009	林丽	二班	70	60	66	65	261	94			
12	20140010	陈舒	一班	73	90	78	69	310	90			

网络专业学生成绩　Sheet2

图 4-2-5　输入公式计算综合成绩

②同样，我们要得到学生的综合成绩，还是使用复制公式的方法，即拖动 J3 填充柄至 J22。

【知识拓展】

1. 复制公式

为了快速完成计算，常常需要进行公式的复制。

方法一：选中包含公式的单元格，利用“复制”“粘贴”命令完成公式复制。

方法二：选中包含公式的单元格，拖动填充柄选中所有需要运用此公式的单元格，释放鼠标后，公式即被复制。

2. 单元格地址的引用

在填充公式时，Excel 单元格的引用有两种基本方式：相对引用和绝对引用，默认方式为相对引用。

（1）相对引用：相对引用是指单元格引用时会随公式所在的位置变化而改变，公式的值将会依据更改后的单元格地址的值重新计算。

（2）绝对引用：绝对引用是指公式中的单元格或单元格区域地址不随着公式位置的改变而发生改变，不论公式的单元格处在什么位置，公式中所引用的单元格位置都是其在工作表中的确切位置。绝对引用是在列标与行号前均加上“$”符号，如$A$1。

（3）混合引用：混合引用是指单元格或单元格区域的地址部分是相对引用，部分是绝对引用。如$B2、B$2。

（4）引用同一工作簿中其他工作表上的单元格：若要引用同一工作簿中其他工作表上的单元格，只要在引用的单元格名称前加上工作表名和“!”，如 Sheet2! B2 表示引用工作表 Sheet2 中的 B2 单元格。

（5）引用其他工作簿中的工作表的单元格：如果在当前工作簿中的某些数据来源于另一个工

作薄，则需要使用“目标工作簿名称目标工作簿中工作表名称！单元格名称”的格式来实现不同文件间数据的引用。

4.2.2.2 常用函数的使用

函数是预先定义好的内置公式，是一种特殊的公式，可以完成复杂的计算。函数由三部分组成，包括函数名、参数和括号。一般形式为：函数名（参数 1，参数 2）括号表示函数中函数的起至位置，括号前后不能有空格。参数可以有一个或多个，各个参数之间用逗号分开。参数可以是数字、文本、逻辑值或引用，也可以是常量、公式或其他函数，当函数的参数为其他函数时称为嵌套。

刘明同学要完成平均分、各科最高分、总分等任务，需要学习和掌握 AVERAGE()、MAX()、SUM()等常用函数的使用方法，并以此融会贯通。

1. 求平均分

我们要计算每门课程的平均成绩，就要使用 AVERAGE 函数。

求平均函数
格式：AVERAGE(number1,number2,…) 功能：返回参数所对应数值的算术平均数。

具体操作步骤如下。

① 选中需要使用平均值函数的单元格 B26，单击编辑栏中的插入函数按钮 *fx*，弹出“插入函数”对话框，如图 4-2-6 所示。

② 在“插入函数”对话框中选择函数“AVERAGE”。单击“确定”按钮，弹出“函数参数”对话框，如图 4-2-7 所示。

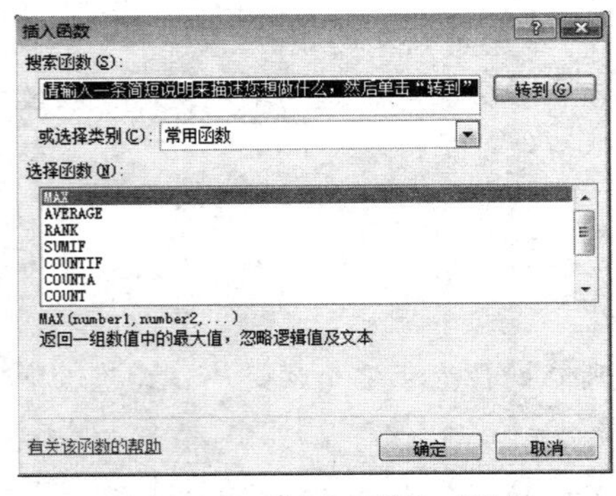

图 4-2-6 “插入函数”对话框

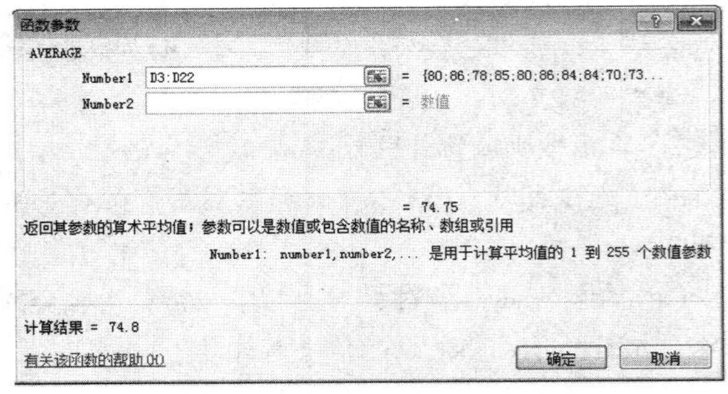

图 4-2-7 “函数参数”对话框

③ 单击 Number1 文本框右侧的“地址引用”按钮，出现地址引用状态，拖动鼠标引用相应单元格地址“D3：D22”。

④ 单击“确定”按钮，即求出“硬件基础”科目的平均成绩。

⑤ 要计算其他课程的平均分，使用复制公式的方法，即拖动 B26 填充柄至 B29，如图 4-2-8 所示。

【技能拓展】

我们比较熟练地掌握了函数的用法后，还有一种更加简单明了的方法，即在编辑地址栏中直接输入函数公式，比如上例中求“硬件基础”科目的平均成绩，我们还可以这样操作：选中 B26 单元格，在编辑栏地址中输入“=AVERAGE（D3：D22）”，如图 4-2-9 所示。

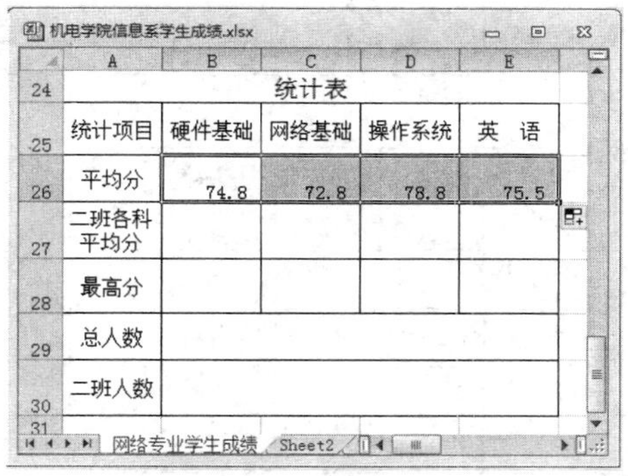

机电学院信息系学生成绩.xlsx

	A	B	C	D	E
24	统计表				
25	统计项目	硬件基础	网络基础	操作系统	英　语
26	平均分	74.8	72.8	78.8	75.5
27	二班各科平均分				
28	最高分				
29	总人数				
30	二班人数				

图 4-2-8　利用填充柄复制公式

为了方便，这一节后面用到函数的操作都采用在编辑栏中直接输入函数公式的方式进行。

MAX　=AVERAGE(D3:D22)

机电学院信息系学生成绩.xlsx

	A	B	C	D	E	F	G	H	I	J	K
18	20140016	冯瑶	三班	90	89	82	90	351	89	88.1	
19	20140017	张锐	二班	66	60	80	60	266	87	72.7	
20	20140018	郑兰兰	三班	66	53	80	60	259	90	72.3	
21	20140019	雷晓	一班	50	62	65	74	251	86	69.7	
22	20140020	段薇	三班	66	62	65	74	267	90	73.7	
23								统计时间：			
24			统计表								
25	统计项目	硬件基础	网络基础	操作系统	英　语						
26	平均分	=AVERAGE(D3:D22)									
27	二班各科平均分										

图 4-2-9　求硬件基础课程的平均分

2. 计算每门课程的最高分

计算每门课程的最高分，需使用 MAX()函数。

最大值和最小值函数

格式：MAX(number1,number2,…)

MIN(number1,number2,…)

功能：返回参数所对应数值的最大值和最小值。

具体操作步骤如下。

选择 B28 单元格，在编辑地址栏中输入“=MAX（D3：D22）”，按回车键结束，求出“硬件基础”课程最高分，如图 4-2-10 所示。如要计算其他三门课程的最高分，使用复制公式的方法，即拖动 B28 填充柄至 E28。

【技能拓展】

求和计算是一种常用的公式计算，前面我们用到了求和公式和函数，实际上 Excel 提供了更快捷的自动求和方法。下面我们采用自动求和方法来求出王雅丽同学的总分，具体操作步骤如下。

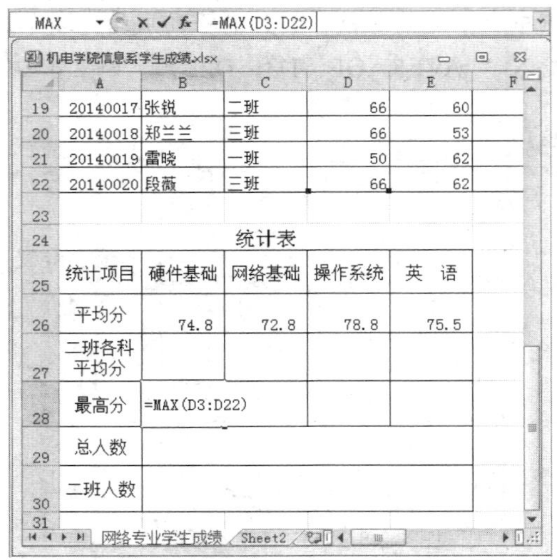

图 4-2-10　求硬件基础课程的最高分

① 将光标置于求和单元格 H3；

② 单击工具栏的“自动求和”按钮Σ，Excel 将自动出现求和函数 Sum 以及求和数据区域，拖曳鼠标选择要计算的数据区域后按 Enter 键或单击编辑栏的✓按钮便实现了王雅丽同学总分的自动求和，如图 4-2-11 所示。

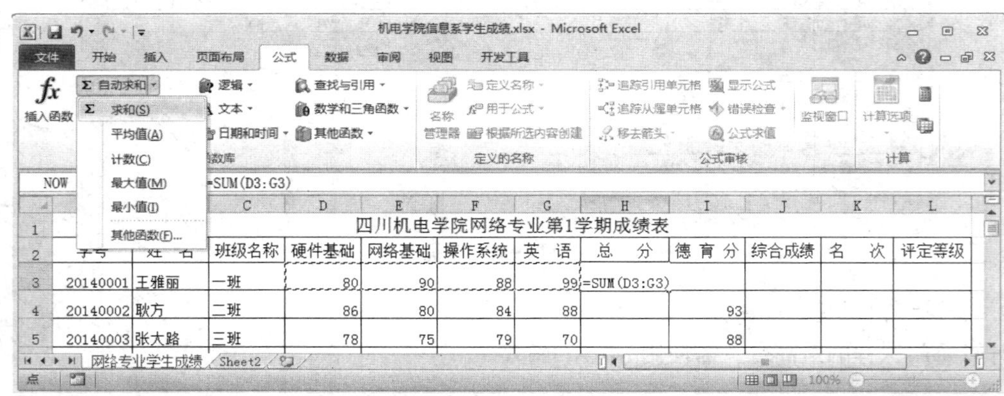

图 4-2-11　使用自动求和计算王雅丽同学的总分

4.2.2.3　常用统计函数的使用

在剩下的任务中还需要完成名次、总人数、二班人数统计、计算，我们使用 Rank()、Count()、Countif()、Sumif()等统计函数，非常方便地完成了任务。

1. 计算学生名次

学生名次的顺序是按照学生的综合成绩来决定的，要计算学生的名次就要用到排名次函数 Rank()。

排名次函数
格式：Rank(number, ref, order)。 功能：返回指定数字在一列数字中的排位。number 为需要排位数据，通常使用单元格的相对引用；ref 为

number 所在的一组数据，通常使用单元格区域的绝对引用；order 为指定排位的方式，0 或省略为降序，大于 0 为升序。

具体操作步骤如下。

① 选中 K3 单元格，在编辑地址栏中直接输入“=RANK（J3，$J$3：$J$22，0）”，按回车键即可。这样就计算出王雅丽同学的名次了，如图 4-2-12 所示。

参数“number”为“J3”中的数值；参数“Ref”为“$J$3：$J$22”（在列号与行号前均加上“$”符号，叫作绝对地址，在复制或填充公式时，系统不会改变公式中的绝对地址，因此又称为“绝对引用”）；参数“Order”为“0”，则表示降序排列。整个参数设置的意思即对 J3 单元格中的数据在$J$3：$J$22 范围内进行名次计算。

② 计算其他学生的名次，可以使用复制公式的方法，即拖动 K3 填充柄至 K22。

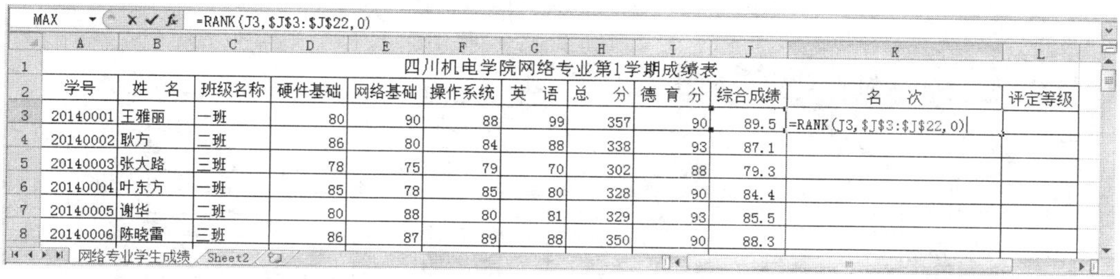

MAX　=RANK(J3,$J$3:$J$22,0)

	A	B	C	D	E	F	G	H	I	J	K	L
1	四川机电学院网络专业第1学期成绩表											
2	学号	姓　名	班级名称	硬件基础	网络基础	操作系统	英　语	总　分	德 育 分	综合成绩	名　次	评定等级
3	20140001	王雅丽	一班	80	90	88	99	357	90	89.5	=RANK(J3,$J$3:$J$22,0)	
4	20140002	耿方	二班	86	80	84	88	338	93	87.1		
5	20140003	张大路	三班	78	75	79	70	302	88	79.3		
6	20140004	叶东方	一班	85	78	85	80	328	90	84.4		
7	20140005	谢华	二班	80	88	80	81	329	93	85.5		
8	20140006	陈晓雷	三班	86	87	89	88	350	90	88.3		

网络专业学生成绩　Sheet2

图 4-2-12　求王雅丽同学的名次

2. 计算总人数

要计算总人数，可以使用 COUNT()或 COUNTA()函数来完成。

计数函数

格式：COUNT（value1,value2, ...）

　　　COUNTA(value1,value2, ...)

功能：返回参数所对应区域数值的个数。

其中，value1 可以为常量、单元格引用或区域。

注意：Count 只统计数值型数据，文本、逻辑值、错误信息、空单元格不统计。

Counta 统计非空单元格，只要单元格有内容，就会被统计，包括有些看不见的字符。

下面我们分别使用 COUNTA()和 COUNT()来计算总人数。

方法一：选中 B29 单元格，在编辑栏地址中直接输入“=COUNTA（B3：B22）”，按回车键结束，如图 4-2-13 所示。

方法二：选中 B29 单元格，地址编辑栏输入“=COUNT（D3：D22）”，按回车键结束，如图 4-2-14 所示。

3. 计算二班人数

求二班人数，就需要使用 COUNTIF()函数来完成。

条件计数函数

格式：COUNTIF(range,criteria)

功能：用于计算区域中满足给定条件的单元格个数。

range 为需要计算其中满足条件的单元格数目的单元格区域，即“范围”；criteria 为确定哪些单元格将被计算在内的条件，其形式可以为数字、表达式或文本，即“条件”。

SUM =COUNTA(B3:B22)

	A	B	C	D	E	F
18	20140016	冯瑶	三班	90	89	82
19	20140017	张锐	二班	66	60	80
20	20140018	郑兰兰	三班	66	53	80
21	20140019	雷晓	一班	50	62	65
22	20140020	段薇	三班	66	62	65
23						
24			统计表			
25	统计项目	硬件基础	网络基础	操作系统	英　语	
26	平均分	74.8	72.8	78.8	75.5	
27	二班各科平均分					
28	最高分	90	90	96	99	
29	总人数	=COUNTA(B3:B22)				
30	二班人数					

网络专业学生成绩 Sheet2

图 4-2-13　用 COUNTA()函数计算总人数

机电学院信息系学生成绩.xlsx

	A	B	C	D	E	F	G	H	I	J	K	L
15	20140013	林苑	一班	66	60	75	69	270	90	74.3	13	
16	20140014	张小燕	二班	65	46	74	69	254	89	71.2	19	
17	20140015	曾研	一班	67	60	77	69	273	90	74.8	12	
18	20140016	冯瑶	三班	90	89	82	90	351	89	88.1	3	
19	20140017	张锐	二班	66	60	80	60	266	87	72.7	16	
20	20140018	郑兰兰	三班	66	53	80	60	259	90	72.3	17	
21	20140019	雷晓	一班	50	62	65	74	251	86	69.7	20	
22	20140020	段薇	三班	66	62	65	74	267	90	73.7	15	
23								统计时间:				
24			统计表									
25	统计项目	硬件基础	网络基础	操作系统	英　语							
26	平均分	74.8	72.8	78.8	75.5							
27	二班各科平均分											
28	最高分	90	90	96	99							
29	总人数	=COUNT(D3:D22)										
30	二班人数											

网络专业学生成绩 Sheet2

图 4-2-14　用 count()函数计算总人数

具体操作步骤：选中单元格 B30，在编辑地址栏中直接输入“=COUNTIF（C3：C22，"二班"）”，按回车键，如图 4-2-15 所示。特别要注意的是条件要用英文的双引号。

MAX =COUNTIF(C3:C22,"二班")

机电学院信息系学生成绩.xlsx

	A	B	C	D	E	F
20	20140018	郑兰兰	三班	66	53	80
21	20140019	雷晓	一班	50	62	65
22	20140020	段薇	三班	66	62	65
23						
24			统计表			
25	统计项目	硬件基础	网络基础	操作系统	英　语	
26	平均分	74.8	72.8	78.8	75.5	
27	二班各科平均分					
28	最高分	90	90	96	99	
29	总人数	20				
30	二班人数	=COUNTIF(C3:C22,"二班")				

网络专业学生成绩 Sheet2

图 4-2-15　计算二班人数

4. 计算二班各科的平均成绩

首先计算出二班“硬件基础”的平均分，其他几门课程的平均成绩通过复制公式的方法，拖曳填充柄复制就可以实现。

要计算二班“硬件基础”的平均分，只要计算出二班“硬件基础”的成绩和，再除以二班的总人数，便可以得到。因此需要用到条件求和函数 SUMIF()。

条件求和函数
格式：SUMIF(range, criteria, sum_range)
功能：返回满足某一条件的单元格区域求和。
range 为用于条件判断的单元格区域；criteria 为确定哪些单元格将被相加求和的条件，其形式为数字、表达式或文本；sum_range 是需要求和的实际单元格。

具体操作步骤：选中 B27 单元格，在编辑栏地址中输入“=SUMIF（$C$3：$C$22，"二班"，D3：D22）/$B$30”，按回车键，就求出了二班“硬件基础”这门课程的平均分，如图 4-2-16 所示。

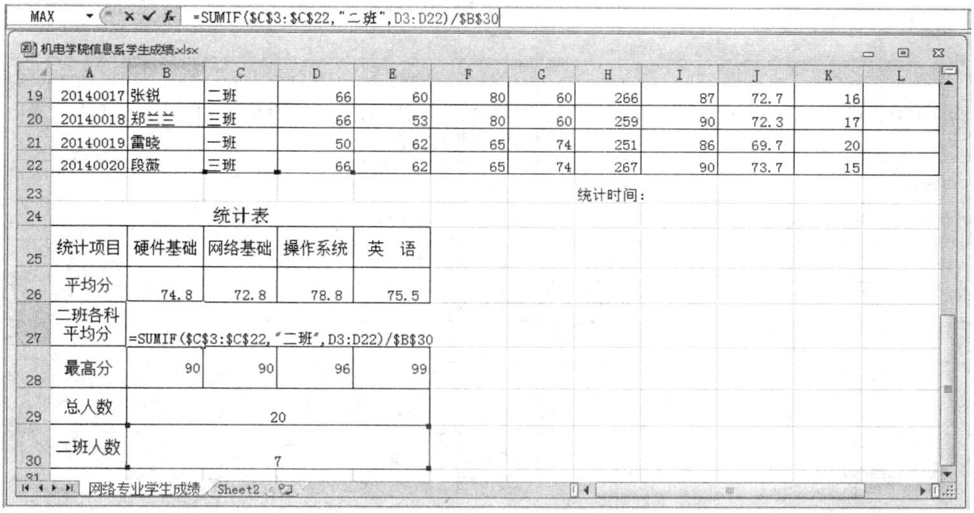

图 4-2-16 计算二班硬件基础的平均分

5. 计算统计当天的日期

如要获取统计当天的日期，就需要使用 TODAY()函数。

日期和时间函数
格式：TODAY()
功能：返回日期时间格式的当前日期。

具体操作步骤：选中需要存放统计时间的单元格 I23，在编辑地址栏直接输入“=TODAY()”按回车键结束。

【技能拓展】

Excel 2010 提供了功能强大的函数，如数学函数、统计函数、数据库函数、日期函数、会计函数等，利用这些函数可提高数据处理能力，同时减少错误的发生。表 4-2-1 所示为常用函数功能一览表。

表 4-2-1 常用函数功能表

函数名称	函数功能
SUM(number1,number2,…)	计算参数中数值的总和
AVERAGE(number1,number2,…)	计算参数中数值的平均值
MAX(number1,number2,…)	求参数中数值的最大值
MIN(number1,number2,…)	求参数中数值的最小值
COUNT(value1,value2,…)	统计指定区域中有数值数据的单元格个数
COUNTA(value1,value2,…)	统计指定区域中非空值（即包括有字符的单元格）的单元格数目（空值是指单元格是没有任何数据）
COUNTIF(range,criteria)	计算指定区域内满足特定条件的单元格的数目
RANK(number,ref,order)	求一个数值在一组数值中的名次
IF(logical_test,valuel_if_true,value_if_false)	本函数对比较条件式进行测试，如果条件成立，则取第一个值（即 value_if_true），否则取第二个值（即 value_if_false）
AND(logical1,logical2,…)	该函数的一种常见用途就是扩大用于执行逻辑检验的其他函数的效用
OR(logical1,logical2,…)	是对公式中的条件进行连接。在其参数中，任何一个参数逻辑值为 TRUE，即返回 TRUE；所有参数的逻辑值为 FALSE，才返回 FALSE
INT(number)	将数字向下舍入到最近的整数
ROUND(number,num_digits)	按指定的位数对数值进行四舍五入
YEAR(date)	取日期的年份
TODAY()	求系统的日期
NOW()	返回日期时间格式的当前日期和时间
LEFT(text,num_chars)	提取字符串最左边的字符。其中 text 是包含提取字符的文本字符串，num_chars 是要提取的字符个数
RIGHT(text,num_chars)	提取字符串最右边的字符。其中 text 是包含提取字符的文本字符串，num_chars 是要提取的字符个数
MID(tex,start_num,num_chars)	从文本字符串中指定的起始位置起返回指定长度的字符

4.2.2.4 逻辑条件函数的应用

刘明同学对学生的综合成绩进行评定就需要使用 IF()函数。

> 条件判断函数
>
> 格式：`IF(logical_test,value_if_true,value_if_false)`
>
> 功能：根据测试条件 `logical_test` 的真假值，返回不同的结果。若 `logical_test` 值为真，则返回 `value_if_true`，否则返回 `value_if_false`。

学生的评定等级是由学生综合成绩的分数的高低决定的，如果综合成绩大于等于 85 分，其评定等级为“一等奖”，否则为“二等奖”（说明：现实情况中学生综合成绩的评定比较复杂，这里简化了许多条件）。

具体操作步骤：选中单元格 L3，在编辑栏输入“=IF（J3>=85，"一等奖"，"二等奖"）”，按回车键，（注意：输入的字符常量都要有英文的双引号）。这样就计算出王雅丽的评定等级了，如图 4-2-17 所示。计算其他学生的评定等级可以采用复制公式的方法，拖动 L3 单元格填充柄至 L22。

MAX　=IF(J3>=85,"一等奖","二等奖")

机电学院信息系学生成绩.xlsx

	A	B	C	D	E	F	G	H	I	J	K	L
1	四川机电学院网络专业第1学期成绩表											
2	学号	姓　名	班级名称	硬件基础	网络基础	操作系统	英　语	总　分	德 育 分	综合成绩	名　次	评定等级
3	20140001	王雅丽	一班	80	90	88	99	357	90	89.5	1	=IF(J3>=85,"一等奖","二等奖")
4	20140002	耿方	二班	86	80	84	88	338	93	87.1		
5	20140003	张大路	三班	78	75	79	70	302	88	79.3		
6	20140004	叶东方	一班	85	78	85	80	328	90	84.4		

网络专业学生成绩　Sheet2

图 4-2-17　计算王雅丽的评定等级

【技能拓展】

如果我们的判断条件是两个以上，假设综合成绩大于等于 85 分为“一等奖”，大于等于 75 分为“二等奖”，其余的为“三等奖”。我们应该如何输入函数公式呢？根据 IF 函数可以嵌套 7 层，用 value_if_true 和 value_if_false 参数可以构造复杂的判断条件。这时我们在 L3 单元格的编辑栏直接输入“= IF（J3>=85，IF（J3>=75，"一等奖"，"二等奖"）），如图 4-2-18 所示。

MAX　=IF(J3>=85,IF(J3>=75,"一等奖","二等奖"))

机电学院信息系学生成绩.xlsx

	A	B	C	D	E	F	G	H	I	J	K	L
1	四川机电学院网络专业第1学期成绩表											
2	学号	姓　名	班级名称	硬件基础	网络基础	操作系统	英　语	总　分	德 育 分	综合成绩	名　次	评定等级
3	20140001	王雅丽	一班	80	90	88	99	357	90	89.5	1	=IF(J3>=85,IF(J3>=75,"一等奖","二等奖"))
4	20140002	耿方	二班	86	80	84	88	338	93	87.1		
5	20140003	张大路	三班	78	75	79	70	302	88	79.3		
6	20140004	叶东方	一班	85	78	85	80	328	90	84.4		
7	20140005	谢华	二班	80	88	80	81	329	93	85.5		

网络专业学生成绩　Sheet2

图 4-2-18　IF 函数的嵌套

此时，刘明同学已经完成了所有的任务。为了美观，刘明同学利用上个案例所学习的知识，将成绩表做一些美化设计和处理，最终样张如图 4-2-1 所示。

4.3　数据管理——学生成绩分析处理

Excel 2010 具有强大的数据分析功能，能对数据进行排序、筛选、分类汇总、合并计算等操作，Excel 图表是对 Excel 工作表统计分析结果的进一步形象化展现，能够更加直观地展示数据间的对比关系，增强 Excel 工作表信息的直观阅读力度，加深对工作表的统计分析结果的理解和掌握。

4.3.1　情境分析

4.3.1.1　案例背景

每学期期末考试一结束，辅导员段老师便忙碌起来了，他需要对自己管理的计算机网络技术、计算机控制技术、电气自动化专业中部分学生的各个科目成绩信息进行收集和分析，因此，他将学生各课程的成绩通过 Excel 表格的形式保存下来，借助 Excel 强大的数据统计和分析功能对所负责专业、班级中学生的科目成绩进行排序、筛选、汇总等多种统计分析操作。图 4-3-1 所示为段老师录入的学生成绩。

	A	B	C	D	E	F	G	H	I
1	学号	姓名	专业名称	班级名称	硬件基础	网络基础	操作系统	英语	总分
2	20140001	王雅丽	计算机网络技术	一班	80	90	88	99	357
3	20140016	冯瑶	计算机网络技术	三班	90	89	82	90	351
4	20140112	耿方	计算机网络技术	二班	86	80	84	88	338
5	20142025	刘宇航	电气自动化	二班	65	64	63	65	257
6	20140212	童林玲	计算机网络技术	三班	68	60	65	69	262
7	20140235	谢华	计算机网络技术	二班	80	88	80	81	329
8	20140341	向晓桢	计算机网络技术	二班	85	90	96	69	340
9	20140367	刘通	计算机网络技术	三班	84	80	85	84	333
10	20140524	李霜霞	电气自动化	二班	84	64	63	69	280
11	20140626	陈晓雷	计算机网络技术	三班	86	87	89	88	350
12	20141011	郭晓军	计算机控制技术	二班	57	69	65	66	257
13	20141103	张路	计算机控制技术	一班	67	68	78	70	283
14	20141104	叶东方	计算机网络技术	一班	85	78	85	80	328
15	20141206	陈晓	计算机控制技术	一班	66	66	66	70	268
16	20141209	雷晓	计算机网络技术	一班	50	62	65	74	251
17	20141233	林苑	计算机网络技术	一班	66	60	75	69	270
18	20141302	耿方	计算机控制技术	一班	67	67	67	67	268
19	20141309	郝园	计算机控制技术	二班	84	65	65	90	304
20	20141710	陈舒	计算机网络技术	一班	73	90	78	69	310
21	20141905	谢华	计算机控制技术	一班	67	66	66	67	266
22	20142012	曾丽萍	电气自动化	一班	57	69	65	63	254
23	20142013	赵科	电气自动化	一班	65	69	62	63	259
24	20142014	王婷婷	电气自动化	一班	65	69	63	64	261
25	20146003	张大路	计算机网络技术	三班	78	75	79	70	302

学生成绩 Sheet2 Sheet3

图 4-3-1　学生成绩

4.3.1.2　任务描述

（1）将学生成绩按总分降序排序。

（2）将学生成绩按专业名称、班级名称升序排列，总分降序排列。

（3）使用自动筛选功能，筛选出专业为“计算机网络技术”、班级名称为“一班”的学生信息。

（4）使用高级筛选功能，筛选出所有科目都大于等于 70 或硬件基础科目不及格的学生信息。

（5）对学生成绩进行汇总操作，汇总各个专业、班级各科目的平均成绩。

（6）在学生成绩工作表中以图表的方式对比显示各个专业所有科目的平均成绩。

4.3.1.3　解决途径

辅导员段老师需要将学生成绩信息录入到 Excel 文档中，并且利用 Excel 的排序功能、数据筛选功能、数据分类汇总功能、图表功能实现任务要求。具体解决路径如图 4-3-2 所示。

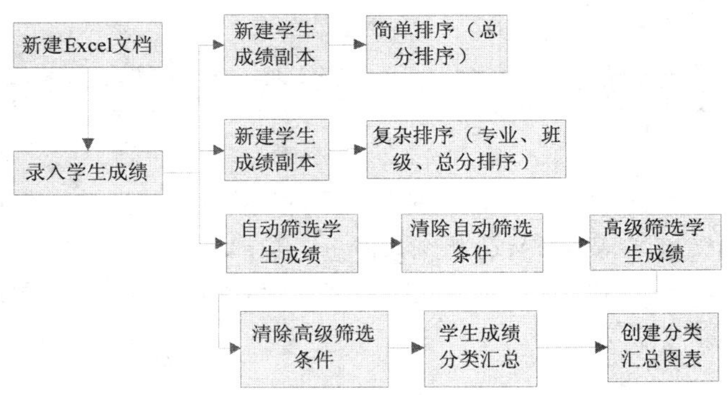

图 4-3-2　“学生成绩分析”案例的解决路径

4.3.1.4　学习目标

通过对该任务的分析得知，本工作任务的重点是数据排序、数据筛选和数据分类汇总。

4.3.2　任务实施

4.3.2.1　排序

Excel 2010 可以对一列或多列中的数据按文本、数字、日期和时间进行升序或降序排序，用户也可以按单元格颜色、字体颜色等格式进行排序，排序操作一般是针对列进行的。排序一般分为简单排序和复制排序。

1. 简单排序

简单排序是按一个字段进行排序，设置一个排序条件进行数据的升序和降序排序。

下面根据任务要求按总分降序排列，具体操作步骤如下。

① 打开 Excel 2010，建立学生成绩工作簿，原始数据如图 4-3-1 所示，并将 Sheet1 重命名为“学生成绩”。

② 将“学生成绩”工作表中的数据复制到 Sheet2 中，Sheet2 重命名为“总分排序”。

③ 将光标置于“总分排序”工作表的“总分”列的任意位置，单击工具栏“开始”选项卡中的“排序和筛选”按钮，选择“降序”命令，这时 Excel 将按照总分从大到小对学生成绩记录进行排列，排序结果如图 4-3-3 所示。

	A	B	C	D	E	F	G	H	I
1	学号	姓名	专业名称	班级名称	硬件基础	网络基础	操作系统	英语	总分
2	20140001	王雅丽	计算机网络技术	一班	80	90	88	99	357
3	20140016	冯瑶	计算机网络技术	三班	90	89	82	90	351
4	20140626	陈晓雷	计算机网络技术	三班	86	87	89	88	350
5	20140341	向晓桢	计算机网络技术	二班	85	90	96	69	340
6	20140112	耿方	计算机网络技术	二班	86	80	84	88	338
7	20140367	刘通	计算机网络技术	三班	84	80	85	84	333
8	20140235	谢华	计算机网络技术	二班	80	88	80	81	329
9	20141104	叶东方	计算机网络技术	一班	85	78	85	80	328
10	20141710	陈舒	计算机网络技术	一班	73	90	78	69	310
11	20141309	郝园	计算机控制技术	二班	84	65	65	90	304
12	20146003	张大路	计算机网络技术	三班	78	75	79	70	302
13	20141103	张路	计算机控制技术	一班	67	68	78	70	283
14	20140524	李霜霞	电气自动化	二班	84	64	63	69	280
15	20141233	林苑	计算机网络技术	一班	66	60	75	69	270
16	20141206	陈晓	计算机控制技术	一班	66	66	66	70	268
17	20141302	耿方	计算机控制技术	一班	67	67	67	67	268
18	20141905	谢华	计算机控制技术	一班	67	66	66	67	266
19	20140212	童林玲	计算机网络技术	三班	68	60	65	69	262
20	20142014	王婷婷	电气自动化	一班	65	69	63	64	261
21	20142013	赵科	电气自动化	一班	65	69	62	63	259
22	20142025	刘宇航	电气自动化	二班	65	64	63	65	257
23	20141011	郭晓军	计算机控制技术	二班	57	69	65	66	257
24	20142012	曾丽萍	电气自动化	一班	57	69	65	63	254
25	20141209	雷晓	计算机网络技术	一班	50	62	65	74	251

学生成绩　总分排序　Sheet3

图 4-3-3　按总分降序排序结果

2. 复杂排序

复杂排序是指按多个字段进行数据排序，其中一个是主关键字，其他为次关键字，并设置多个排序条件进行升序或降序排序用户可通过自定义排序方式实现复杂排序。如果在排序时，数据清单中关键字段的值相同（此字段称为主关键字段），则需要再按另一个字段的值来排序（此字段称为次关键字段）。

根据任务要求，将学生成绩按专业名称、班级名称升序排列，总分降序排列，具体操作步骤如下。

① 新建“学生成绩”工作表副本，并将其重命名为“专业班级排序”。

② 将光标置于“专业班级排序”工作表的有效数据区的任意位置，单击“开始”选项卡中的“排序和筛选”按钮，选择“自定义排序”命令，Excel 弹出“排序”对话框，设置图 4-3-4 所示的选项。

③ 在主要关键字中选择“专业名称”，“排序依据”为“数值”，选择次序为“升序”。

④ 单击“添加条件”按钮，分别设置“班级名称”和“总分”作为“次要关键字”。单击“确定”按钮完成自定义排序设置。排序结果如图 4-3-5 所示。

图 4-3-4　自定义排序

	A	B	C	D	E	F	G	H	I
1	学号	姓名	专业名称	班级名称	硬件基础	网络基础	操作系统	英语	总分
2	20140524	李霜霞	电气自动化	二班	84	64	63	69	280
3	20142025	刘宇航	电气自动化	二班	65	64	63	65	257
4	20142014	王婷婷	电气自动化	一班	65	69	63	64	261
5	20142013	赵科	电气自动化	一班	65	69	62	63	259
6	20142012	曾丽萍	电气自动化	一班	57	69	65	63	254
7	20141309	郝园	计算机控制技术	二班	84	65	65	90	304
8	20141011	郭晓军	计算机控制技术	二班	57	69	65	66	257
9	20141103	张路	计算机控制技术	一班	67	68	78	70	283
10	20141206	陈晓	计算机控制技术	一班	66	66	66	70	268
11	20141302	耿方	计算机控制技术	一班	67	67	67	67	268
12	20141905	谢华	计算机控制技术	一班	67	66	66	67	266
13	20140341	向晓桢	计算机网络技术	二班	85	90	96	69	340
14	20140112	耿方	计算机网络技术	二班	86	80	84	88	338
15	20140235	谢华	计算机网络技术	二班	80	88	80	81	329
16	20140016	冯瑶	计算机网络技术	三班	90	89	82	90	351
17	20140626	陈晓雷	计算机网络技术	三班	86	87	89	88	350
18	20140367	刘通	计算机网络技术	三班	84	80	85	84	333
19	20146003	张大路	计算机网络技术	三班	78	75	79	70	302
20	20140212	童林玲	计算机网络技术	三班	68	60	65	69	262
21	20140001	王雅丽	计算机网络技术	一班	80	90	88	99	357
22	20141104	叶东方	计算机网络技术	一班	85	78	85	80	328
23	20141710	陈舒	计算机网络技术	一班	73	90	78	69	310
24	20141233	林苑	计算机网络技术	一班	66	60	75	69	270
25	20141209	雷晓	计算机网络技术	一班	50	62	65	74	251

总分排序　专业班级排序

图 4-3-5　按专业、班级、总分排序结果

【知识拓展】

系统默认的排序方向是列，也可设置排序方向在行方向，系统默认汉字排序方式是以汉语拼音的字母顺序排列，也可设置以汉字的笔画排序。设置方法是单击“选项”按钮，弹出图 4-3-6 所示的“排序选项”对话框。

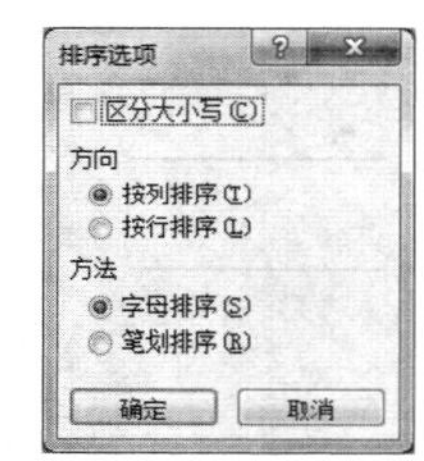

图 4-3-6　“排序选项”对话框

4.3.2.2　自动筛选

筛选是指找出符合条件的数据记录，即显示符合条件的记录，隐藏不符合条件的记录。用户也可取消筛选功能，使工作表恢复到筛选前的初始状态。

根据任务要求筛选出专业为“计算机网络技术”、班级名称为“一班”的学生信息，具体操作步骤如下。

① 选择“学生成绩”工作表，将光标置于需要筛选的数据区域，单击工具栏“开始”选项卡中的“排序和筛选”按钮，选择“筛选”命令，出现图 4-3-7 所示的界面，筛选数据区域的标题右侧出现下拉列表按钮。

	A	B	C	D	E	F	G	H	I
1	学号	姓名	专业名称	班级名称	硬件基础	网络基础	操作系统	英语	总分
2	20140001	王雅丽	计算机网络技术	一班	80	90	88	99	357
3	20140016	冯瑶	计算机网络技术	三班	90	89	82	90	351
4	20140112	耿方	计算机网络技术	二班	86	80	84	88	338
5	20142025	刘宇航	电气自动化	二班	65	64	63	65	257
6	20140212	童林玲	计算机网络技术	三班	68	60	65	69	262

学生成绩　总分排序　专业班级排序　Sheet3

图 4-3-7　筛选界面

② 单击“专业名称”标题右侧的下拉列表按钮▾，弹出筛选选项，出现图 4-3-8 所示的界面。

③ 单选“计算机网络技术”，单击“确认”按钮，出现图 4-3-9 所示的数据。可看出总计 24

条记录中筛选出 13 条记录，筛选结果只显示了“计算机网络技术”专业名称的学生信息，而过滤了“计算机控制技术”和“电气自动化”专业名称的学生信息。同时在“专业名称”标题右侧的图标显示为“▼”（设置筛选条件前图标为▾），表示该列存在筛选条件。

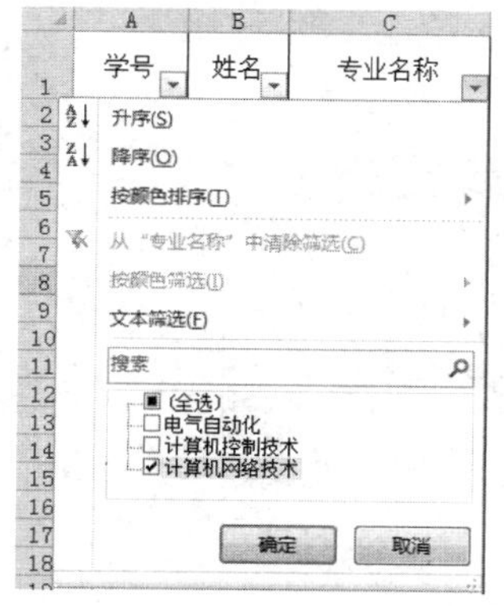

图 4-3-8　设置“专业名称”筛选条件

	A	B	C	D	E	F	G	H	I
1	学号	姓名	专业名称	班级名称	硬件基础	网络基础	操作系统	英语	总分
2	20140001	王雅丽	计算机网络技术	一班	80	90	88	99	357
3	20140016	冯瑶	计算机网络技术	三班	90	89	82	90	351
4	20140112	耿方	计算机网络技术	二班	86	80	84	88	338
6	20140212	童林玲	计算机网络技术	三班	68	60	65	69	262
7	20140235	谢华	计算机网络技术	二班	80	88	80	81	329
8	20140341	向晓桢	计算机网络技术	二班	85	90	96	69	340
9	20140367	刘通	计算机网络技术	三班	84	80	85	84	333
11	20140626	陈晓雷	计算机网络技术	三班	86	87	89	88	350
14	20141104	叶东方	计算机网络技术	一班	85	78	85	80	328
16	20141209	雷晓	计算机网络技术	一班	50	62	65	74	251
17	20141233	林苑	计算机网络技术	一班	66	60	75	69	270
20	20141710	陈舒	计算机网络技术	一班	73	90	78	69	310
25	20146003	张大路	计算机网络技术	三班	78	75	79	70	302
26									

学生成绩　总分排序　专业班级排序　Sheet3

就绪　在 24 条记录中找到 13 个　90%

图 4-3-9　“计算机网络技术”专业筛选结果

④ 同理，我们还要筛选班级名称为“一班”的学生信息，单击“班级名称”标题右侧的下拉列表按钮▾，弹出筛选选项，单选“一班”，单击“确定”按钮后出现图 4-3-10 所示的数据，可看出总计 24 条记录中筛选出 5 条记录，筛选结果只显示了“计算机网络技术一班”的学生信息。同时在“班级名称”标题右侧的图标由操作前的“▾”变为了“▼”，表示该列存在筛选条件。

	A	B	C	D	E	F	G	H	I
1	学号	姓名	专业名称	班级名称	硬件基础	网络基础	操作系统	英语	总分
2	20140001	王雅丽	计算机网络技术	一班	80	90	88	99	357
14	20141104	叶东方	计算机网络技术	一班	85	78	85	80	328
16	20141209	雷晓	计算机网络技术	一班	50	62	65	74	251
17	20141233	林苑	计算机网络技术	一班	66	60	75	69	270
20	20141710	陈舒	计算机网络技术	一班	73	90	78	69	310
26									

学生成绩　总分排序　专业班级排序　Sheet3

就绪　在 24 条记录中找到 5 个　90%

图 4-3-10　“一班”班级名称筛选结果

当一个筛选数据区中存在多个筛选条件时，这些筛选条件之间是逻辑“与”的关系。例如图 4-3-10 所示，筛选条件可理解为只显示“专业名称=‘计算机网络技术’”并且“班级名称=‘一班’”的学生信息。

【技能拓展】

删除工作表中的所有筛选条件。选择工具栏“开始”选项卡，选择“排序和筛选”图标，单击“清除”选项。

删除工作表中某项筛选条件。选择显示为▼的图标，本例以删除“专业名称”筛选条件为例。单击“专业名称”标题右侧的图标▼，显示图 4-3-11 所示的界面，在弹出的选择界面中选择“从‘专业名称’中清除筛选”，单击“确定”按钮即可。

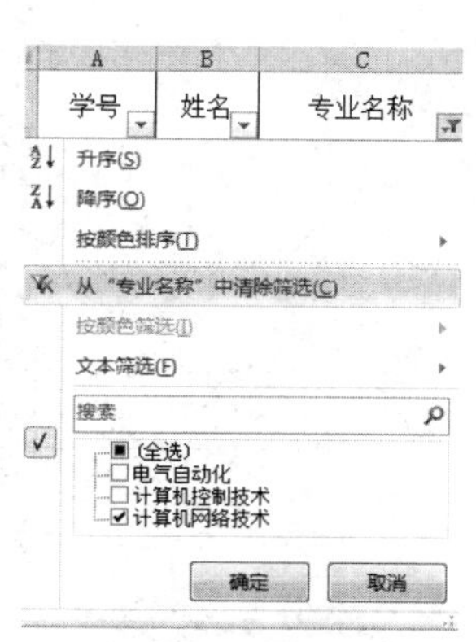

图 4-3-11　删除工作表中某项筛选条件

【技能拓展】

Excel 2010 为筛选列提供了自定义的自动筛选条件表达式，如图 4-3-12 所示，可实现比较复杂的自动筛选。

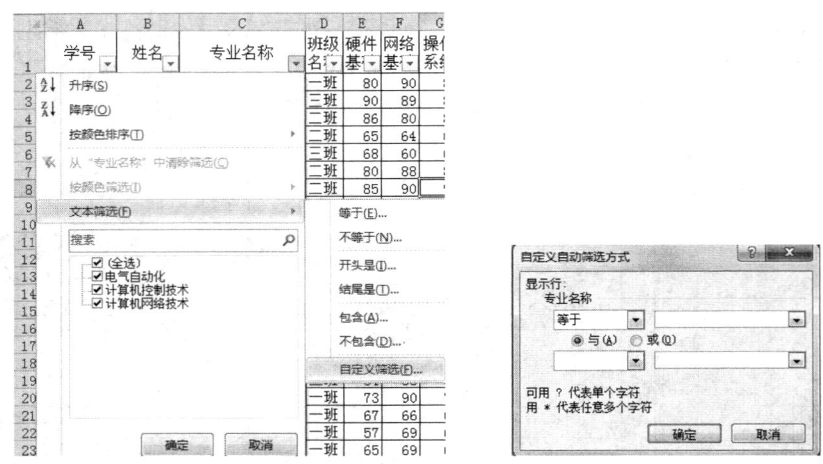

图 4-3-12　自定义自动筛选方式

4.3.2.3　高级筛选

在筛选条件中如果存在比较复杂的逻辑关系，则只能使用高级筛选功能。高级筛选结果可以显示在源数据表格中，不符合条件的记录则被隐藏起来，也可以在新的位置显示筛选结果而源数据表不变。

使用高级筛选时必须建立一个筛选条件区域，条件区域至少要包含两行，其中第一行要输入筛选字段名称，第二行及以下行输入该字段的筛选条件。同一行字段之间是逻辑"与"关系，不同行之间是逻辑"或"关系。

根据任务要求筛选出所有科目都大于等于 70 或硬件基础科目不及格的学生信息,具体操作步骤如下。

① 选择"学生成绩"工作表，清除自动筛选内容，显示全部学生信息。

② 设置筛选条件区域，如图 4-3-13 所示。

	A	B	C	D	E	F	G	H	I
1	学号	姓名	专业名称	班级名称	硬件基础	网络基础	操作系统	英语	总分
2	20140001	王雅丽	计算机网络技术	一班	80	90	88	99	357
3	20140016	冯瑶	计算机网络技术	三班	90	89	82	90	351
4	20140112	耿方	计算机网络技术	二班	86	80	84	88	338
5	20142025	刘宇航	电气自动化	二班	65	64	63	65	257
6	20140212	童林玲	计算机网络技术	三班	68	60	65	69	262
7	20140235	谢华	计算机网络技术	二班	80	88	80	81	329
8	20140341	向晓桢	计算机网络技术	二班	85	90	96	69	340
9	20140367	刘通	计算机网络技术	三班	84	80	85	84	333
10	20140524	李霜霞	电气自动化	二班	84	64	63	69	280
11	20140626	陈晓雷	计算机网络技术	三班	86	87	89	88	350
12	20141011	郭晓军	计算机控制技术	二班	57	69	65	66	257
13	20141103	张路	计算机控制技术	一班	67	68	78	70	283
14	20141104	叶东方	计算机网络技术	一班	85	78	85	80	328
15	20141206	陈晓	计算机控制技术	一班	66	66	66	70	268
16	20141209	雷晓	计算机网络技术	一班	50	62	65	74	251
17	20141233	林苑	计算机网络技术	一班	66	60	75	69	270
18	20141302	耿方	计算机控制技术	一班	67	67	67	67	268
19	20141309	郝园	计算机控制技术	二班	84	65	65	90	304
20	20141710	陈舒	计算机网络技术	一班	73	90	78	69	310
21	20141905	谢华	计算机控制技术	一班	67	66	66	67	266
22	20142012	曾丽萍	电气自动化	一班	57	69	65	63	254
23	20142013	赵科	电气自动化	一班	65	69	62	63	259
24	20142014	王婷婷	电气自动化	一班	65	69	63	64	261
25	20146003	张大路	计算机网络技术	三班	78	75	79	70	302
26									
27	硬件基础	网络基础	操作系统	英语					
28	>=70	>=70	>=70	>=70					
29	<60								

学生成绩 / 总分排序 / 专业班级排序 / Sheet3

图 4-3-13　定义筛选条件区域

根据任务要求，筛选条件中的字段名称应包括所有科目，所以 27 行设置了硬件基础、网络基础、操作系统和英语所有科目字段。在同一张工作表中，筛选条件区域与筛选源数据区之间至少要间隔一行或一列。

由于在筛选条件区中同行的列之间是逻辑“与”关系，所以 28 行中的设置表示“硬件基础>=70 网络基础>=70、操作系统>=70、英语>=70”，即表示筛选条件“科目都大于等于 70”。

由于在筛选条件区中不同行之间是逻辑“或”关系，所以 28 行和 29 行的整体意思是“硬件基础>=70、网络基础>=70、操作系统>=70、英语>=70 或者硬件基础<60”，即正确表达了“所有科目都大于等于 70 或硬件基础科目不及格”的筛选条件要求。

③ 单击“数据”选项卡，在“排序和筛选”功能区中单击“高级”图标，弹出“高级筛选”对话框。如图 4-3-14 所示。

④ 单击“列表区域”文本框右侧的地址引用按钮，出现地址引用状态，拖动鼠标引用相应单元格地址“$A$1：$I$25”（即需要筛选的源数据）；单击“条件区域”文本框右侧的地址引用按钮，出现地址引用状态，拖动鼠标引用相应单元格地址“$A$27：$D$29”（即定义筛选条件区域）。单击“确定”按钮，高级筛选结果如图 4-3-15 所示。

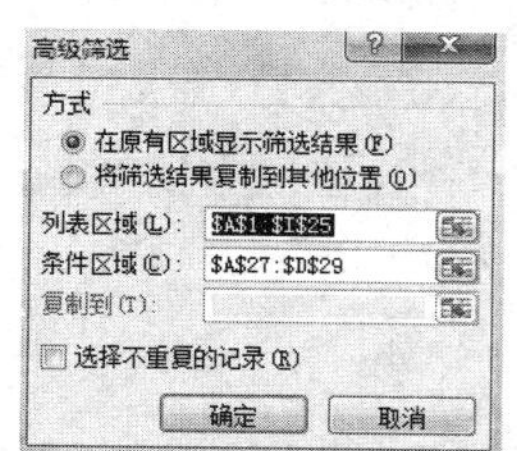

图 4-3-14　设置高级筛选

	A	B	C	D	E	F	G	H	I
1	学号	姓名	专业名称	班级名称	硬件基础	网络基础	操作系统	英语	总分
2	20140001	王雅丽	计算机网络技术	一班	80	90	88	99	357
3	20140016	冯瑶	计算机网络技术	三班	90	89	82	90	351
4	20140112	耿方	计算机网络技术	二班	86	80	84	88	338
7	20140235	谢华	计算机网络技术	二班	80	88	80	81	329
9	20140367	刘通	计算机网络技术	三班	84	80	85	84	333
11	20140626	陈晓雷	计算机网络技术	三班	86	87	89	88	350
12	20141011	郭晓军	计算机控制技术	二班	57	69	65	66	257
14	20141104	叶东方	计算机网络技术	一班	85	78	85	80	328
16	20141209	雷晓	计算机网络技术	一班	50	62	65	74	251
22	20142012	曾丽萍	电气自动化	一班	57	69	65	63	254
25	20146003	张大路	计算机网络技术	三班	78	75	79	70	302
26									
27	硬件基础	网络基础	操作系统	英语					
28	>=70	>=70	>=70	>=70					
29	<60								

图 4-3-15　高级筛选结果

【技能拓展】

删除工作表中所有高级筛选条件。选择“数据”选项卡，选择“排序和筛选”图标，单击“清除”选项。

4.3.2.4　分类汇总

分类汇总是指对某个字段的数据进行分类，并快速对其他字段的数据进行汇总统计。汇总统计可以是求和、计数、平均值、最大值、最小值等。

1．单级分类汇总

创建分类汇总时，首先需要对预分类的字段进行排序，在创建该字段数据分类汇总后，Excel 会自动按汇总时的分类对数据进行分级显示，并自动生成数字分级显示按钮，用于查看各级别的分级数据。

根据任务要求对学生“硬件基础、网络基础、操作系统、英语”这四门课程的平均成绩按照专业分类汇总，具体操作步骤如下。

① 选择“学生成绩”工作表，清除高级筛选内容，删除高级筛选条件，显示全部学生信息。

② 设置“专业名称”为主关键字，“班级名称”为次关键字排序。排序后的数据区域结果如

图 4-3-16 所示。

说明：设置“班级名称”为次关键字排序，是为后面开展的多级分类汇总任务做的准备工作。

③ 将光标置于需要分类汇总的数据区域，选择“数据”选项卡，单击“分类汇总”图标 分类汇总，弹出“分类汇总”对话框。在“分类汇总”对话框中选择分类字段为“专业名称”，汇总方式是“平均值”，选定汇总项为“硬件基础、网络基础、操作系统、英语”四个字段，如图 4-3-17 所示。

④ 分类汇总结果可分为三级显示，第一级显示所有学生“硬件基础、网络基础、操作系统、英语”这四门课程的平均成绩，即总计平均值；第二级显示每个专业的“硬件基础、网络基础、操作系统、英语”这四门课程的平均成绩；第三级显示每名学生“硬件基础、网络基础、操作系统、英语”课程成绩。分类汇总结果如图 4-3-18 所示。

	A	B	C	D	E	F	G	H	I
1	学号	姓名	专业名称	班级名称	硬件基础	网络基础	操作系统	英语	总分
2	20142025	刘宇航	电气自动化	二班	65	64	63	65	257
3	20140524	李霜霞	电气自动化	二班	84	64	63	69	280
4	20142012	曾丽萍	电气自动化	一班	57	69	65	63	254
5	20142013	赵科	电气自动化	一班	65	69	62	63	259
6	20142014	王婷婷	电气自动化	一班	65	69	63	64	261
7	20141011	郭晓军	计算机控制技术	二班	57	69	65	66	257
8	20141309	郝园	计算机控制技术	二班	84	65	65	90	304
9	20141103	张路	计算机控制技术	一班	67	68	78	70	283
10	20141206	陈晓	计算机控制技术	一班	66	66	66	70	268
11	20141302	耿方	计算机控制技术	一班	67	67	67	67	268
12	20141905	谢华	计算机控制技术	一班	67	66	66	67	266
13	20140112	耿方	计算机网络技术	二班	86	80	84	88	338
14	20140235	谢华	计算机网络技术	二班	80	88	80	81	329
15	20140341	向晓桢	计算机网络技术	二班	85	90	96	69	340
16	20140016	冯瑶	计算机网络技术	三班	90	89	82	90	351
17	20140212	童林玲	计算机网络技术	三班	68	60	65	69	262
18	20140367	刘通	计算机网络技术	三班	84	80	85	84	333
19	20140626	陈晓雷	计算机网络技术	三班	86	87	89	88	350
20	20146003	张大路	计算机网络技术	三班	78	75	79	70	302
21	20140001	王雅丽	计算机网络技术	一班	80	90	88	99	357
22	20141104	叶东方	计算机网络技术	一班	85	78	85	80	328
23	20141209	雷晓	计算机网络技术	一班	50	62	65	74	251
24	20141233	林苑	计算机网络技术	一班	66	60	75	69	270
25	20141710	陈舒	计算机网络技术	一班	73	90	78	69	310

学生成绩 / 总分排序 / 专业班级排序

图 4-3-16 主次关键字排序后的结果

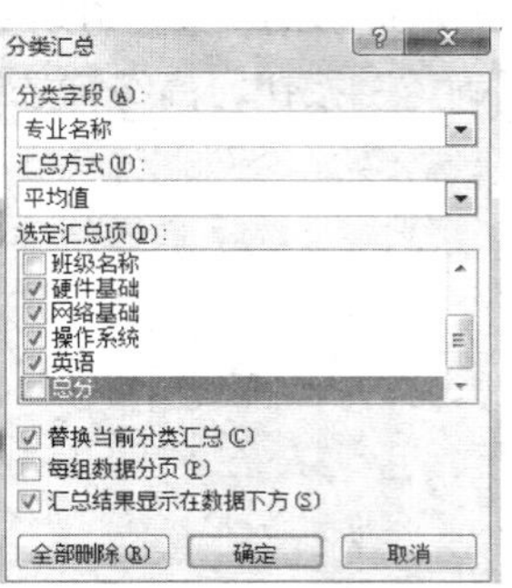

图 4-3-17 分类汇总设置

	A	B	C	D	E	F	G	H	I
1	学号	姓名	专业名称	班级名称	硬件基础	网络基础	操作系统	英语	总分
2	20142025	刘宇航	电气自动化	二班	65	64	63	65	257
3	20140524	李霜霞	电气自动化	二班	84	64	63	69	280
4	20142012	曾丽萍	电气自动化	一班	57	69	65	63	254
5	20142013	赵科	电气自动化	一班	65	69	62	63	259
6	20142014	王婷婷	电气自动化	一班	65	69	63	64	261
7			**电气自动化 平均值**		67.20	67.00	63.20	64.80	
8	20141011	郭晓军	计算机控制技术	二班	57	69	65	66	257
9	20141309	郝园	计算机控制技术	二班	84	65	65	90	304
10	20141103	张路	计算机控制技术	一班	67	68	78	70	283
11	20141206	陈晓	计算机控制技术	一班	66	66	66	70	268
12	20141302	耿方	计算机控制技术	一班	67	67	67	67	268
13	20141905	谢华	计算机控制技术	一班	67	66	66	67	266
14			**计算机控制技术 平均值**		68.00	66.83	67.83	71.67	
15	20140112	耿方	计算机网络技术	二班	86	80	84	88	338
16	20140235	谢华	计算机网络技术	二班	80	88	80	81	329
17	20140341	向晓桢	计算机网络技术	二班	85	90	96	69	340
18	20140016	冯瑶	计算机网络技术	三班	90	89	82	90	351
19	20140212	童林玲	计算机网络技术	三班	68	60	65	69	262
20	20140367	刘通	计算机网络技术	三班	84	80	85	84	333
21	20140626	陈晓雷	计算机网络技术	三班	86	87	89	88	350
22	20146003	张大路	计算机网络技术	三班	78	75	79	70	302
23	20140001	王雅丽	计算机网络技术	一班	80	90	88	99	357
24	20141104	叶东方	计算机网络技术	一班	85	78	85	80	328
25	20141209	雷晓	计算机网络技术	一班	50	62	65	74	251
26	20141233	林苑	计算机网络技术	一班	66	60	75	69	270
27	20141710	陈舒	计算机网络技术	一班	73	90	78	69	310
28			**计算机网络技术 平均值**		77.77	79.15	80.85	79.23	
29			**总计平均值**		73.13	73.54	73.92	74.33	

学生成绩 / 总分排序 / 专业班级排序　就绪　90%

图 4-3-18 按专业分类汇总结果

2. 多级分类汇总

如果需要在一个已经建立了分类汇总的工作表中再进行另一种分类汇总（两次分类关键字段不同），即称为嵌套分类汇总或多级分类汇总，则需要在首次分类汇总前，对分类关键字段进行主次关键字的排序，在分类汇总时，将主关键字作为第一级分类汇总关键字，将次关键字作为第二级分类汇总关键字，以此类推。

根据任务要求对学生“硬件基础、网络基础、操作系统、英语”这四门课程的平均成绩按照专业和班级二级分类汇总，具体操作步骤如下。

① 在完成上一个任务的基础上，将光标置于需要分类汇总的数据区域，单击“数据”选项卡，单击“分类汇总”图标，弹出“分类汇总”对话框。

② 在“分类汇总”对话框中选择分类字段为“班级名称”，汇总方式是“平均值”，选定汇总项为“硬件基础、网络基础、操作系统、英语”四个字段。不能勾选“替换当前分类汇总”复选框，否则本次“班级名称”分类汇总结果会覆盖“专业名称”分类汇总结果，分类设置如图 4-3-19 所示。

③ 分类汇总结果可分为四级显示，第一级显示所有学生“硬件基础、网络基础、操作系统、英语”这四门课程的平均成绩，即总计平均值；第二级显示每个专业的“硬件基础、网络基础、操作系统、英语”这四门课程的平均成绩；第三级显示每个班级“硬件基础、网络基础、操作系统、英语”这四门课程的平均成绩；第 4 级显示每名学生的课程成绩。分类汇总结果图 4-3-20 所示。

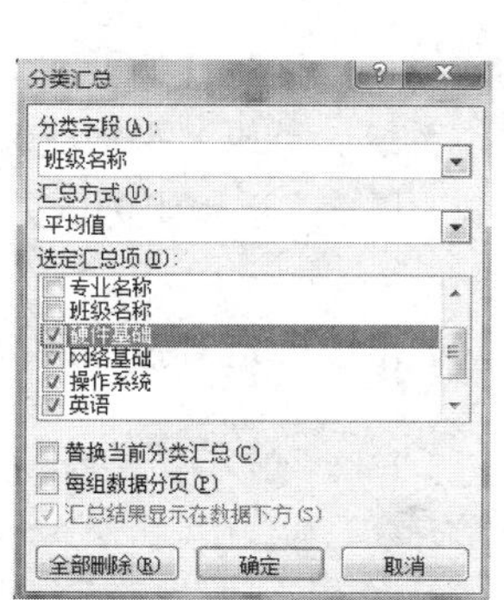

图 4-3-19　分类汇总设置

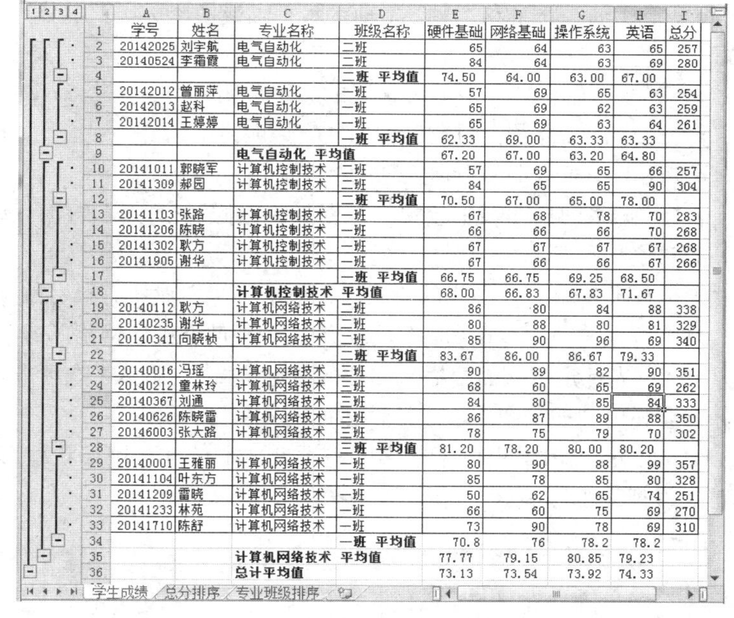

	A	B	C	D	E	F	G	H	I
1	学号	姓名	专业名称	班级名称	硬件基础	网络基础	操作系统	英语	总分
2	20142025	刘宇航	电气自动化	二班	65	64	63	65	257
3	20140524	李霜霞	电气自动化	二班	84	64	63	69	280
4				二班 平均值	74.50	64.00	63.00	67.00	
5	20142012	曾丽萍	电气自动化	一班	57	69	65	63	254
6	20142013	赵科	电气自动化	一班	65	69	62	63	259
7	20142014	王婷婷	电气自动化	一班	65	69	63	64	261
8				一班 平均值	62.33	69.00	63.33	63.33	
9			电气自动化 平均值		67.20	67.00	63.20	64.80	
10	20141011	郭晓军	计算机控制技术	二班	57	69	65	66	257
11	20141309	郝园	计算机控制技术	二班	84	65	65	90	304
12				二班 平均值	70.50	67.00	65.00	78.00	
13	20141103	张路	计算机控制技术	一班	67	68	78	70	283
14	20141206	陈晓	计算机控制技术	一班	66	66	66	70	268
15	20141302	耿方	计算机控制技术	一班	67	67	67	67	268
16	20141905	谢华	计算机控制技术	一班	67	66	66	67	266
17				一班 平均值	66.75	66.75	69.25	68.50	
18			计算机控制技术 平均值		68.00	66.83	67.83	71.67	
19	20140112	耿方	计算机网络技术	二班	86	80	84	88	338
20	20140235	谢华	计算机网络技术	二班	80	88	80	81	329
21	20140341	向晓桢	计算机网络技术	二班	85	90	96	69	340
22				二班 平均值	83.67	86.00	86.67	79.33	
23	20140016	冯瑶	计算机网络技术	三班	90	89	82	90	351
24	20140212	童林玲	计算机网络技术	三班	68	60	65	69	262
25	20140367	刘通	计算机网络技术	三班	84	80	85	84	333
26	20140626	陈晓雷	计算机网络技术	三班	86	87	89	88	350
27	20146003	张大路	计算机网络技术	三班	78	75	79	70	302
28				三班 平均值	81.20	78.20	80.00	80.20	
29	20140001	王雅丽	计算机网络技术	一班	80	90	88	99	357
30	20141104	叶东方	计算机网络技术	一班	85	78	85	80	328
31	20141209	雷晓	计算机网络技术	一班	50	62	65	74	251
32	20141233	林苑	计算机网络技术	一班	66	60	75	69	270
33	20141710	陈舒	计算机网络技术	一班	73	90	78	69	310
34				一班 平均值	70.8	76	78.2	78.2	
35			计算机网络技术 平均值		77.77	79.15	80.85	79.23	
36			总计平均值		73.13	73.54	73.92	74.33	

图 4-3-20　专业班级分类汇总结果

【技能拓展】

删除工作表中的分类汇总结果。选择“数据”选项卡，选择“分类汇总”图标，在“分类汇总”对话框中单击“全部删除”按钮即可。

4.3.2.5　创建图表

图表可以生动地说明数据报表中数据的内涵，形象地展示数据间的关系，直观清晰地表达数据的处理分析情况。Excel 2010 内置了大量的图表类型，可以根据原始数据的特点选用不同类型的图表。常见的几种图表类型有柱形图、折线图、饼图、条状图、圆环图、面积图等。例如柱形图表的基本组成如图 4-3-21 所示。

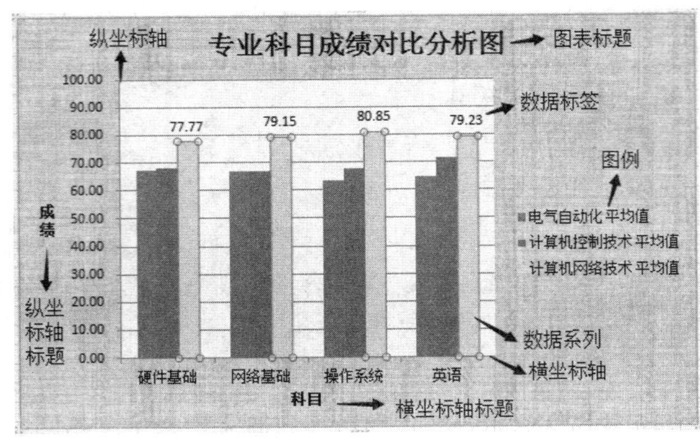

图 4-3-21　柱形图表的基本组成

- 图表区：整个图表，包括所有的数据系列、轴、标题等图表元素。
- 绘图区：由坐标轴包围的区域。
- 图表标题：对图表内容的文字说明。
- 坐标轴：分 X 和 Y 轴。X 轴是水平轴或横坐标，表示分类。Y 轴是垂直轴或纵坐标，表示数据。
- 横坐标轴标题：对分类情况的文字说明。
- 纵坐标轴标题：对数值轴的文字说明。
- 图例：显示每个数据系列的标识名称和符号。
- 数据系列：图表中相关的数据点，它们源自数据表的行和列，每个数据系列在图表中有唯一的颜色和图案。

根据任务要求，以图表的方式对比显示各个专业所有科目的平均成绩，操作步骤如下。

（1）首先按照“专业名称”分类汇总“硬件基础、网络基础、操作系统、英语”平均成绩。

（2）将光标定位到需要插入图片的区域，选择“插入”选项卡，单击“图表”选项组旁的“ ”图标，会弹出“插入图表”对话框，如图 4-3-22 所示。

（3）Excel 2010 提供了很多图表类型，本任务采用簇状柱形图，单击“确定”按钮后出现图 4-3-23 所示的图表区。

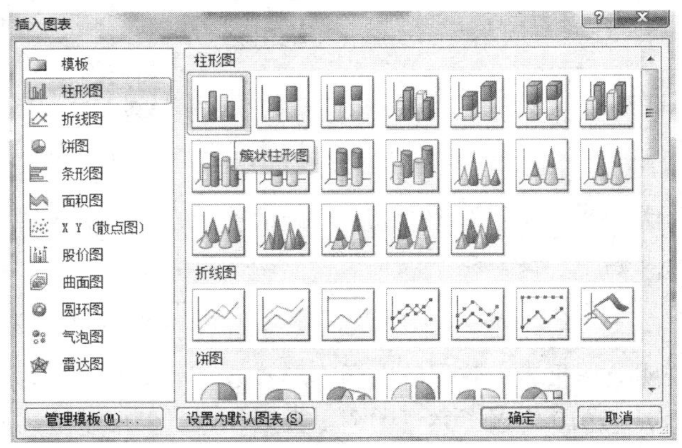

图 4-3-22　选择簇状柱形图表

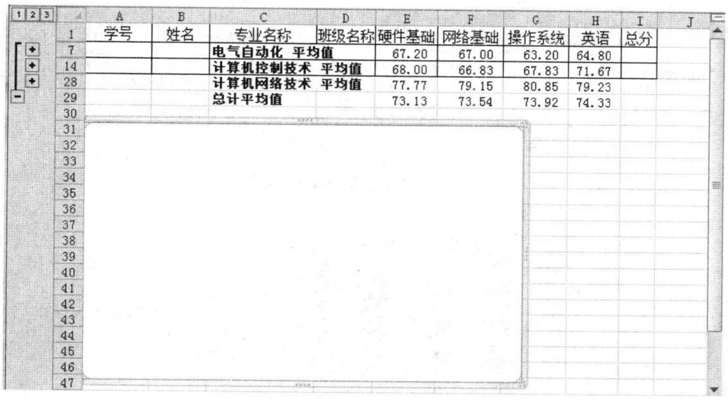

	A	B	C	D	E	F	G	H	I	J
1	学号	姓名	专业名称	班级名称	硬件基础	网络基础	操作系统	英语	总分	
7			电气自动化 平均值		67.20	67.00	63.20	64.80		
14			计算机控制技术 平均值		68.00	66.83	67.83	71.67		
28			计算机网络技术 平均值		77.77	79.15	80.85	79.23		
29			总计平均值		73.13	73.54	73.92	74.33		

图 4-3-23　图表区

（4）选择图表区，单击鼠标右键，在弹出的菜单中选择“选择数据”命令，弹出图 4-3-24 所示的“选择数据源”对话框。

（5）在“图表数据区域”中选择需要显示的数据区域（即专业名称、硬件基础、网络基础、操作系统、英语列），如图 4-3-24 所示，Excel 自动产生图例项（*Y* 轴）和水平（分类）轴（*X* 轴）标签选项。由于本任务需要对比显示各个专业所有科目平均成绩，所以需要交换 *Y* 轴项目和 *X* 轴项目内容，故此单击“切换行/列”按钮，最后单击“确定”按钮，出现图 4-3-25 所示的结果。

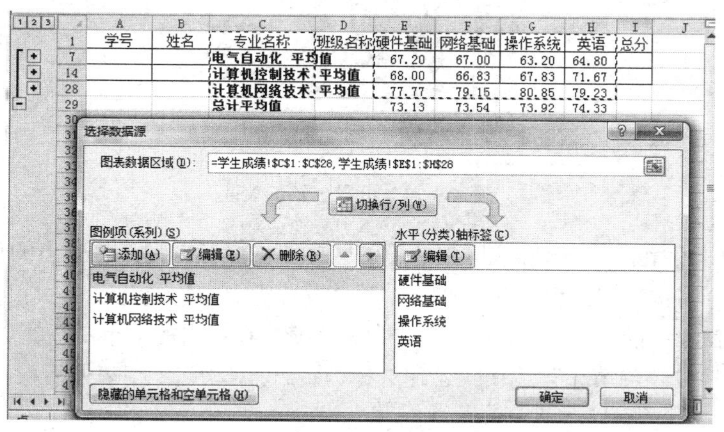

图 4-3-24　设置图表数据区域

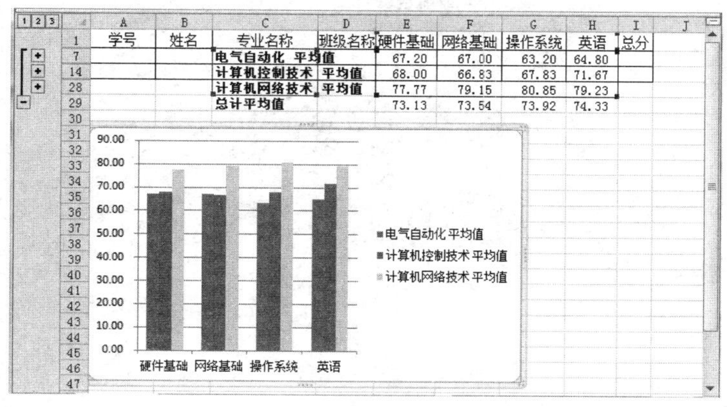

图 4-3-25　初始图表效果

（6）选择图表区，单击“图表工具”选项卡中的“布局”选项，单击“图表标题”，选择“图表上方”选项，添加标题，修改标题内容为“专业科目成绩对比分析图”。同理，添加横坐标标题为“科目”，添加纵坐标标题为“成绩”，效果如图 4-3-26 所示。

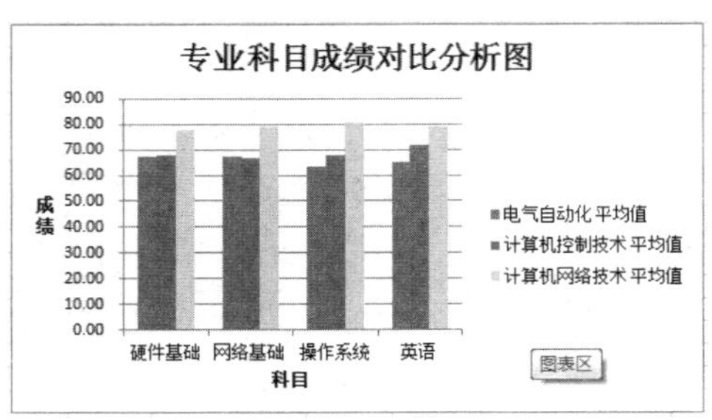

图 4-3-26　添加标题

（7）选择图表区中的垂直轴，单击鼠标右键，在弹出的菜单中选择“设置坐标轴格式”命令，修改 Y 轴坐标轴格式，设置 Y 轴最大值为 100。显示效果如图 4-3-27 所示。

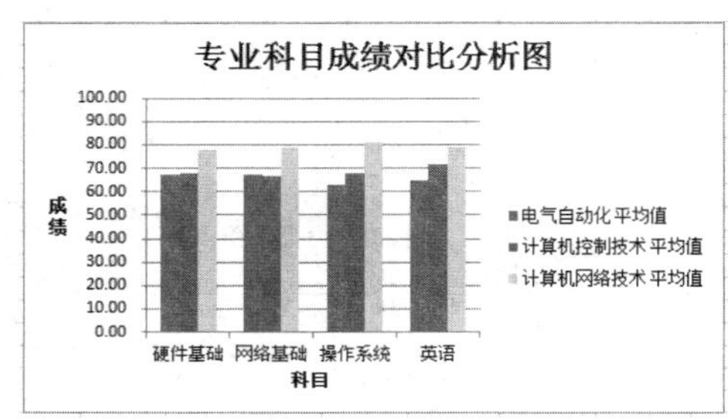

图 4-3-27　设置 Y 轴最大值

（8）设置绘图区背景。选择图表区中的绘图区，单击鼠标右键，在弹出的菜单中选择“设置绘图区格式”命令，选择“纯色填充”选项，颜色设置为“白色，背景 1，深色 5%”。

（9）设置图表区背景。选择图表区，单击鼠标右键，在弹出的菜单中选择“设置图表区格式”命令，选择“图片或纹理填充”选项，纹理选择为“纸莎草纸”。图表最后设置效果如图 4-3-28 所示。

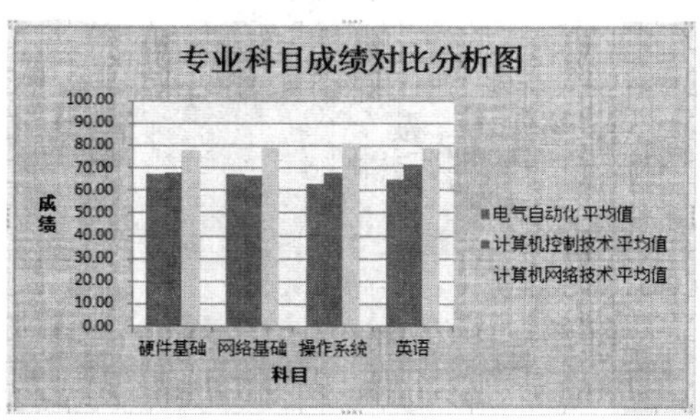

图 4-3-28　图表效果图

项目 5 PowerPoint 演示文稿制作

PowerPoint 是微软公司开发的办公自动化软件 Office 的组件之一，通过 PowerPoint 2010 可以将文本、图形、照片、视频、动画和更多手段设计为具有视觉震撼力的演示文稿；可以更方便快捷地创建动态演示文稿并与观众共享。新增音频和可视化功能可以帮助您讲述一个简洁的电影故事，并且该故事既易于创建又极具观赏性。此外，PowerPoint 2010 可让您与其他人员同时工作或联机发布您的演示文稿，并使用 Web 或 Smartphone 从任何位置访问它。

5.1 制作系部宣传 PPT

本学习情境通过制作一个系部宣传片类的幻灯片，以案例的方式详细介绍 PowerPoint 2010 的常用术语、基本操作方法、演示文稿的格式化、动画设计、超链接技术、应用设计模板和演示文稿的放映等内容，把知识融入案例中，达到熟练操作演示文稿的目的。

5.1.1 情境分析

5.1.1.1 案例背景

今年的新生又快报到了，他们对于四川机电职业技术学院不是很了解，为了能让新生尽快融入新的环境，学校要求各系部制作一份 PPT，让学生对自己即将融入的集体有一个简单的了解，对学院整体形象有一个简单的认识。形象宣传在各企业公司都是必修课，宣传形象的模式也有很多，PPT 作为新的形象推广力量广泛地出现在各大公司，因为 PPT 可以让业务员随身携带，而且跟客户讲解起来会更方便、生动。

5.1.1.2 任务描述

总体要求：制作一份简单的信息工程系系部宣传 PPT。

信息工程系与学校建院同时设立，是我校成立最早的系之一。信息工程系系部用于对外宣传的 PPT，是系部形象识别系统的重要组成部分之一，代表了一个系部的实力、文化和成果，制作要精美细致、形象直观、庄重大方，所以系部宣传 PPT 既要有文字，也要有反映系部理念、业绩、发展规划的图片、图表等内容，把系部面貌形象化、直观化、可视化，但又不能太花哨。本任务样张如图 5-1-1 所示。

图 5-1-1　系部宣传幻灯片样张

5.1.1.3　解决途径

小陈老师接到任务要求，先收集和整理相关素材。新建 PPT 文档，选择模板和确定主题，或进行母版设计；进行相关内容编辑，利用文本框录入、编辑文字内容，利用绘图工具自绘图形，插入 LOGO 和相关图片；测试幻灯片效果，浏览幻灯片查看整体风格，或播放幻灯片观看实际效果；保存、打包并发布。具体解决路径如图 5-1-2 所示。

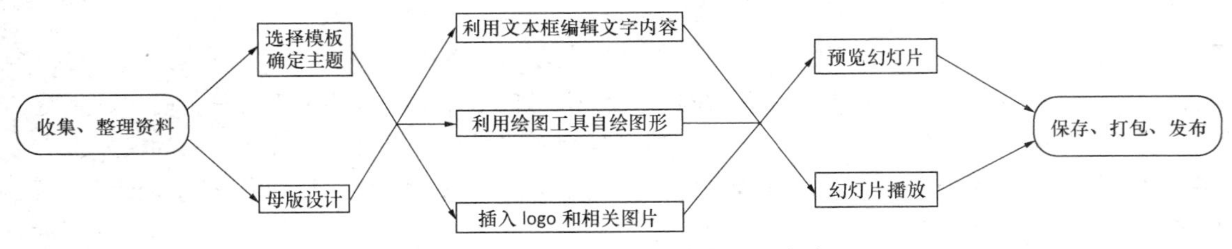

图 5-1-2　“系部宣传 PPT”案例的解决路径

5.1.1.4　学习目标

（1）认识 PowerPoint 2010 的工作界面。

（2）掌握演示文稿的创建、保存、打开。

（3）掌握幻灯片的基本操作方法。

（4）掌握幻灯片样式设置。

（5）掌握文本和段落的处理方法。

（6）掌握对象的插入与编辑。

（7）掌握 SmartArt 的使用。

（8）掌握母版的编辑。

5.1.2　任务实施

5.1.2.1　创建演示文稿

新建演示文稿的方法主要有 5 种：创建空演示文稿、根据样本模板创建演示文稿、根据主题创建演示文稿、根据现有内容创建演示文稿和从 Office.com 下载模板并创建演示文稿。

以下就以新建 PowerPoint 演示文稿“信息工程系宣传片.pptx”为例，介绍演示文稿创建及编辑的方法和步骤。

（1）启动 PowerPoint 2010，自动创建一个空白演示文稿，默认名字为“演示文稿 1”，包含一张空白幻灯片，PowerPoint 2010 的工作界面如图 5-1-3 所示。

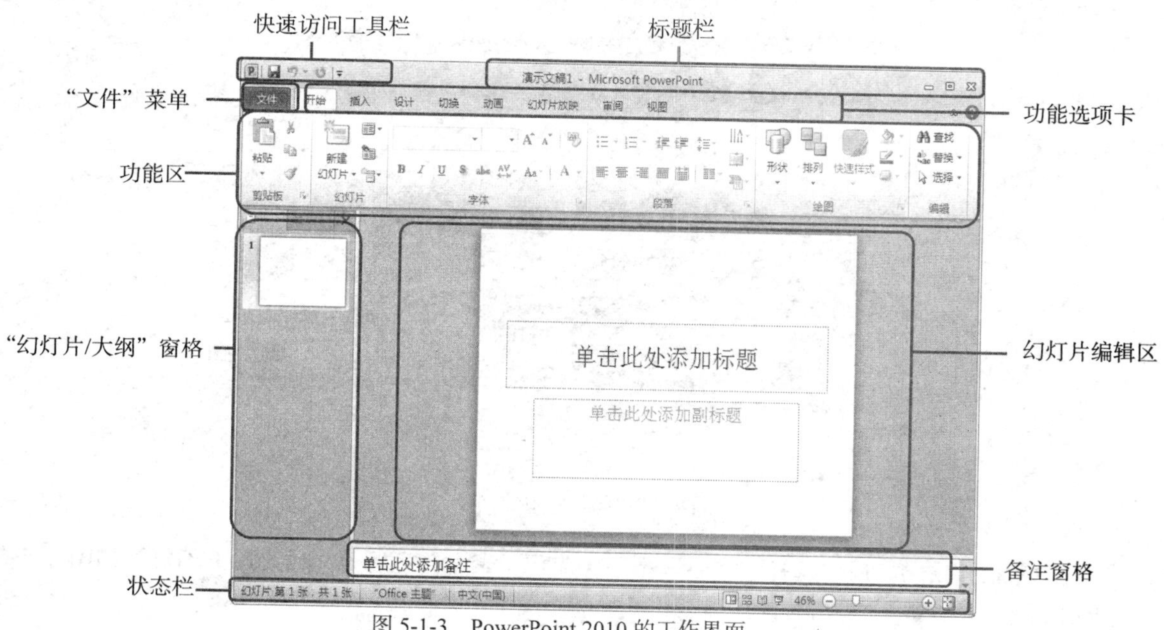

图 5-1-3　PowerPoint 2010 的工作界面

（2）单击快速访问工具栏上的“保存”按钮。

（3）在弹出的“另存为”对话框中设置演示文稿的保存位置、文件类型（PowerPoint 演示文稿*.pptx）、文件名（信息工程系宣传片.pptx），然后单击“保存”按钮。

【知识拓展】

（1）若 PowerPoint 2010 已启动，可单击“文件”→“新建”命令，选择“空白演示文稿”或各种模板来创建演示文稿。

（2）PPT 模板是一个.potx 文件，是一个或一组幻灯片的模式或设计图，以模板新建的演示文稿已经具有统一的专业外观，设置包含建议的幻灯片内容。

（3）PowerPoint2010 默认保存的文件类型为“*.pptx”，该类型的文件是不能在低版本的 PowerPoint 97—2003 中打开的，若想在低版本的 PowerPoint 中打开，则要另存为“*.ppt”类型，但可能会失去 PowerPoint 2010 中的部分功能。

5.1.2.2 应用主题美化幻灯片

新创建的演示文稿的外观效果比较单调，通过应用主题可以对其进行美化。PPT 主题是一组统一的设计元素，通过应用主题，可以快速地使演示文稿具有统一的专业外观，简化创建专业设计水准的演示文稿的过程。

PowerPoint 有一个内置主题库，当前文档正在使用的主题名称一般会显示在状态栏中，默认为“Office 主题”。在应用主题前将鼠标指针停留在主题库的缩略图上可以看到实时预览，通过比较，选择合适的主题后单击“应用”按钮。

根据宣传片整体内容和效果需要，本次制作的宣传片选用“聚合”主题对幻灯片进行美化和修饰，其具体操作步骤如下。

（1）单击“设计”选项卡，单击“主题”库的下拉按钮，如图 5-1-4 所示。

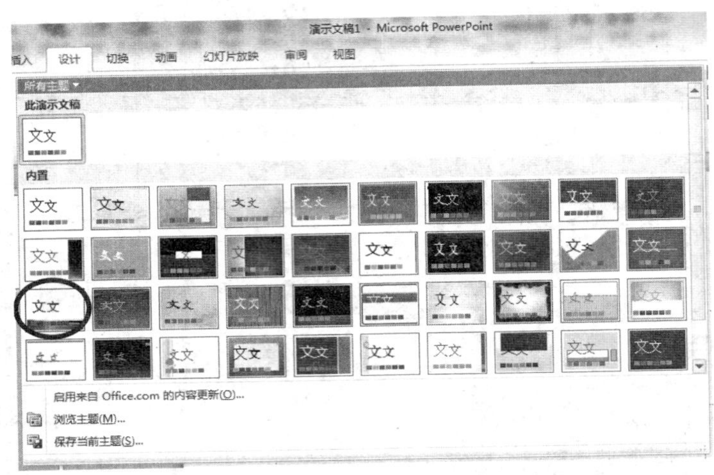

图 5-1-4 “主题”库中的“聚合”主题

（2）在“主题”库中选择“聚合”主题，应用“聚合”主题效果修饰后的幻灯片如图 5-1-5 所示。

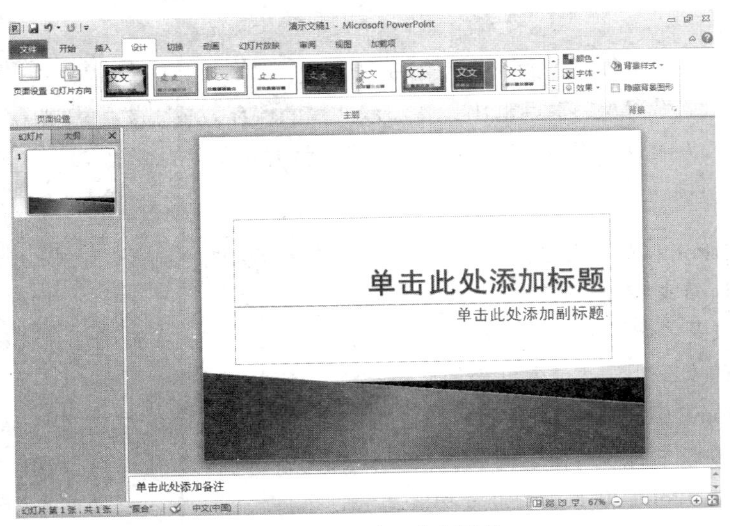

图 5-1-5 “聚合”主题效果

【知识拓展】

（1）应用主题会改变幻灯片的字体、颜色和效果，所以建议先应用主题，再添加幻灯片的内容，以便参照主题的外观样式来设置每个对象的具体格式，使其与主题协调一致。

（2）用户可以在专业网站上下载更多主题（*.thmx 文件），或自己根据需要设计主题。

（3）右键单击主题缩略图，在弹出的快捷菜单中选择“应用于选定幻灯片”命令，可以将主题应用于某些选定幻灯片，但一个演示文稿应用多个主题可能会显得主题不突出，甚至杂乱。

（4）用模板新建的演示文稿也可具有统一的专业外观，模板包含主题，甚至包含建议的幻灯片内容，模板类型主要根据所要包含的内容来分类，而主题主要以外观样式来分类。

5.1.2.3　利用版式设计幻灯片

在应用主题确定了演示文稿的整体风格后，就可以为每张幻灯片添加内容，并设置具体格式来精心设计每张幻灯片了。添加的内容可包括文本、图片、图表、表格、SmartArt 图形、影片、声音及剪贴画等，在添加这些内容前通常需要先选择合适的版式，来快速合理布局每张幻灯片。

1. 首张幻灯片版式及内容设置

幻灯片版式指要在幻灯片上显示的全部内容之间的位置排列方式及相应的格式，各内容以占位符容器的形式显示在版式中。

PowerPoint 2010 中包含 11 种内置标准幻灯片版式，如图 5-1-6 所示，应用这些版式可帮助用户快速合理地布局幻灯片。通过版式名称和其示意图可以知道每种版式适合的场合。

编辑宣传片中第一张幻灯片的内容，并将其版式设置为“标题幻灯片”版式。其操作步骤如下。

（1）修改第 1 张幻灯片的版式。在“开始”→“幻灯片”功能区中单击“版式▤版式 -”按钮，如图 5-1-7 所示，在弹出的幻灯片版式中选择“标题幻灯片”版式，从而将该张幻灯片版式修改为“标题幻灯片”版式。

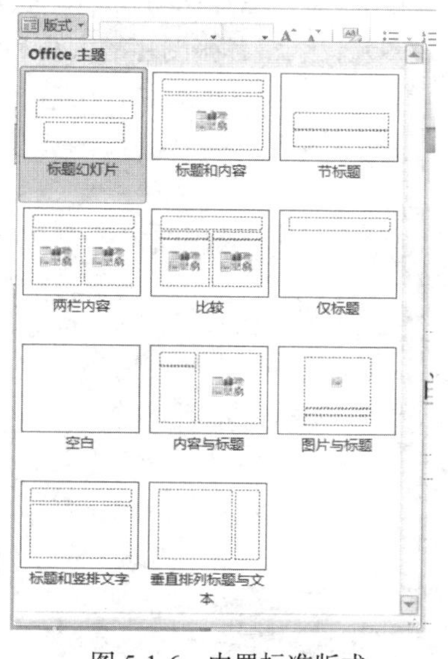

图 5-1-6　内置标准版式

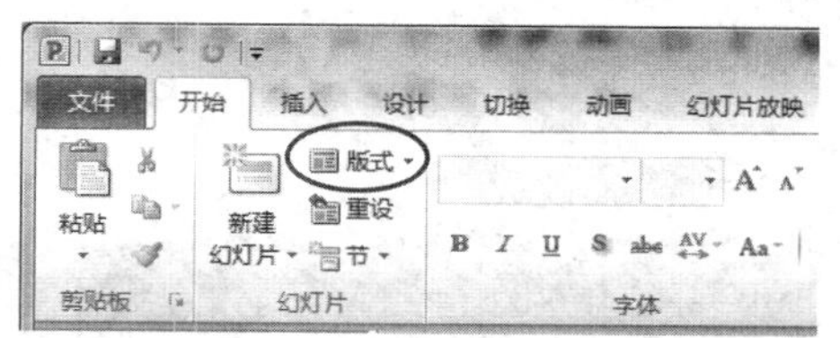

图 5-1-7　查看或修改幻灯片版式

（2）为幻灯片添加标题。在幻灯片标题框中输入文字“信息工程系”，并在“开始”选项卡中改变标题文字的对齐方式为“居中对齐≡”方式。

（3）删除“标题幻灯片”中多余的占位符。本页幻灯片无须设置副标题，所以选中副标题占位符框将其删除。

（4）在标题上方插入文本框并输入文字。单击“插入”选项卡，在“文本”功能区中单击“文本框”按钮，在标题框上方插入横排文本框。选中文本框，单击“绘图工具”→“格式”→“形状样式”→“形状填充”→“无轮廓”命令，如图 5-1-8 所示，去除文本框的轮廓边框。在文本框中输入文字“腾飞的起点，梦想的摇篮!”，文字格式设置为“黑体，14 号字，分散对齐”，设置完成的文本框和文字效果如图 5-1-9 所示。

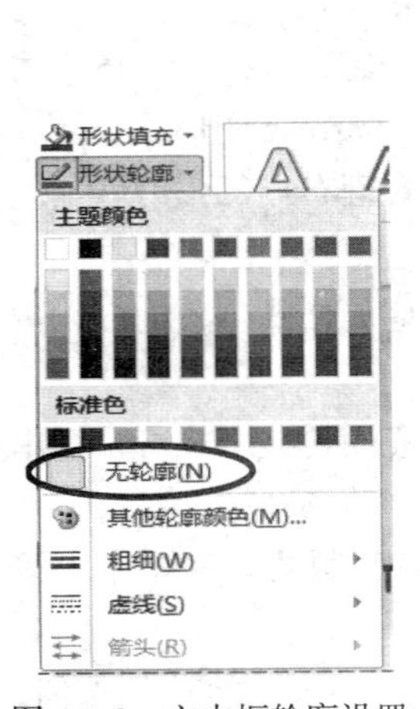

图 5-1-8　文本框轮廓设置

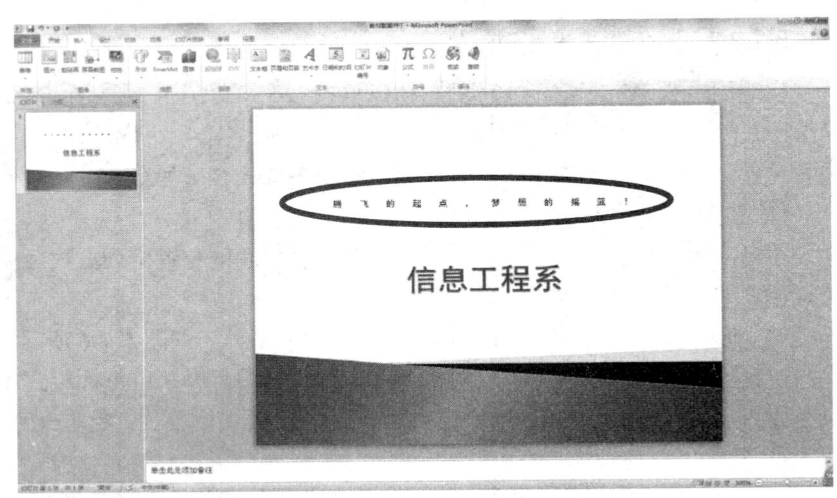

图 5-1-9　文本框及文字效果

（5）插入学院 LOGO 文字及相关图片。单击“插入”→“图像”功能区中的“图片”按钮，在弹出的对话框中找到学院的 LOGO 文字图片并插入，将 LOGO 文字图片移动到幻灯片顶部。

（6）用同样的方法在幻灯片底部插入 4 张学院标志建筑图片，调整各张图片的大小和位置，使页面美观、均衡。幻灯片设置完成后效果如图 5-1-10 所示。

图 5-1-10　插入图片后幻灯片效果图

【知识拓展】

（1）选择版式要根据幻灯片的内容来决定，大部分内置标准版式适合内容种类单一且数量不多的情况。而在种类比较杂、内容较多的幻灯片中，可使用“仅标题版式”甚至“空白”版式，以便自由定位。无须占位符插入内容时，可直接通过“插入”选项卡来插入需要的内容，不过需要自行调整各部分的位置和大小。

（2）用户可创建满足特定需求的自定义版式，以便多次重复使用。

2. 第二张幻灯片的制作

幻灯片上的内容一般可以利用版式占位符进行定位，编辑时直接在占位符中插入相应内容，该方法快捷、规范和统一，对于不能满足要求的内容再通过“插入”选项卡各种命令来添加完成。

第二张幻灯片的内容主要设置提纲目录，让整个幻灯片包含哪些内容能清晰明了地展现给观众。为了让目录提纲能够美观大方地展现出来，该张幻灯片制作时主要通过“形状”和“SmartArt 图形”来实现，其操作方法如下。

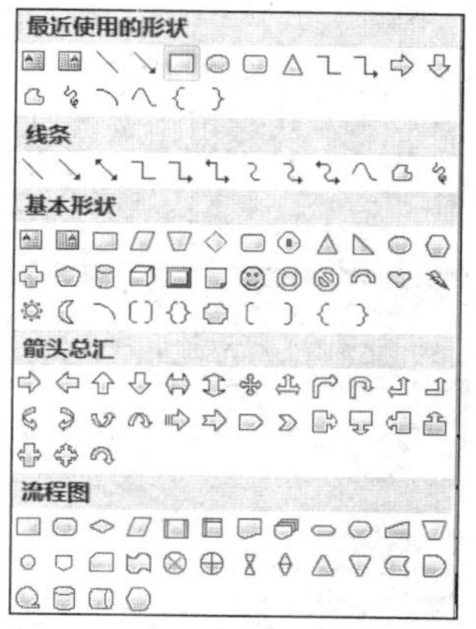

图 5-1-11　插入矩形形状

（1）新建第二张幻灯片。单击“开始”选项卡，选择“幻灯片”→“新建幻灯片”→“标题和内容”版式，插入一张“标题和内容”版式的新幻灯片。

（2）幻灯片使用“矩形形状”来修饰“目录”文字。该张“标题和内容”版式的幻灯片无须设置标题，所以删除“标题”框。调整“内容”框的大小，单击“开始”→“绘图”功能区的“矩形”按钮▢，在内容框左侧插入一个圆角矩形，如图 5-1-11 所示。

（3）设置圆角矩形的形状填充、形状轮廓和形状效果。选中刚插入的圆角矩形，单击“绘图工具”/“格式”选项卡，在“形状样式”分组中修改圆角矩形的样式，形状填充为“无填充颜色”；形状轮廓为“标准色橙色”；形状效果选择阴影-外部-右下斜偏移，分别如图 5-1-12 至图 5-1-14 所示。

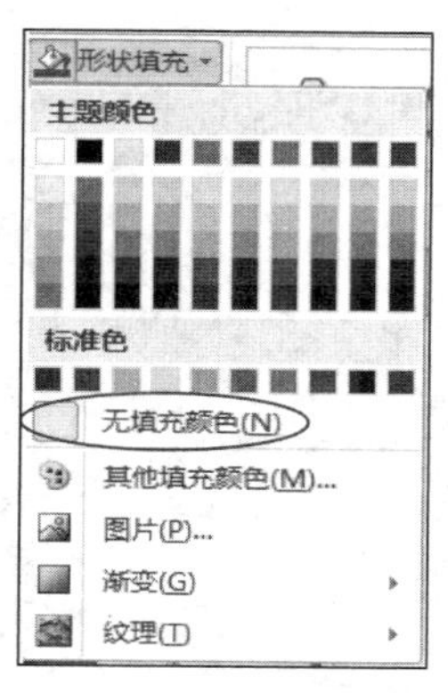

图 5-1-12　设置矩形形状填充

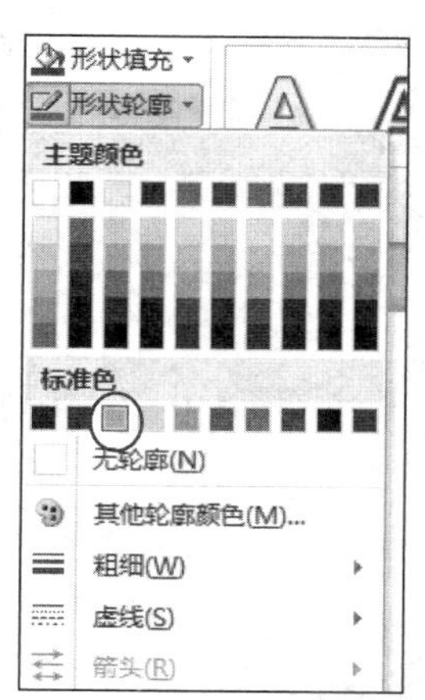

图 5-1-13　设置矩形形状轮廓

（4）在圆角矩形中输入“目录”文字。选中此圆角矩形，单击鼠标右键，在弹出的快捷菜单中选择“编辑文字”命令，输入文字“目录”。文字格式：黑体，54 号字，深红色。

（5）插入“目录”与文字间的长条矩形分割线。单击“插入”→“插图”→“形状”功能区的“矩形”按钮▭，在目录框左侧画一个细长的矩形作为目录与内容框的分隔条。

（6）设置长条矩形分隔条的形状填充色为渐变填充。选中长条矩形按步骤（3）的方法设置形状轮廓、形状填充；形状轮廓设置为“无轮廓”；形状填充修改为“渐变填充”→“其他渐变”，在弹出的“设置形状格式”对话框中选择“渐变填充”，角度改为“0 度”，渐变光圈的四个光圈从左至右的颜色依次为浅黄、淡色40%的红色、深色25%的红色和深色50%的红色，如图5-1-15所示。

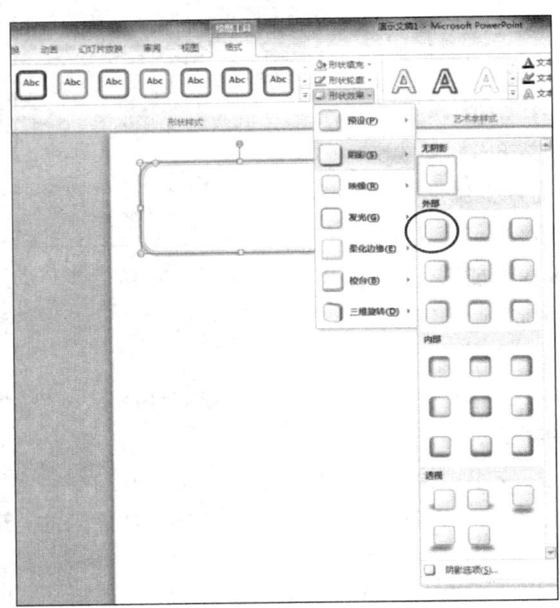

图 5-1-14　设置矩形形状效果

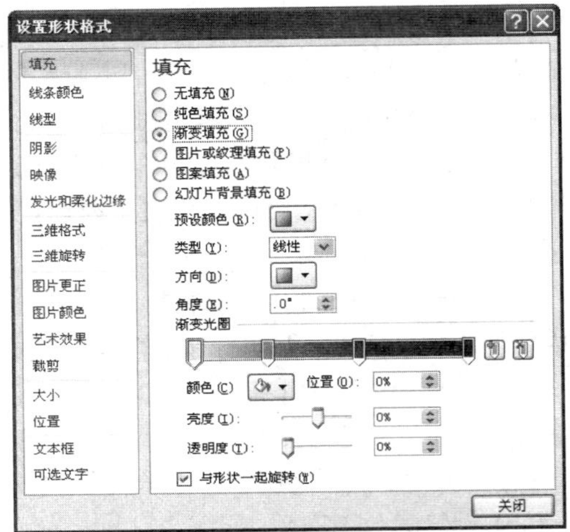

图 5-1-15　设置渐变光圈的颜色

（7）提纲目录文字的制作。在右侧内容框中依次录入“系部简介”“学生作品”“招生计划”“学生就业情况”四行目录提纲文字，单击“开始”→“段落”功能区中的“转换为 SmartArt 按钮 转换为 SmartArt”，选择“棱锥型列表”，将文字转换为 SmartArt 图形，如图 5-1-16 所示。

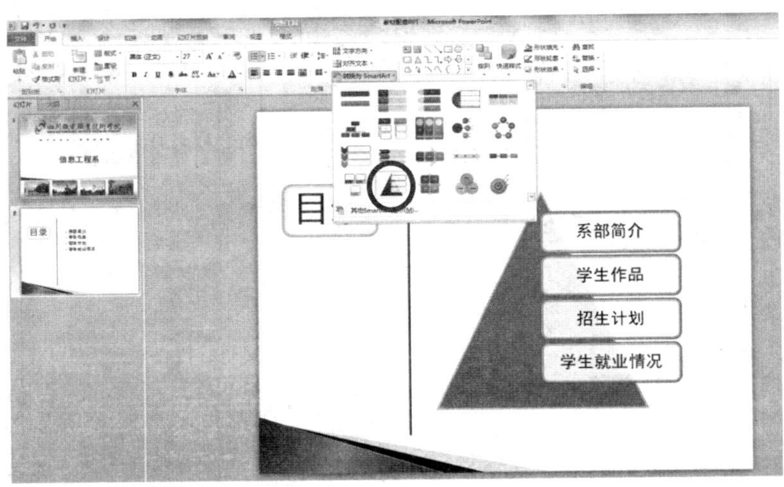

图 5-1-16　目录文字转换为 SmartArt 图形

3. 第三张幻灯片的制作

第三张幻灯片的主要内容是系部简介和师资情况介绍，其内容的制作涉及艺术字的使用、文本框及段落的设置、项目符号的应用等相关内容，其制作步骤如下。

（1）新建第三张幻灯片，幻灯片版式设置为“空白”版式。

（2）在“空白”版式幻灯片中插入艺术字。单击“插入”→“文本”功能区的“艺术字”按钮，选择“填充-白色，渐变轮廓-强调文字颜色 1”艺术字效果，如图 5-1-17 所示。输入艺术字文字“系部简介”，将艺术字字号改为 36 号字，置于幻灯片左上角。

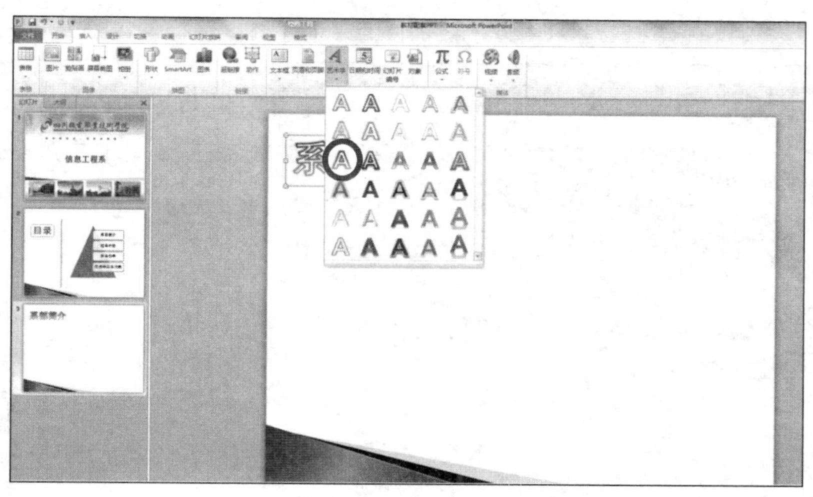

图 5-1-17 插入艺术字

（3）在幻灯片中插入三条直线（长条矩形），对幻灯片进行修饰。插入三条长条矩形，调整其长度和位置，设置线条轮廓宽度为 3 磅，置于“系部简介”右边，以避免幻灯片上部空白太多，看上去不协调，效果如图 5-1-18 所示。

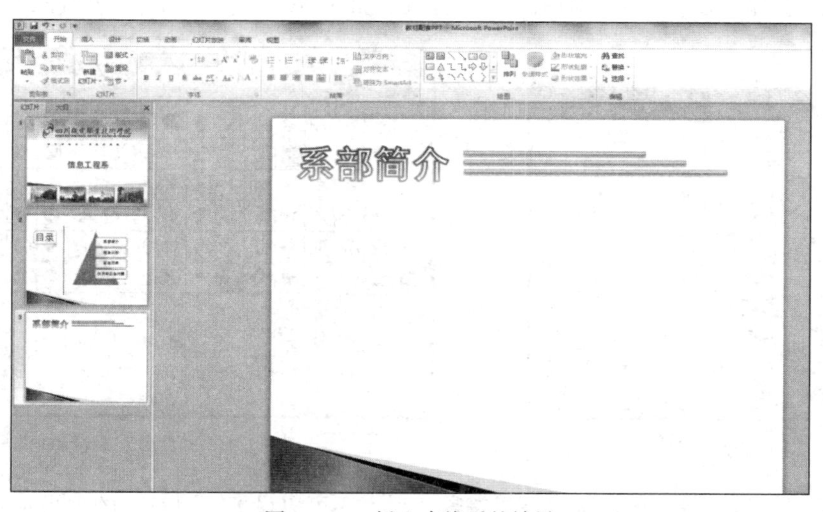

图 5-1-18 插入直线后的效果

（4）插入文本框并输入宣传性文字。按前面相同的方法插入一个横排文本框，输入文字“信息工程系是我院建立较早的系部之一，为社会培养输送了大量的 IT 人才”，文字格式为“黑体，

20 号字，红色”，置于“系部简介”下方。

（5）输入系部简介并设置字体格式。再次插入一个横排文本框，在文本框中依次输入“师资力量雄厚，现有专任教师 45 人”“冶金系统名师 1 人……”九行文字。文字格式为“黑体，16 号字，蓝色-强调文字颜色 4-深色 25%”。

（6）设置第二个文本框中的文字行距并为其添加项目符号。选择文本框，单击“开始”选项卡的“段落”功能区，将文字行间距设置为 1.5 倍行距。选中后八行文字进行设置，单击“开始”→“段落”功能区的“项目符号”按钮 ，在弹出的下拉列表中选择“带填充效果的钻石形项目符号” ◆，如图 5-1-19 所示。

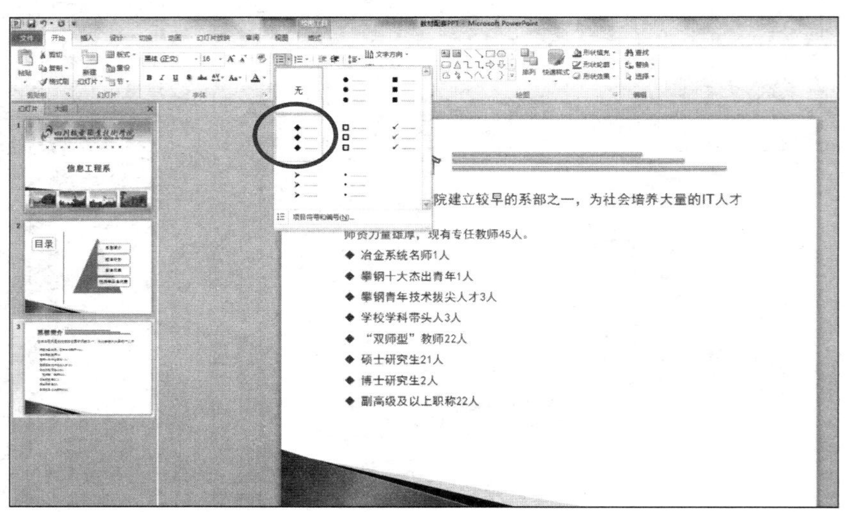

图 5-1-19　为文字添加项目符号

如果列表中没有我们需要的符号，可以单击“项目符号和编号”扩展按钮 ，在弹出的对话框中单击“自定义”按钮，在“符号”对话框中选择个性化的项目符号，如图 5-1-20 和图 5-1-21 所示。

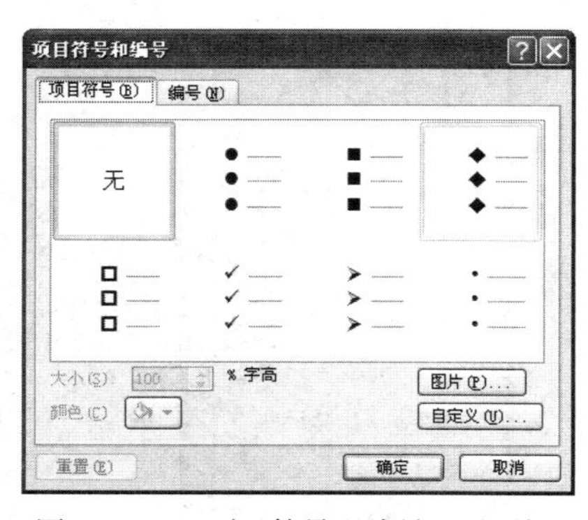

图 5-1-20　“项目符号和编号”对话框

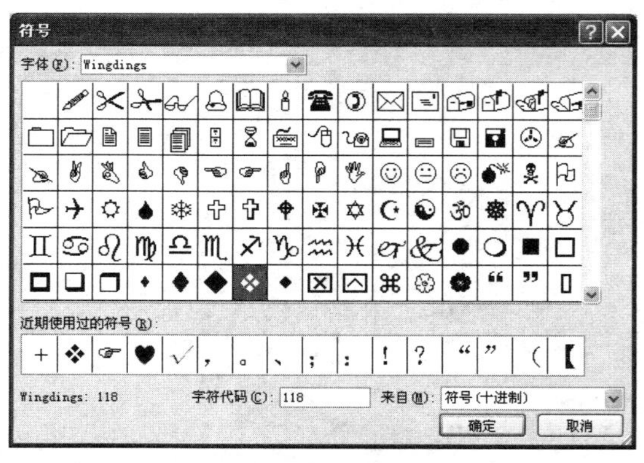

图 5-1-21　“符号”对话框

（7）为项目符号设置颜色。选好项目符号之后，还可以设置项目符号的大小及颜色。此处将设置项目符号为 110%字高，蓝色-强调文字颜色 4-深色 25%。

4. 第四张幻灯片的制作

学生作品展现出学生的学习成果和风采，在该幻灯片中展示部分学生的创作作品，并对作品进行一定排列，呈现出美观的效果。

（1）创建第四张“空白”版式幻灯片。

（2）在幻灯片中插入一个矩形并输入文字“学生作品”。在新幻灯片的左侧插入一个矩形形状，选中此形状，单击鼠标右键，在弹出的快捷菜单中选择“编辑文字”命令，输入“学生作品”，设置文字格式为“黑体，44 号字，加粗，文字阴影”。

（3）设置矩形样式。单击“开始”→“绘图”功能区的“快速样式”按钮，将矩形样式设置为“细微效果-青绿，强调颜色 1”，如图 5-1-22 所示。

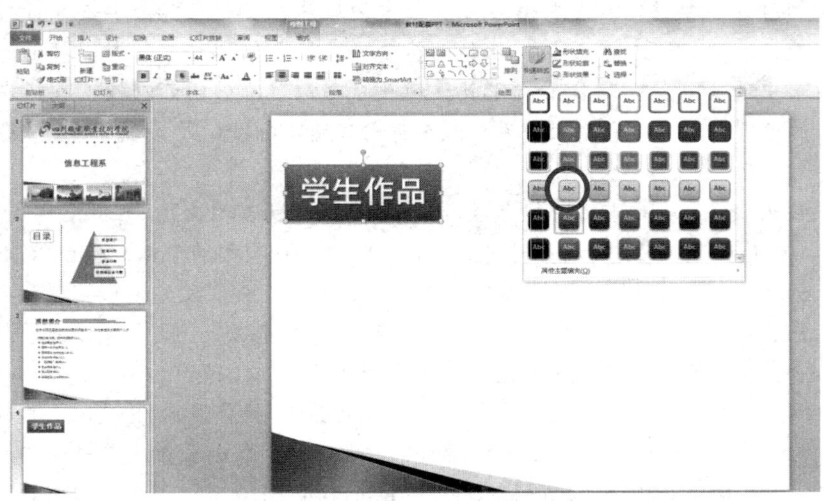

图 5-1-22　设置矩形形状快速样式

（4）插入学生作品图片，并设置图片叠放次序。按照前面的方法插入一张学生作品素材图片（几张学生作品图片也在 Photoshop 中处理并存储为一张图片），选择图片并调整图片的大小和位置（放置于“学生作品”图形旁边，并让图形始终放置于作品图片上面），单击“绘图工具/格式”→“排列”功能区的“下移一层”按钮，将作品图片的叠放次序下移一层，完成排列层次后的效果如图 5-1-23 所示。

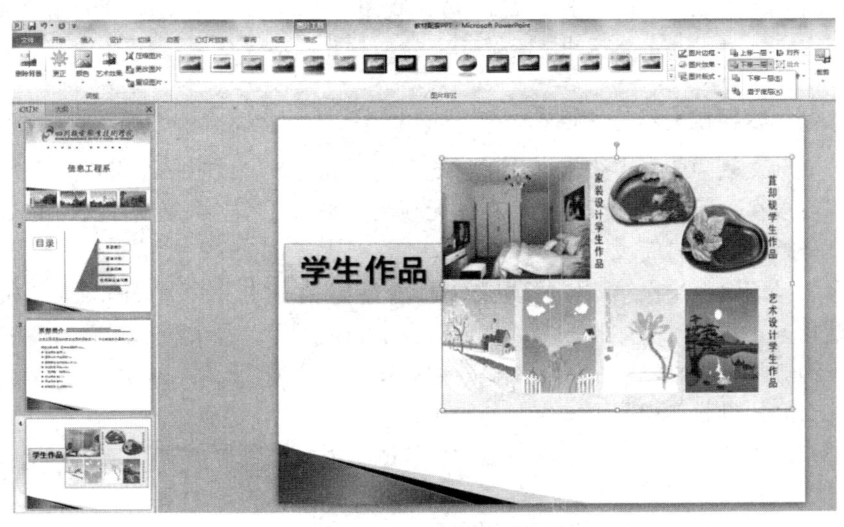

图 5-1-23　设置图片叠放次序

【知识拓展】

幻灯片的操作、SmartArt、PowerPoint 视图

幻灯片的基本操作除了上面介绍的插入操作之外，还有选择、删除、移动和复制。选择幻灯片：在“幻灯片/大纲”窗格或幻灯片浏览视图中，单击幻灯片缩略图，可选择单张幻灯片；要选择不连续的多张幻灯片，按住 Ctrl 键不放，再依次单击需选择的幻灯片；选择连续的多张幻灯片，则单击要连续选择的第一张幻灯片，按住 Shift 键不放，再单击需选择的最后一张幻灯片。选中幻灯片之后，按键盘上的 Delete 键或单击鼠标右键，在弹出的快捷菜单中选择“删除幻灯片”命令即可删除幻灯片。要移动或复制幻灯片，选中幻灯片之后，在其上单击鼠标右键，在弹出的快捷菜单中选择“剪切”或“复制”命令，然后将鼠标定位到目标位置，单击鼠标右键，在弹出的快捷菜单中选择“粘贴”命令，完成移动或复制幻灯片（也可以按下鼠标左键不放，拖动鼠标到适当的位置释放，以移动幻灯片；或者按住键盘 Ctrl 键，拖动鼠标到适当的位置释放，以复制幻灯片）。

SmartArt 图形是信息和观点的视觉表示形式，通过从多种不同布局中进行选择来创建 SmartArt 图形，从而快速、轻松、有效地传达信息。SmartArt 图形是 PowerPoint 2010 提供给用户快速创建具有设计师水准的插图。只要能恰当选择与表达内容相匹配的图形类型和布局，就能使幻灯片的表达更显专业、有效、美观。SmartArt 图形的创建可以如上文一样，先录入文字，然后转换为 SmartArt 图形，也可以插入 SmartArt 图形之后再录入相关文字。

在上面的操作过程中，我们一直工作在 PowerPoint 2010 的普通视图，PowerPoint 2010 提供了多种视图模式以编辑查看幻灯片，在工作界面下方或“视图”选项卡中单击视图切换按钮中的任意一个按钮，即可切换到相应的视图模式下。PowerPoint 2010 提供了 4 种视图方式，分别是普通视图、幻灯片浏览视图、阅读视图和备注页视图。普通视图：PowerPoint 2010 默认显示普通视图，在该视图中可以同时显示幻灯片编辑区、“幻灯片/大纲”窗格以及备注窗格，它主要用于调整演示文稿的结构及编辑单张幻灯片中的内容。幻灯片浏览视图：在幻灯片浏览视图模式下可浏览幻灯片在演示文稿中的整体结构和效果，在该模式下也可以改变幻灯片的版式和结构，如更换演示文稿的背景、移动或复制幻灯片等，但不能对单张幻灯片的具体内容进行编辑。阅读视图：该视图仅显示标题栏、阅读区和状态栏，主要用于浏览幻灯片的内容，在该模式下，演示文稿中的幻灯片将以窗口大小进行放映。备注视图：备注视图与普通视图相似，只是没有“幻灯片/大纲”窗格；在此视图下，幻灯片编辑区中完全显示当前幻灯片的备注信息。

5.1.2.4 利用模板统一幻灯片格式

当在一个演示文稿中要对多张幻灯片进行统一的样式更改，或者多张幻灯片有共同的格式和内容需求时，可以在母版上进行统一操作，而无须在多张幻灯片上重复设置统一的格式或输入相同的信息，这样就节省了时间。

幻灯片母版是幻灯片层次结构中的顶层幻灯片，用于存储有关演示文稿的主题和幻灯片版式的信息，包括背景、颜色、字体、效果、占位符大小和位置等。每个演示文稿至少包含一个幻灯片母版。由于幻灯片母版影响整个演示文稿，因此在创建和编辑幻灯片母版或相应版式时，将在一个特殊的“幻灯片母版”视图下操作。

为已经制作好内容的演示文稿中的所有幻灯片的右下角设置显示学院的 logo 图标，其操作步骤如下。

（1）单击“视图”→“母版视图”功能区中的“幻灯片母版”按钮。

（2）在“幻灯片母版”视图中，单击左边窗格中最顶层的标有序号1的幻灯片，即幻灯片母版。

（3）在幻灯片母版上插入学院lOGO图片，并输入文字“信息工程系”，如图5-1-24所示。关闭母版视图，此时所有幻灯片都打上了学院LOGO标志。

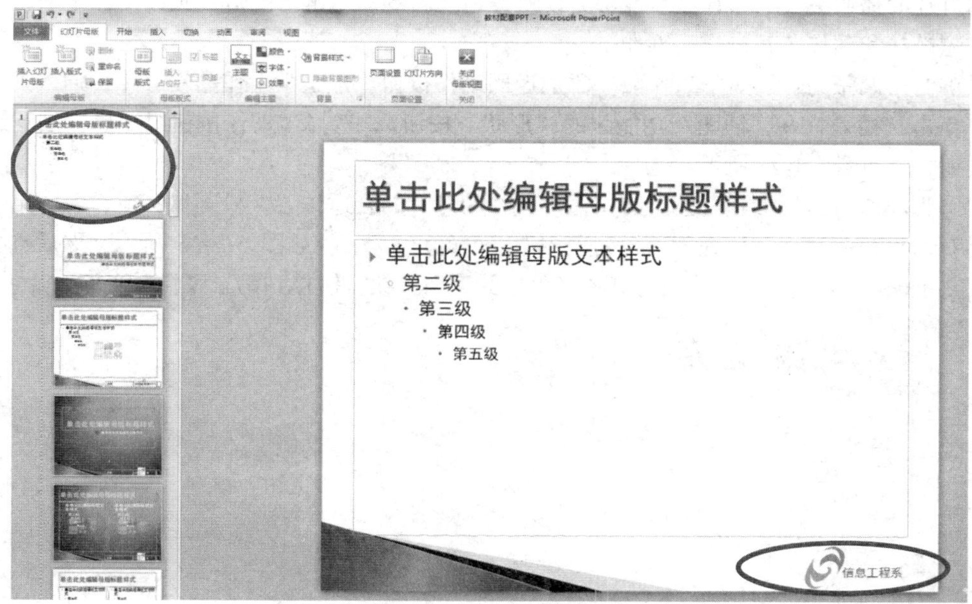

图5-1-24 幻灯片母版编辑

【知识拓展】

母版

幻灯片母版是存储关于模板信息的设计模板的一个元素，这些模板信息包括字形、占位符大小、位置、背景设计和配色方案。PowerPoint 2010演示文稿中的每一个关键组件都拥有一个母版，如幻灯片、备注和讲义。母版是一类特殊的幻灯片，幻灯片母版控制了某些文本特征，如字体、字号、字形和文本的颜色，还控制了背景色和某些特殊效果如阴影和项目符号样式，包含在母版中的图形及文字将会出现在每一张幻灯片及备注中。所以，如果在一个演示文稿中使用幻灯片母版的功能，就可以做到整个演示文稿格式统一，可以减少工作量，提高工作效率。

使用母版功能可以更改以下几方面的设置：标题、正文和页脚文本的字形；文本和对象的占位符位置；项目符号样式；背景设计和配色方案。

幻灯片母版的目的是对幻灯片进行全局更改（如替换字形），并使该更改应用到演示文稿中的所有幻灯片。

5.1.2.5 设置超链接和动作

默认情况下，演示文稿放映时是按幻灯片创建的先后顺序，从第一张幻灯片放映到最后一张幻灯片。用户可以通过建立超链接来改变其放映顺序。

在幻灯片中插入超链接可以增加演示文稿的交互性，也是拓展文稿内容含量的有效方式，超链接可以是从一张幻灯片到同一演示文稿中另一张幻灯片的链接，也可以是从一张幻灯片到不同演示文稿中的另一张幻灯片、到电子邮件地址及网页或文件的链接。可以从文本或对象（如图片、图形、形状或艺术字）创建超链接。

在幻灯片中可以为某对象添加一个动作，以指定单击该对象时，或鼠标在其上悬停时将执行的操作（运行程序、运行宏、对象动作、突出显示等）。

系部宣传展示演示文稿中的四张幻灯片的内容已制作完成，为其添加适当的动作和超链接可以让幻灯片的播放更灵活，让观众能够方便快捷地跳转到想了解的幻灯片页面上。下面就为宣传片添加超链接和动作，其操作步骤如下。

（1）为第四张幻灯片“学生作品”添加返回动作按钮。选定学生作品幻灯片，插入“返回”按钮，单击“插入”→“插图”功能区的“形状”按钮，选择“动作按钮组”中“后退或前一项”按钮，如图 5-1-25 所示。

（2）为动作按钮添加超链接。将按钮放置在幻灯片的合适位置，松开鼠标左键，弹出“动作设置”对话框，在“超链接到”下拉列表中选择“幻灯片...”，如图 5-1-26 所示，然后选择“幻灯片 2”，如图 5-1-27 所示。放映幻灯片时单击此返回按钮将链接到第二张目录页幻灯片上。

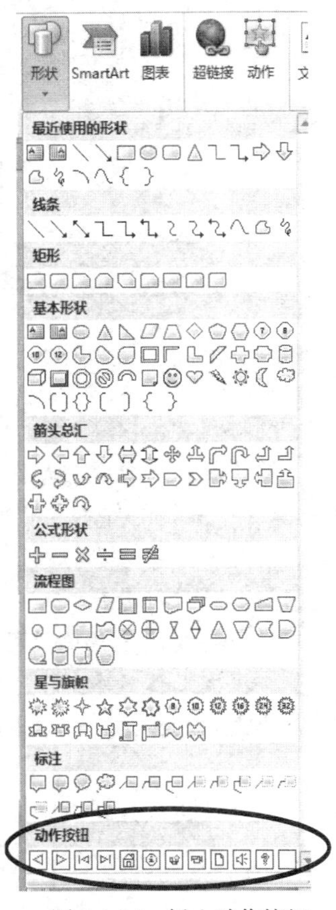

图 5-1-25　插入动作按钮

图 5-1-26　动作设置对话框

（3）为目录页幻灯片上的目录条设置超链接。选中“学生作品”文字框，单击鼠标右键，在弹出的快捷菜单中选择“超链接”命令 超链接(H)...，弹出“插入超链接”对话框，如图 5-1-28 所示。单击“链接到”列表框中的“本文档中的位置”选项，在“请选择文档中的位置”列表中选择要跳转到的幻灯片标题或自定义放映，在“幻灯片预览”区域就会显示要链接到的目的幻灯片，单击“确定”按钮完成幻灯片的超链接。

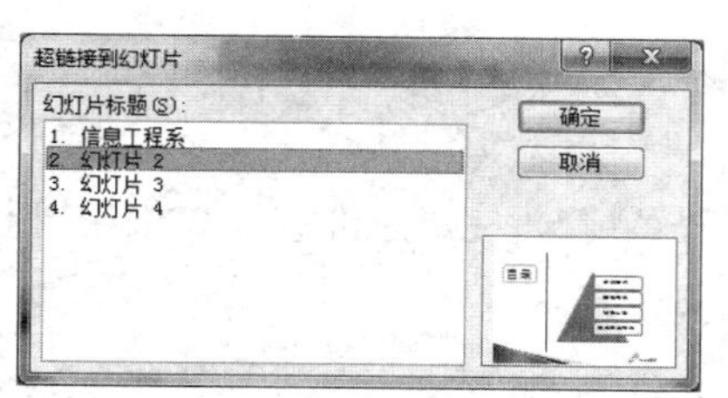

图 5-1-27 设置链接目标

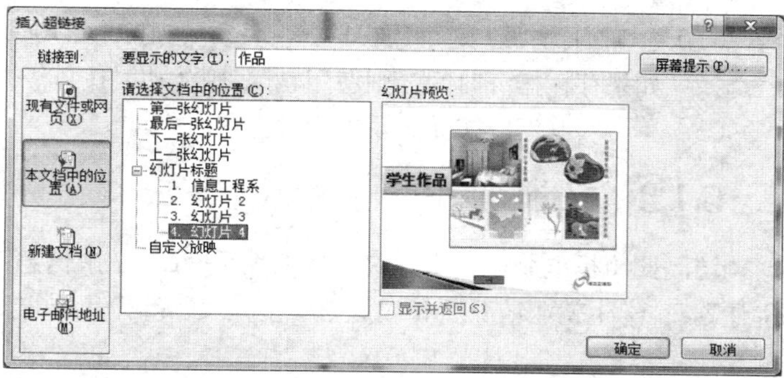

图 5-1-28 “插入超链接”对话框

（4）以同样的方式为其余幻灯片和目录条设置超链接动作。

5.1.2.6 设置幻灯片的放映方式

幻灯片制作完成后，可通过设置放映方式、自定义放映、隐藏幻灯片和排练计时等操作来控制幻灯片的放映。

PowerPoint 2010 提供了三种放映演示文稿的类型，用户可以根据放映时的实际放映环境采用不同的方式。设置放映方式的操作如下。

（1）单击“幻灯片放映”→“设置”→“设置幻灯片放映”按钮，打开图 5-1-29 所示的“设置放映方式”对话框。

（2）在“放映类型”栏中有三种放映方式，用户可根据需要进行选择。

演讲者放映（全屏幕）：这是系统默认的放映类型，以全屏幕显示幻灯片。该放映类型由演讲者控制幻灯片的放映过程，演讲者可决定放映速度和切换幻灯片的时间，或将演示文稿暂停等。

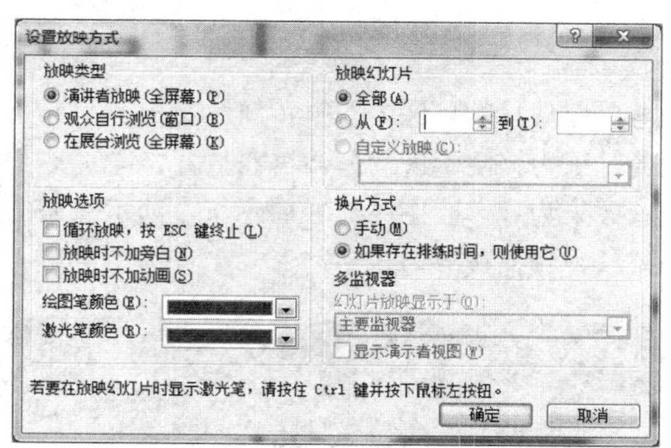

图 5-1-29 “设置放映方式”对话框

观众自行浏览（窗口）：在屏幕的一个窗口内显示幻灯片，观众通过窗口菜单进行翻页、编辑、复制和打印等，但不能单击鼠标按键进行播放。

在展台浏览（全屏幕）：以全屏幕方式自动、循环播放幻灯片，在放映过程中除了能使用鼠标单击超链接和动作按钮外，大多数控制都失效，观众无法随意改动演示文稿。

（3）在“放映选项”栏，用户根据需求可选择“循环放映，按 Esc 键终止”“放映时不加旁白”“放映时不加动画”。除此之外，还可更改绘图笔和激光笔的颜色。

（4）在“放映幻灯片”栏，用户可指定放映全部幻灯片，也可指定从第几张幻灯片开始放映到第几张结束，还可以在“自定义放映”下拉列表中选择自定义的放映方案。

（5）在“换片方式”栏，用户选择“手动”，则放映时通过单击鼠标或快捷菜单来切换幻灯片；若选择“如果存在排练时间，则使用它”，则放映时按排练时间进行自动放映。

（6）单击“确定”按钮，设置生效。

5.1.3 拓展训练

访问四川机电职业技术学院信息工程系网站，了解信息工程系情况，完成系部宣传 PPT 的“招生计划”“学生就业情况”和“优秀学生代表”等模块内容。

5.2 环保公益宣传片

通过丰富有趣的环保公益宣传，向广大群众广泛宣传节能减排、生态环保理念和知识，引导人们从小事做起、从自身做起，增强了群众爱护环境、爱护生态的自觉性，增强环保意识，养成环保习惯，让环保的思想深入每一个人的心中。本任务制作一个向公众进行环保公益宣传的 PPT，以案例的方式介绍幻灯片动画设置、幻灯片的切换方法、插入背景音乐等内容，把知识融入案例中。

5.2.1 情境分析

5.2.1.1 案例背景

一年一度的“世界地球日”（4 月 22 日）又来了，学校计算机协会为了配合校团委开展的第 46 个世界地球日主题宣传活动周，特意制作了“珍惜地球资源转变发展方式——促进生态文明，共建美丽中国”主题宣传 PPT。

5.2.1.2 任务描述

总体要求：制作一个世界地球日的环保公益宣传演示文稿。

宣传片要能对公众具备吸引力，便于进行公益科普教育，这就要求 PPT 必须生动有趣、形象具体，集文字、图像、动画效果为一体。图 5-2-1 展示了本演示文稿的一部分，其中包括了动画制作、页面切换、背景音乐、视频播放等。

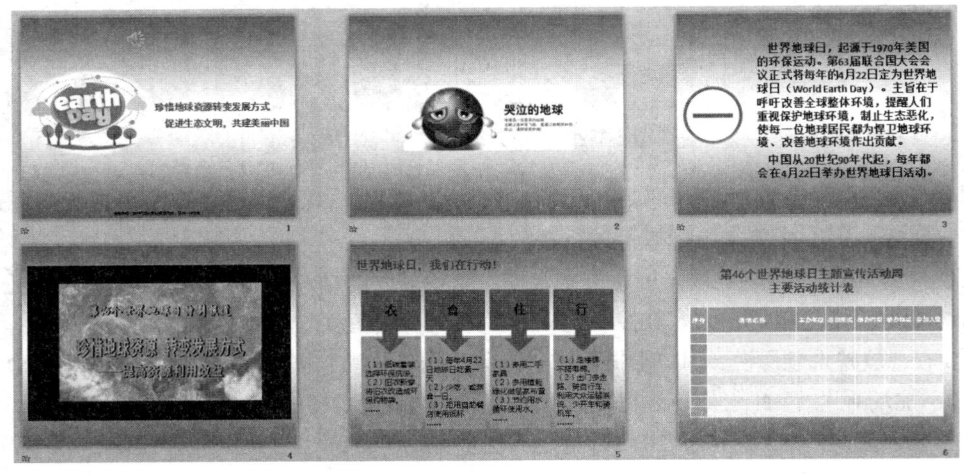

图 5-2-1 地球日宣传幻灯片样张

5.2.1.3　解决途径

计算机协会王大伟接到任务要求，首先去校团委进行了详尽的需求调研，继而收集和整理相关素材。新建 PPT，选择模板，进行内容编辑和动画设计，添加页面切换效果，提交作品给校团委，返回重新修改优化，最后提交发布。具体解决路径如图 5-2-2 所示。

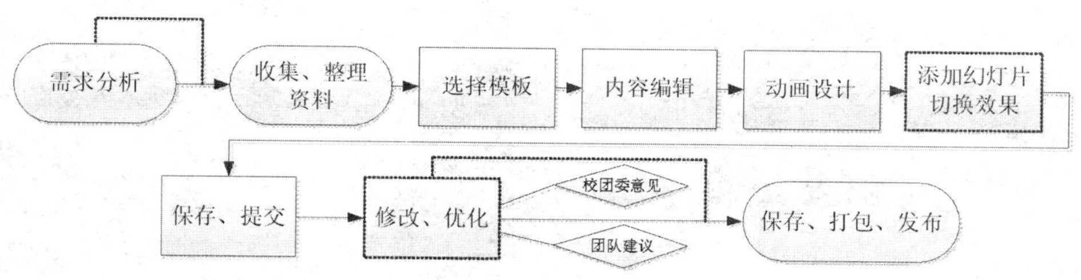

图 5-2-2　“地球日宣传”案例的解决路径

5.2.1.4　学习目标

（1）掌握幻灯片的动画设置。

（2）掌握幻灯片的切换方法。

（3）掌握背景音乐的插入和设置。

（4）掌握幻灯片的播放方式。

（5）掌握演示文稿的发布方式。

5.2.2　任务实施

5.2.2.1　设计幻灯片背景

要让幻灯片显得美观、大方，漂亮的背景填充效果必不可少，PowerPoint 2010 可以直接为幻灯片添加个性化的背景样式，方法是：选择“设计”选项卡的“背景”功能区的“背景样式”，如图 5-2-3 所示。

如果发现 PowerPoint 2010 提供的背景样式不能满足我们的宣传主题，则需进一步设置背景填充效果，选择“设计”选项卡的“背景”功能区的“背景样式”，单击“设置背景格式”命令，参见图 5-2-3 中椭圆标注部分。或者在幻灯片空白处单击鼠标右键，选择“设置背景格式”命令。本例选择“渐变填充”，首先添加一个渐变光圈，然后将三个渐变光圈的颜色分别设置为“绿色”“白色”和“绿色”，如图 5-2-4 所示，单击“全部应用”按钮，这样六张幻灯片的背景都是该填充效果了，参见图 5-2-1。即使再增加幻灯片，背景也是默认这个效果。

5.2.2.2　为幻灯片添加素材

通过本章学习情境 1 的学习，我们已经可以很容易地为幻灯片添加文字、自绘图形以及图片了。本案例涉及添加文字、图片、表格、音频、视频等素材。

1. 通过文本框添加文字

添加文字：可以通过占位符输入文字，还可以通过文本框输入文字。

通过文本框添加文字：单击“插入”选项卡，在“文本”功能区选择“文本框”→“横排文本框”命令，当然根据需要，也可以选择“垂直文本框”。然后，鼠标在幻灯片某一位置上单击一下，会出现一个输入框，就可以输出文字了，如图 5-2-5 所示。

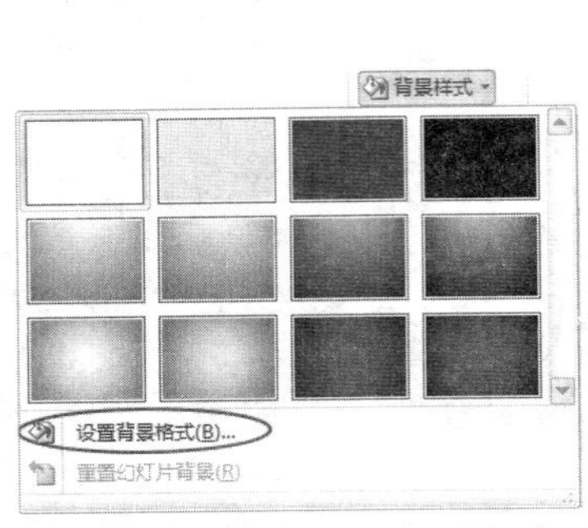

图 5-2-3　选择背景样式

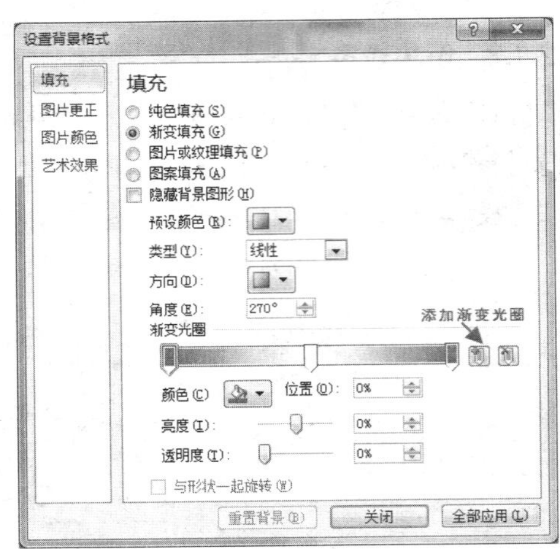

图 5-2-4　设置背景渐变填充色

图 5-2-5　通过文本框添加文字

在 PowerPoint 2010 中，也可对文字进行编辑，如设置文字字体、大小、加粗、倾斜、居左、居中、居右、颜色、背景颜色等，方法参照 Word 2010。

在 PowerPoint 2010 中，文本框也被当成"图形"处理，所以也能设计文本框形状样式，甚至能转换为艺术字效果。方法是选中文本框，单击"绘图工具"中的"格式"选项卡，进行设置。

2. 添加图片

单击"插入"选项卡"图像"功能区的"图片"按钮，选择要添加的图片。

为了使相关图片切合主题（"地球"），为图片设置"柔化边缘椭圆"样式，方法是单击"图片工具"中的"格式"选项卡，在"图片样式"功能区中选择，如图 5-2-6 所示。

在 PowerPoint 2010 中，添加"自绘图形"（形状），和 Word 2010 一样，样式设置等和图片设置大体一致，本例中为第五张幻灯片添加形状。

图 5-2-6　设置图片样式

3．添加表格

本例的第六张幻灯片就涉及表格，在 PowerPoint 2010 中，表格的添加和 Word 2010 异曲同工，方法是单击“插入”选项卡，在“表格”功能区单击“表格”按钮，在弹出的下拉菜单中选择相应选项，插入表格。

为了使表格看起来美观，可以为表格设计样式，方法是：选中表格，单击“表格工具”中的“设计”选项卡，在“表格样式”功能区选择所需样式，本例选择“中等样式 2-强调 3”，如图 5-2-7 所示。

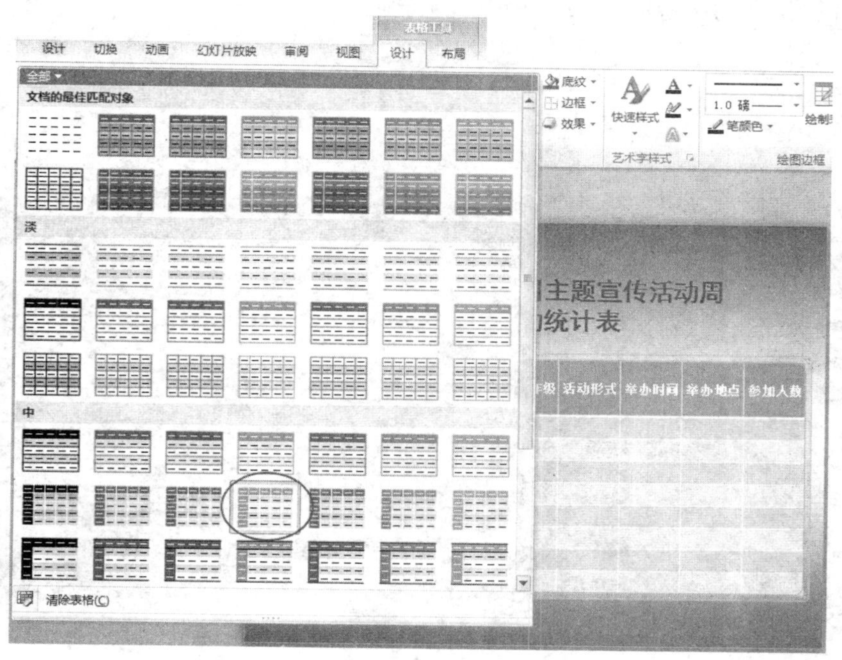

图 5-2-7　设置表格样式

【知识拓展】

PPT应该尽量“视觉化”，多用图表，少用文字，即使用文字，也要用“大号”文字（比如标题就不能小于30磅）。

其他幻灯片中的文字、表格、图片也按上述方法添加，至此，本例中的六张幻灯片已初具规模，下面重点介绍添加音频、视频和动画设计。

4. 添加背景音乐

如果需要为幻灯片添加背景音乐，首先切换到第一张幻灯片，添加方法是：①单击“插入”选项卡的“媒体”功能区的“音频”按钮，选择“文件中的音频”选项；②找到磁盘中要插入的与幻灯片同步的音乐文件，单击“插入”按钮，完成音频的添加；③如果要设为背景音乐，在“音频工具”一栏的“播放”选项卡中设置音乐的开始方式为“跨幻灯片播放”，并勾选“放映时隐藏”和“循环播放，直到停止”复选框，如图5-2-8所示，这样，在播放幻灯片期间就有背景音乐了。

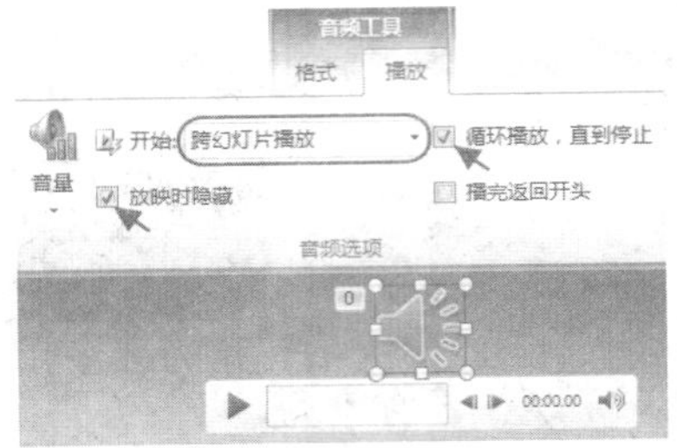

图5-2-8 设置幻灯片背景音乐

5. 添加视频

在PowerPoint 2010的幻灯片里插入、播放视频文件，较之前的版本变得很容易了。本例第四张幻灯片涉及视频添加，方法是单击“插入”选项卡“媒体”功能区的“视频”按钮，选择“文件中的视频”选项，即可插入本地的视频文件。

插入视频后，PowerPoint 2010会有一个播放菜单选择，可在其中的“视频选项”组中将“开始”选择为“自动”或者“单击时”，如图5-2-9所示，本例选择单击才开始播放视频。

在PowerPoint 2010中插入视频后，可以将鼠标移动到视频窗口中，单击“播放/暂停”按钮，视频就能播放或暂停播放。如果想继续播放，再用鼠标单击一下即可。插入视频后，也可以调节前后视频画面，还可以调节视频音量，如图5-2-9所示。

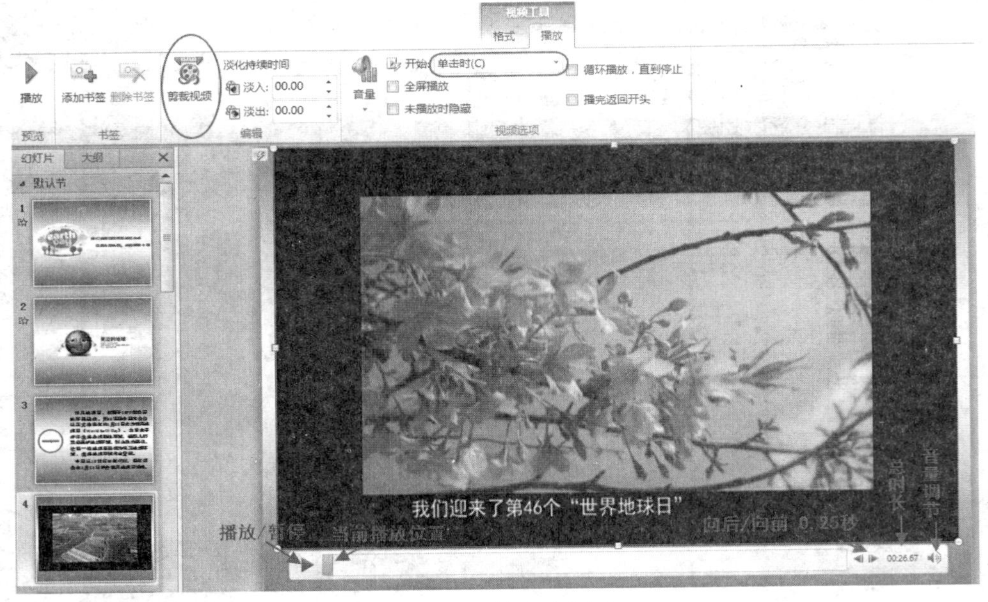

图5-2-9 添加视频播放

PowerPoint 2010 中提供了“剪裁视频”功能，用户可以随心所欲地选择实际需要播放的视频片段。单击“剪裁视频”按钮（图 5-2-9 中椭圆标注部分），在“剪裁视频”窗口中可以重新设置视频文件的播放起始点和结束点，从而达到随心所欲地选择需要播放的视频片段的目的，如图 5-2-10 所示。

图 5-2-10　裁剪视频

【知识拓展】

视频格式很多，建议使用 PowerPoint 中直接支持的视频格式，如 AVI、MPG、WMV、ASF，最好不要使用 rmvb。

5.2.2.3　为幻灯片添加动画

PowerPoint 2010 中，动画可以简单分为两种。①片内动画：在一张幻灯片播放过程中使用动画，这种动画称为幻灯片内部动画，简称片内动画，通过自定义动画功能来完成制作。②片间动画：在一张幻灯片播放完，切换到另外一张幻灯片时的动画，称为片间动画，通过幻灯片切换功能来完成制作。这里主要讲解片内动画，即 PowerPoint 的自定义动画。

PowerPoint 2010 中，可以通过“动画”选项卡里的“添加动画”按钮，来添加自定义动画，如图 5-2-11 所示。这些动画分为进入、强调、退出、动作路径四大类，是通过颜色来区分的，参见图 5-2-11 椭圆标注部分。

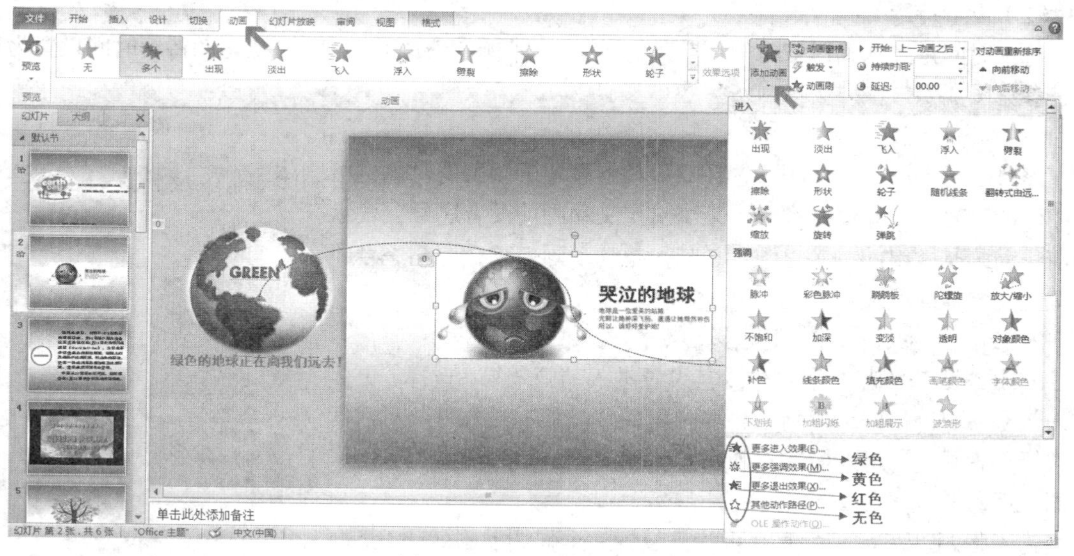

图 5-2-11　添加自定义动画

1. 为“绿色的地球”设置动作路径

选中“绿色的地球”，添加“动作路径”动画，选择“其他动作路径”，如图 5-2-11 所示，在弹出的对话框中，选择“S 形曲线 1”，如图 5-2-12 所示。

为了让“绿色的地球”在 S 形运动时，能呈现出开阔无垠的视野效果，需将运动的起点和终点（绿色箭头和红色箭头）两个运动动画箭头端拖出幻灯片。参见图 5-2-11 所示。

为了让“绿色的地球”在 S 形运动时，达到想要的效果，还要进一步设置“动画效果”。单击图 5-2-13 中的“动画窗格”按钮，打开“动画窗格”，双击图 5-2-13 中标注❷，或单击图 5-2-13 中标注❶，进入动画效果设置。

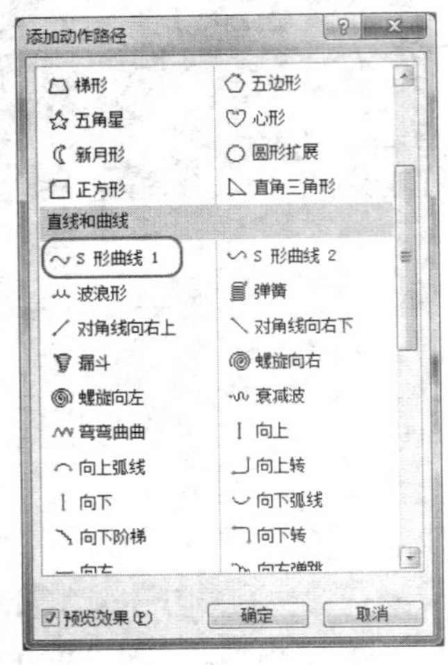

图 5-2-12　动作路径动画

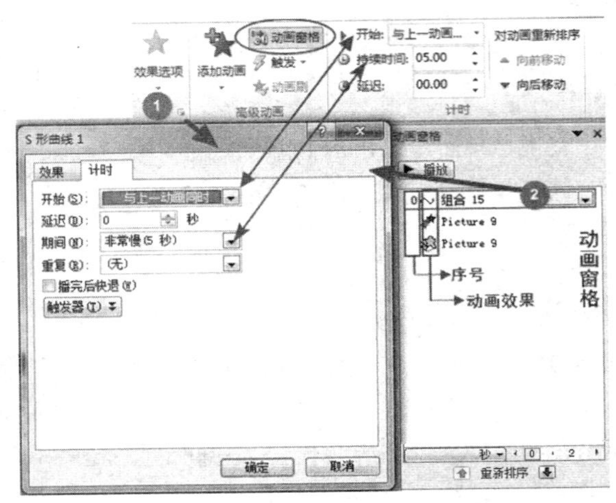

图 5-2-13　动画效果设置

（1）设置开始方式

开始方式是指动画如何开始播放。PowerPoint 2010 提供了三种开始方式：单击时、与上一动画同时、上一动画之后。这里选择“与上一动画同时”，如图 5-2-13 所示。

（2）设置持续时间

持续时间是指动画运行时间（以秒为单位）。本例“绿色的地球”S 形运动持续时间设置为 5 秒，参见图 5-2-13。

（3）设置播放顺序

序号表示动画播放的顺序，在幻灯片上设置了动画的对象也出现相应的序号。如果动画列表中某个自定义动画前没有序号，表示和前一动画是一组的。参见图 5-2-13，拖动动画效果，调整序号即可调整动画播放顺序。

2. 为“哭泣的地球”设置多个动画

选中“哭泣的地球”，首先为其设置进入动画效果，选择“更多进入效果”，如图 5-2-11 所示，在弹出的“添加进入效果”对话框中选择“弹跳”，如图 5-2-14 所示。将该动画的效果设置为：上一动画之后，持续时间 2 秒。

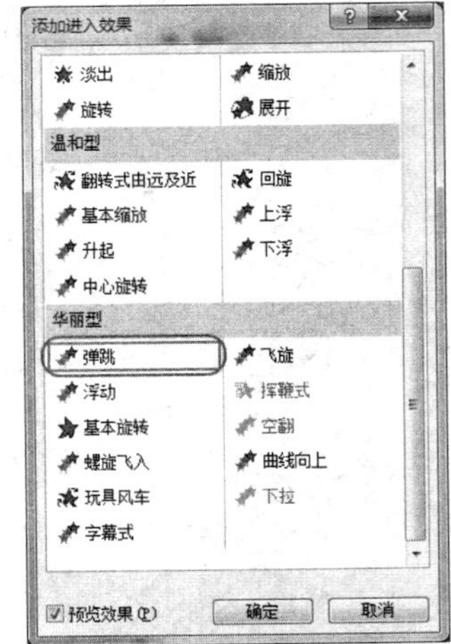

图 5-2-14　进入动画效果

为了强调“哭泣的地球”，再为其设置一个强调动画效果，选择“更多强调效果”，如图 5-2-11 所示，在弹出的“添加强调效果”对话框中，选择“放大/缩小”，如图 5-2-15 所示。将该动画的效果设置为：放大尺寸 150%，上一动画之后，持续时间 1 秒。

3. 为视频文件添加播放即消失的封面

插入视频后，视频对象就像一张普通的图片，没有特色，因此，可以为视频穿一件漂亮的“外衣”。插入一张需要的图片（“外衣”），调整大小，使其覆盖视频。播放视频，“外衣”不能一直覆盖，必须消失，因此为“外衣”图片设置退出效果。选中“外衣”图片，选择“更多退出效果”，如图 5-2-11 所示，在弹出的“添加退出效果”对话框中，选择“消失”，如图 5-2-16 所示。

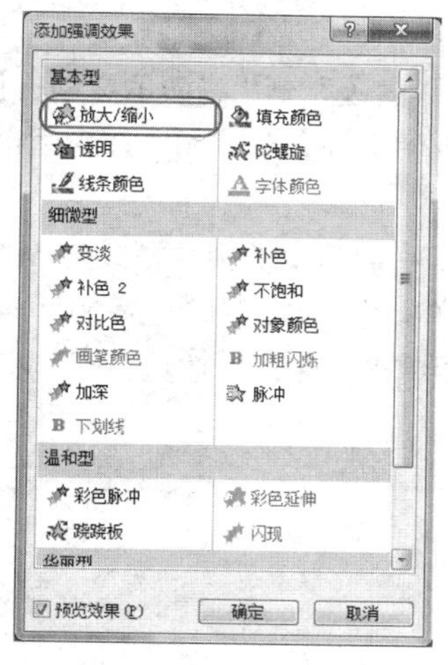

图 5-2-15 强调动画效果

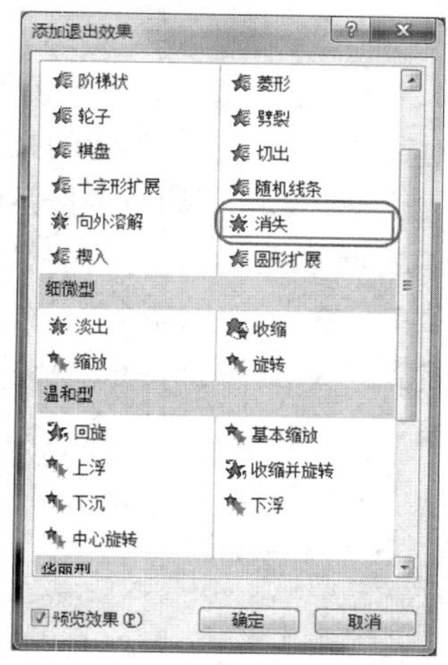

图 5-2-16 退出动画效果

其实，PowerPoint 2010 中，已经提供了这个功能。方法是在幻灯片中选中视频，单击“视频工具”选项卡的“格式”选项的“调整”功能区的“标牌框架”按钮，选择“文件中的图像”，在“插入图片”对话框选中希望作为封面的图片，单击“插入”，即完成视频封面的设置。

【知识拓展】

需要注意的是，切忌设置纷繁复杂、华而不实的动画。动画应结合需要，太花哨的动画效果和伴音有可能适得其反。

5.2.2.4 幻灯片切换

幻灯片切换时可以设置片间动画。选中需要设置的幻灯片（比如第三张幻灯片），设置幻灯片切换的方法是：单击“切换”选项卡，选择“推进”切换效果，如图 5-2-17 所示。

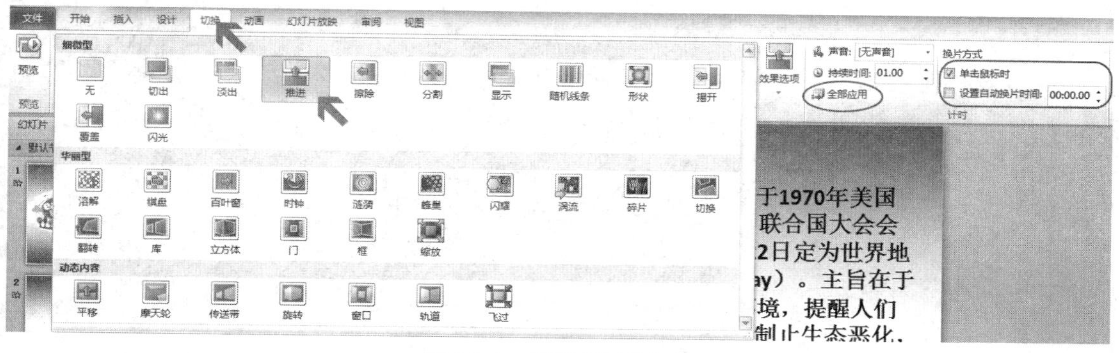

图 5-2-17 设置幻灯片切换

如果需要所有幻灯片都应用该切换效果，则单击“全部应用”按钮，换片方式选择设置自动换片时间为 0，如图 5-2-17 所示。

5.2.2.5 打包演示文稿

所谓打包，指的就是将独立的已组合起来共同使用的单个或多个文件，集成在一起，生成一种独立于运行环境的文件。将 PPT 打包能解决运行环境的限制和文件损坏或无法调用的不可预料的问题，比如，打包文件能在没有安装 PowerPoint、Flash 等的环境下运行，在目前主流的各种操作系统下运行。

打包成 CD，方法是单击“文件”菜单，选择“保存并发送”→“将演示文稿打包成 CD”命令，在弹出的对话框中，选择要打包的文件，单击“复制到文件夹”按钮，在对话框中为 CD 命名，选择保存的位置，单击“确定”按钮即可。

如果没有 CD 盘，那么可以选择将其存为视频格式，一般默认的视频格式是 WMV。方法是单击“文件”菜单，在菜单中选择“另存为”命令，在弹出的“另存为”对话框下面的“保存类型”中就可以找到“Windows Media 视频”选项，选择后单击“保存”按钮，即可将 PPT 转换成视频，也可以通过“保存并发送”命令创建视频。

项目 6 移动互联技术应用

2007 年 1 月 9 日，苹果公司发布了首款 iPhone 手机和 iOS 1.0 系统，2008 年 9 月 22 日，谷歌正式对外发布第一款 Android（中文名安卓或安致，本书以安卓进行表达）手机——HTC G1，搭载了 Android 1.0 操作系统。移动互联领域的发展从此一发不可收拾，2012 年，移动终端数量和用户量正式超越传统的 PC，成为规模最庞大的计算机终端领域。

2014 年 11 月的统计数据显示，Android 系统和 iOS 系统全球市场占有率份额超过 96%，成为移动领域的两大霸主，如图 6-1-1 所示，其中 Android 的份额在 84%左右，可谓移动领域的 Windows，而移动终端中数量最多、比例最大的无疑是智能手机。所以，本书主要以 Android 系统手机为基准进行移动互联的相关讲解和展示。

图 6-1-1　移动领域两大霸主——iOS 与 Android

6.1　移动互联基础——终端设备应用与维护

在日常的工作或生活中，我们经常会遇到移动终端的维护问题，如系统设置的调整、App 的管理、移动终端与计算机的互操作、数据备份恢复等。本学习情境通过案例“Android 手机应用维护”的操作过程，介绍了移动终端与计算机的互操作、Android 系统基本设置、App 管理、移动终端数据备份与恢复等操作方法，完成了一个 Android 手机的常规应用维护过程。

6.1.1　情境分析

6.1.1.1　案例背景

四川机电职业技术学院新生小林，近来感觉自己手机问题很多，想处理一下，却不知从何下手。

小林请教了信息工程系的袁老师。在袁老师的指导下，小林顺利完成了对手机的通信录、短信等重要数据的备份，对手机系统进行了初始化操作，重新对系统进行了相关设置，并安装了一些实用的 App，最后，小林对已经恢复正常的手机进行了截图，发给袁老师表示感谢。

6.1.1.2 任务描述

对 Android 手机进行系统初始化，这是一个类似于计算机重装系统的操作。任务具体要求描述如下。

（1）计算机连接 Android 手机。

（2）备份数据。

（3）还原出厂设置。

（4）恢复数据。

（5）重新配置手机。

（6）安装 App。

（7）卸载不需要的内置 App。

（8）截屏分享。

6.1.1.3 解决途径

小林接到任务要求，先将手机与计算机连接，对手机数据进行备份，然后进行系统初始化，恢复出厂设置之后，进行数据恢复，并重新配置手机，接下来安装一些需要的 App，并卸载掉一些不需要的内置 App，最后截屏分享。

6.1.1.4 学习目标

通过对手机进行维护管理，要求掌握以下操作：手机与计算机的物理连接；驱动程序安装；数据备份；系统初始化；数据恢复；开/关机、重启、飞行模式；网络数据、Wi-Fi 开关；锁屏与解锁；字体设置；输入法设置；安装和卸载 App；root 权限获取和解除；卸载内置 App；截屏；分享。

【能力目标】

（1）熟悉 PC 与移动端的连接方法。

（2）掌握 PC 端对移动端数据备份与恢复方法，了解移动端数据备份与恢复方法。

（3）掌握 Android 的常用设置方法。

（4）了解 root 操作，会卸载内置 App。

（5）掌握 PC 端的截屏操作，了解移动端的截屏操作。

【知识准备】

（1）了解 Android 和 iOS 两大主流移动操作系统。

（2）有一定的移动智能终端使用经验。

6.1.2 任务实施

6.1.2.1 计算机连接 Android 手机

我们基于计算机对手机进行管理，常常能够获得更多的便利，比如安装软件能够不消耗手机的流量等。但是要实现计算机对手机的管理，必须先设法将二者连接起来。现在通用的方法是采用有线连接和无线连接这两种方式。

计算机连接移动终端用得最多的是采用无线连接，先用 USB 数据线对两个设备进行物理连接，之后在 PC 端打开移动终端管理工具，安装驱动程序，之后即可进行管理。

现在很多管理工具也支持用 Wi-Fi 将手机与计算机相连，但是一些高权限的功能将无法实现，而数据传输性能则视网络具体情况可能存在一定的不稳定性，并且对于台式计算机而言，无线网卡并非标配，也无法直接使用无线连接管理的方式，所以在有数据线的情况下，还是推荐优先使用有线连接方式更为稳妥。

PC 端的管理工具很多，这里以 360 手机助手（脱胎于 91 手机助手，国内最早的 PC 版 Android 管理工具）为例进行演示说明，后继操作也都以 360 手机助手为例进行。

6.1.2.2　计算机通过移动终端上网

虽然现在无线网络的发展态势非常迅猛，我们在一些特定的场合，比如出差或者旅行时，需要随身携带的笔记本电脑能够上网，但身边又没有有线网络，这时我们常利用手机来帮助计算机访问网络。如果手机是 Android 设备，主要方法有以下三种。

1. 调制解调器模式

此方法就是将移动终端变身为无线上网卡。但是现在很多 Android 设备的默认工作模式往往不是调制解调器模式，需要在设备上进行手工切换，无形中提高了该模式的使用难度。安装驱动程序对非专业用户而言也是一件较为困难的事情，尤其在 Android 升级到 4.0 之后，该模式已经不被默认支持，因此此方法实际使用较少。

2. 网卡模式

在此模式下，移动终端相当于一张有线网卡。此方法最为稳定，但是必须要有数据线。具体操作方法：先用数据线将手机和计算机连接，在手机端，依次点击【设置】→【无线和网络】→【更多】→【网络共享与便携式热点】→【USB 共享网络（勾选）】，如图 6-1-2 所示。之后在 PC 端（Windows XP 以上版本）就会自动识别出一张网卡，无需任何附加设置，就可以通过手机上网了。

3. 无线热点模式

在此模式下，移动终端变成了一个无线接入点（AP）。此方法不需要数据线，但是要求计算机有无线网卡，能够接收无线信号。在与笔记本配合时，是最常用的一种方法。

具体设置方法：在手机端，【设置】→【无线和网络】→【更多】→【网络共享与便携式热点】→【便携式 WLAN 热点（勾选）】（见图 6-1-3）→【设置 WLAN 热点】→【设置网络 SSID、密码等参数】（见图 6-1-4）。

图 6-1-2　Android 网卡模式

图 6-1-3　Android 热点

这里简单解释一下 WLAN 热点详细设置界面上的几个主要参数。

SSID：Service Set Identifier 服务集标识符，用来区分不同的网络，在别人扫描无线网络信号时会显现出来，也就是无线网络的名称，会自动生成。建议手工修改为一个便于识别的个性化名称。

安全性：不同的网络加密算法，可选项一般有：不加密、WPA-PSK/WPA2-PSK、WPA/WPA2 以及 WEP 等。一般建议个人/家庭用户选择设置简单且安全性较高的 WPA2-PSK。

密码：Android 要求为热点设置不少于 8 位的密码，对密码复杂度并无额外要求，形如 00000000、12345678 这样的简单密码在 Android 热点设置中是允许的（见图 6-1-4）。如果你想有更高的安全性，建议设置包含数字、密码、标点符号在内的且长度较长的混合长密码；如果密码中包含中文，能够帮助你大幅度提高安全等级。

图 6-1-4　Android 热点设置

手机热点设置完成后，在计算机上，依次选择【无线网络连接】→【双击手机热点 SSID】→【输入密码】，即可通过手机访问网络。

6.1.2.3　备份数据

手机发生故障、性能不足需要升级或因其他一些原因而更换手机的情况在所难免；有些发烧友更是经常进行系统升级甚至刷机。每次更换手机或更新系统时，我们都必然面临一个问题：电话簿怎么办？短信怎么办？装那么多应用程序又怎么办？解决此问题最有效的办法就是，对手机进行数据备份，在更换手机或系统更新后进行数据恢复。

在主动更换手机、系统更新等计划性的改变时，我们可以在进行相关操作之前进行数据备份，在操作完成后进行一次数据恢复即可。为了应对手机故障这种意外情况，建议养成经常备份的良好习惯，这样即使突然发生故障，你也可能保存有几天之内的备份，不至于造成太大的影响和损失。

每次手机在与计算机进行有线连接后，我们可以在 PC 端对手机数据进行备份，下面以 360 手机助手 PC 版为例进行 PC 端数据备份的介绍。

打开 360 手机助手后，在主界面正中下方，可以看到功能区，如图 6-1-5 所示。单击“备份”下拉按钮，可以选择“手机备份”或“数据恢复”操作；选择“手机备份”，之后会弹出向导式备份界面，如图 6-1-6 所示，根据屏幕提示进行后继操作即可，数据最终会被备份为一个压缩文件或特定格式文件，默认存放路径为 360 手机助手自动指定，不过在备份过程中也可以手工指定其他路径。

刷新　截屏　演示　备份
手机备份
数据恢复

图 6-1-5　PC 端数据备份与恢复

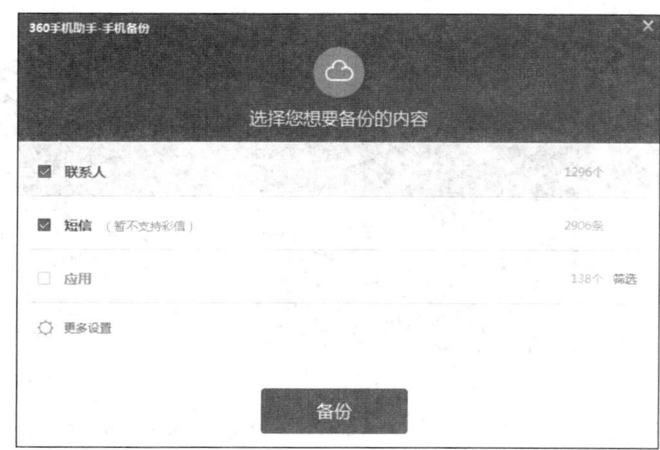

图 6-1-6　“手机备份”界面

随着信息技术的发展，云备份和云存储为大家备份和海量存储提供了方便。云备份，就是把个人数据的通信录、短信、图片等资料通过云存储的方式备份在网络上。不受空间和设备限制，也不用数据线，也不需要备份到存储卡上，没有丢失的风险。

如果你打算使用云备份，需要知道以下常识：云备份是需要网络的；云备份需要有基础云存储服务的支持，无论电话簿、短信还是其他，本质上都是数据，备份需要存储空间，只是之前介绍的备份技术所存储的位置在本地，而云备份存储在云端（云服务器）而已；云备份有泄密风险，即便安全如 iCloud（苹果公司的云存储服务），也发生过著名的信息泄露事件。

如果你对上述情况已经清楚并仍需要做云备份操作，那么这也是一个非常简单的工作，首先要选择一款主流可靠的云存储服务，目前国内最为主流的云存储由 BAT3（百度、阿里巴巴、腾讯、360）提供，分别是百度云网盘、酷盘、微云、360 云盘，这几款云盘都是尽力与服务商的主要业务进行集成，比如微云与 QQ 就形成了无缝集成（见图 6-1-7），建议读者自行尝试对比各个云盘服务的异同，以选择出更适合自己使用的云盘。此处以 360 云盘为例，在其中醒目位置就有“通讯录备份”按钮，如图 6-1-8 所示，进去后点击“备份”按钮即可完成。

图 6-1-7　PC 版 QQ 主面板上的微云按钮

图 6-1-8　360 云备份

6.1.2.4　还原出厂设置

出厂设置也就是操作系统的初始化设置，当手机遇到一些难以通过常规设置手段难以解决的问题时，就可以考虑还原出厂设置。此方法会将手机的所有第三方应用程序和设置（包括你对手机系统本身做的设置）清空，还原到“初始状态”，因此具有很高的风险，在进行还原出厂设置之前，务必对手机进行一次数据备份，以防万一。

还原出厂设置的操作方法：依次点击【设置】→【恢复出厂设置】→【重置手机】，如图 6-1-9 所示。

还原出厂设置可以同时进行内置和外置存储卡的格式化操作，但是一般不建议做此操作，因为系统设置问题与存储卡上的数据基本无关。

6.1.2.5 恢复数据

前面说到，在更换手机、更新系统或者还原出厂设置等操作之后，我们都需要进行数据恢复操作，这样之前的电话簿、短信等重要数据就能恢复如初了。

这里继续用 360 手机助手 PC 版为大家介绍数据恢复操作。打开 360 手机助手，单击“备份”按钮，点击“数据恢复”，此时会出现一个数据恢复向导，会从 360 手机助手的默认备份路径中读取出已有备份文件列表（见图 6-1-10），你也可以手工选择你备份于其他路径下的文件，后继具体恢复操作正好与数据备份相反，依旧只需要按照向导操作即可轻松完成。

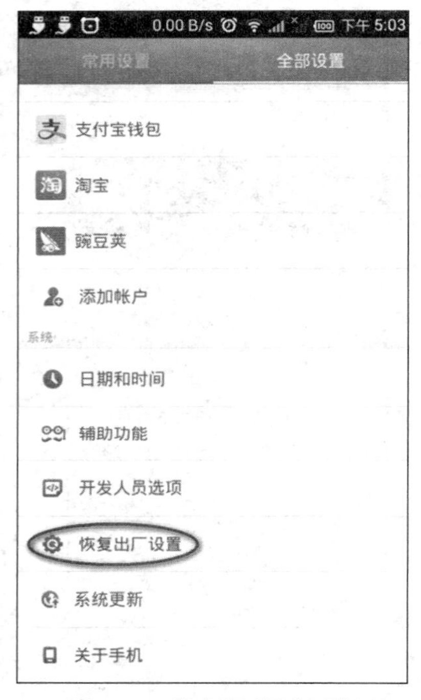

图 6-1-9 移动端还原出厂设置

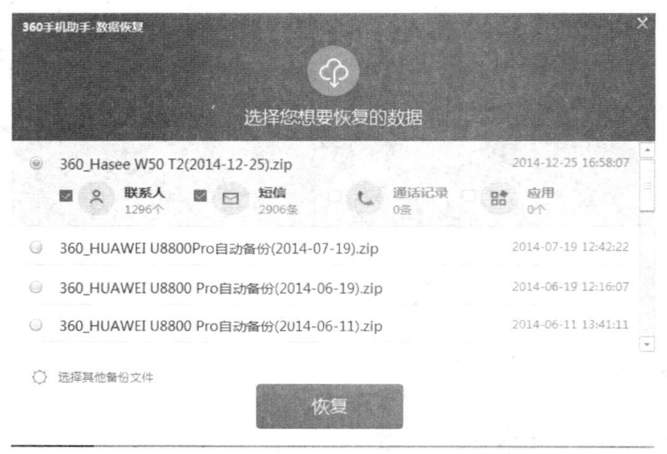

图 6-1-10 PC 端还原出数据

6.1.2.6 重新配置手机

电话簿、短信等数据一般很容易进行备份和恢复，但是系统本身的设置往往很难进行备份和恢复，因此在系统初始化之后，一般都需要重新手工配置。

1. 开关机、重启、飞行模式

在 Android 手机上，长按电源键会弹出一个菜单，其中有关机、重启、飞行模式三个功能项（见图 6-1-11）。

关机和重启与计算机上没有本质区别，当你的手机出现明显卡顿、假死等情况时，不妨试试重启，而目前所有 Android 手机的开机，都是长按电源键，这延续了手机数十年来的一贯设计。

这里重点介绍一下飞行模式。飞行模式是一个很有意思的模式，早在功能机时代就已普遍存在，其最初的含义是在飞机飞行期间都可以使用的模式，其本质是切断所有对外通信信号，包括移动通信和 Wi-Fi 信号（部分版本的 Android 系统支持在飞行模式下使用 Wi-Fi，但是需要开启飞行模式后自行手动开启 Wi-Fi），使得电子设备理论上不收发无线电磁信号，于是不会对飞机航线产生干扰。这原本只是手机厂商们的一个噱头，不过目前一些国家的民航系统已经对飞行模式解禁，允许乘客在飞机上使用该模式，而我国目前尚未对此解禁。

不过飞行模式的特点可以被用来替代开关机的操作，不少人都有夜间休息时关闭手机电源的习惯，但是对于智能手机而言，一次开关机操作，耗时很可能超过 2 分钟，在 Android 2.X 时代，一次开关机甚至可能超过 5 分钟；另一个问题是，开关机其实非常耗电，目前的智能手机，无论怎样的电路设计，开关一次基本都会明显损耗一定电量，对于有一定程度老化的电池而言，单次开关机甚至会带来 10%的惊人电量损耗！而飞行模式则不然，一个夜间（以 10 小时计算）的飞行模式，基本没有明显的电耗发生，而连续 24 小时飞行模式的耗电量一般也在 1%以内。手机的电耗是能量消耗的体现，本质上源于电磁辐射，飞行模式之所以电耗低，就是因为切断了主要的电磁辐射来源——无线通信，也就是一次开关机可能就相当于 10 天飞行模式的辐射量。所以飞行模式的手机，理论上对人体的辐射完全可以忽略不计，如果你不放心，可以在开启飞行模式之后，将手机远离自己的身体摆放即可。

2. 移动数据、Wi-Fi 开关

如果想使用手机上网，主要有两种方式：利用运营商的移动电话网络数据功能，或者利用 Wi-Fi。运营商的移动电话网络从 2G 时代后期（GPRS 和 EDGE）就开始支持访问互联网了，移动数据和 Wi-Fi 都需要手动开启，因为很常用，它们往往被设计在设置界面最醒目的位置，同时，往往还有下拉快捷开关如图 6-1-12 所示。

图 6-1-11 开关机菜单

图 6-1-12 下拉菜单里的移动数据和 Wi-Fi 开关

更通用的标准操作方法：【设置】→【移动数据/WLAN】→【开（ON）/关（OFF）】（见图 6-1-13）。

2. 锁屏与解锁

锁屏是一种安全机制，一方面可以保护个人隐私，另一方面可以防止误操作，比如手机放在口袋里的时候。Android 经典的锁屏方式是滑动锁，实际上是可以设置的，具体支持的锁屏类型视设备和系统版本的不同而不同（见图 6-1-14），这里谈一谈最主要的一些锁屏方式。

密码锁与计算机的类似，但是在手机上反复输入一长串文本，恐怕是一件头疼的事情，加上屏幕尺寸小巧，也许你要输入三五次才能正确解锁。

声音、头像、指纹锁看上去确实很高大上，但是，万一你感冒了呢？万一你剪头发或者化妆了呢？万一你手打湿了呢？也许你会为此时的低识别度懊恼不已。

滑动锁是保障不了用户个人隐私的，不过图案锁是一个不错的选择，也许还是目前最好、最为推荐的选择。使用图案锁，上述的种种烦恼都不会遇到。这里需要提醒两点：①16 点肯定比 9 点更安全，复杂图案肯定比简单图案更安全；②请在设置里隐藏你的解锁图案。

锁屏的设置方法："设置" → "安全" → "锁屏方式"。

图 6-1-13　移动数据和 Wi-Fi 开关

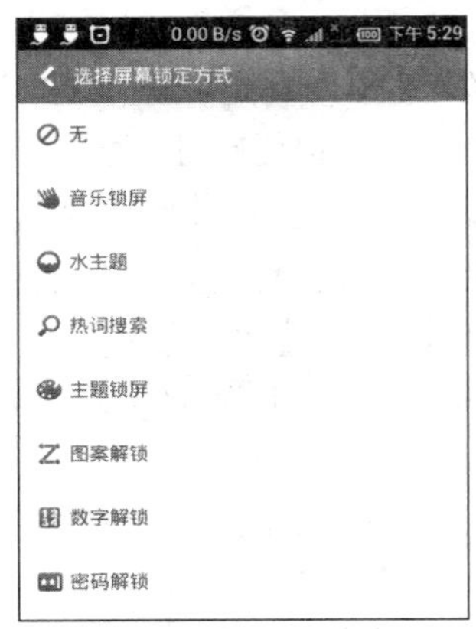

图 6-1-14　锁屏方式

4. 输入法

如果你使用的是谷歌原生 Android，你一定会为中文输入头疼不已，谷歌自带的输入法是按照西文的输入习惯设计的，如果想更顺利流畅地输入中文，还是换一款主流的中文输入法比较好。

目前国内最为出色和知名的中文输入法有百度、搜狗、QQ、讯飞等。这些输入法支持多种输入模式，也都支持手写模式，同时还有一些符合国情的实用性功能，比如表情库、短信库等，非常符合国人的使用习惯。你可以根据自己的习惯任选一款使用。

6.1.2.7　App 管理

App 就是 Application 的前三个字母，字面意思就是应用程序。但是缩写为 App 时，特指移动端的应用程序。

1. App 安装前的准备工作

建议你看到此处时，请先将以下选项开启，否则你将不能从应用市场之外的途径安装应用。具体操作："设置" → "安全" → "未知来源（允许安装来自未知来源的应用）"（见图 6-1-15）。

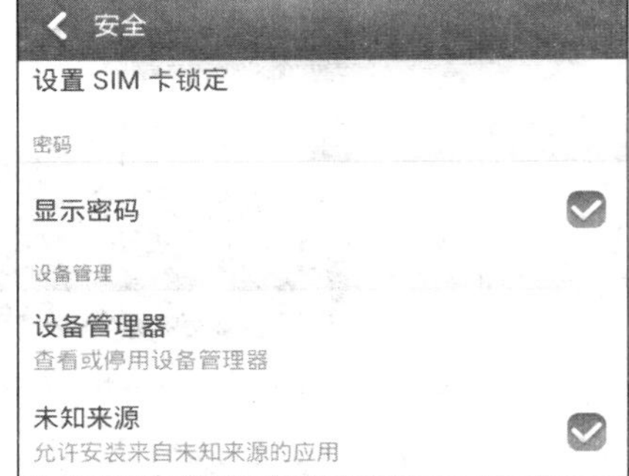

图 6-1-15　允许安装来自未知来源的应用

2. App 安装

App 有多种方式查找和下载安装。

（1）官方网站

主流 App 一般都有自己的官方网站，很多 App 的官方网站通常也就是自己所属单位或企业的官方网站，比如腾讯 QQ。

（2）应用市场

你会发现还有很多 App 没有官网，但是你可以在应用市场里找到它们。应用市场是苹果的伟大发明，苹果称其为应用商店，而谷歌称其为应用市场，本书以谷歌的 Android 系统为基准讲解，故使用谷歌的叫法。

国内的 Android 应用市场在经历了多年发展之后，被 BAT3（百度，阿里巴巴，腾讯，360）所垄断，这些市场，本质上是以前若干个市场的集合体。

下面以 360 手机助手为例介绍（见图 6-1-16）。

360 手机助手 APP 是 360 手机助手的移动客户端版本，起源于国内最早的 Android 管理工具——91 手机助手，借助 360 安全卫士庞大的装机量进行捆绑式推广，同时整合了国内数十家应用，目前已经发展成为国内最大的 Android 应用市场之一。如同其他主流应用市场，360 手机助手具有应用搜索、下载、安装、卸载等一系列基本功能，设计简单易用，加之 360 作为安全厂商出身，其上架应用的安全性也很有保障，免去了用户查找和安装应用的诸多烦恼，四川机电职业技术学院自主开发的人工智能类 App“机电百事通”就在 360 市场成功上架，读者可以通过 360 手机助手查找安装。

值得一提的是，应用市场的发明，极大降低了用户查找、安装软件的难度，并且保障了应用程序的安全性，因此当今主流 PC 桌面版操作系统也纷纷采纳了此模式，如 Windows 8/8.1，Ubuntu（全球最受欢迎的桌面版 Linux）、深度 Linux（英文名称 Deepin，进入 2014 年度中国政府采购目录，截止 2015 年 5 月，distrowatch.com 权威排名全球第 16 名，世界排名最高的国内发行版本 Linux）等都内置了应用市场。

（3）互联网搜索

有些应用因为各种因素，既没有官网，也不在市场上架，这时就只能用搜索引擎来找到它们了。需要提醒的是，这类应用无从判断是否所谓官方版本，也未经任何市场审核，所以质量和安全性存在巨大隐患，也许你一不小心就会装上一个自动后台群发短信，或者疯狂下载各种未知数据的 App，你可能要等到天价账单出现在你面前你才会意识到问题的严重性。

为了方便读者下载使用本书提到的 App，本书所有 App 均可从配套课程网站进行下载，也可在各大应用市场自行搜索安装。

3. App 应用动态切换

长按 Home 键可以调出最近使用的 App 列表，如图 6-1-17 所示，在这里可以进行 App 的切换，类似于 Windows 中 Alt+Tab 的功能。

图 6-1-16　360 手机助手 App

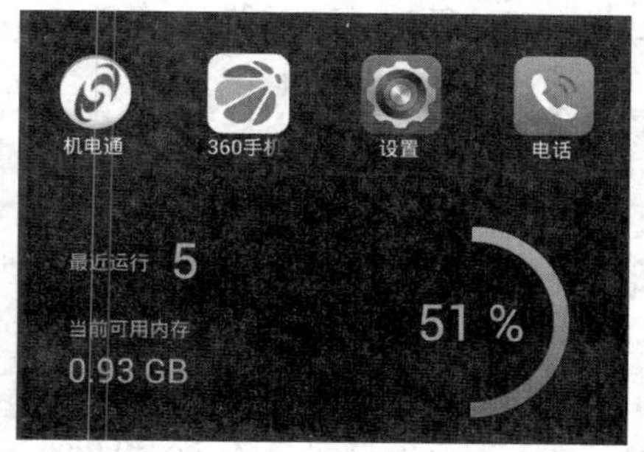

图 6-1-17　App 动态切换

4. App 应用卸载

App 的卸载非常简单，在应用程序列表中，长按待卸载的应用图标，拖至桌面正上方的红色提示区，就可以卸载了。另一种方法要麻烦一些：依次点击“设置”→“应用”→“应用管理”→“单击要卸载的应用”→“卸载”。但是对于系统内置应用，仅仅这样操作是无法卸载的，还需要对手机进行 root 操作，并用 360 手机助手等专门工具才能卸载。

5. root 与内置应用卸载

什么是 root？为什么要 root？

Android 是当今 Linux 最主流的一个发行版本，所有具备 Linux 常识的人都知道，root 是 Linux 的超级管理员用户，相当于 Windows 的 Administrator，具有系统最高操作权限。

人们一般表达的 Android 设备 root，其实是把 root 动词化了，可以理解为获得 Android 设备 root 用户的权限，也就是最高权限，所以这是一个伴随着巨大风险的操作，正如国家领导人不可能让一个不谙世事的毛头小子来担任一样，给缺乏计算机和操作系统专业知识的普通用户 root 权限，无疑是一件极度危险的事情。

如果这么说，你还不明白，那么下面的情形你应该听说甚至亲身经历过，在 Windows 中，用 Administrator 用户登录，误以为 C 盘下那些你看起来不认识的文件和图标，非常大胆地将它们删除，然后你发现，进不了系统了。

这就是为什么世界上大多数移动终端厂商都宣称 root 不享受合法的售后服务，虽说这是厂商规避风险之举，不过客观上也让大多数用户更为慎重地对待 root 操作，从而保护了他们自己。

当然，通过学习，你会发现 root 和反 root 都非难事，既然能够反 root，那么 root 不保修的说法自然也就不成立了，不过即便如此，你还是应该充分地了解 root 的风险和谨慎地进行各种高权限的操作，否则系统崩溃真的只是举手之间。

root 的价值在于可以进行更多高权限的操作，比如卸载掉某些你不喜欢、对你无用甚至确实无良的内置软件，在普通权限下，它们受到严格保护。

下面以 360 超级 root 为例给大家讲解 root 操作（见图 6-1-18）。

在手机端：下载并安装“360 超级 root”，打开“360 超级 root”，点击“一键 root”，提示 root 成功，此时根据设备不同，有可能会提示或自动重启设备，重启完成后就能成功 root。

图 6-1-18　360 超级 root

反 root（解除 root 权限）只需要在 360 超级 root 中点击“解除 root”即可。

6.1.2.8　手机屏幕展示分享

你有没有见过最新款智能电子设备发布会的场景？展示者在台上向你展示着手中的设备，身后大屏幕上同步显示出了他的操作，这是如何做到的呢？这其实是移动设备屏幕显示在大尺寸显示设备上的投射，如果你的设备支持 miniHDMI 这样的接口，那最好不过，但是手机这类设备往往没有此类外接显示接口，此时我们还可以借助计算机来完成此工作，当然，截屏相对于动态画面投射，只是小菜一碟了。

1. 手机在计算机上同步显示

手机要在计算机上做同步显示的投射，首先要将手机和计算机相连，连接成功后，在 PC 版

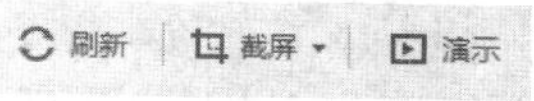

360 手机助手一类的管理工具上，点击“演示”按钮（见图 6-1-19），即可将手机屏幕图像动态投射到计算机屏幕，你可以试一试操作，看 PC 端是否能与手机操作同步显示。

图 6-1-19　PC 版 360 手机助手的演示与截屏

2. 在 PC 端对移动端截屏

目前主流的 PC 端管理软件都支持对手机截屏，操作也很简单，有人也许更喜欢用 QQ 截图，但是 QQ 无法截取手机端的全貌，现在手机主流分辨率已经超过 720×1280 像素，投射到计算机屏幕上往往远小于此分辨率，并且使用 QQ 毕竟要多开一个应用程序。另外，PC 端对手机截图的基本要求就是要用 PC 端管理软件连接手机，此时再打开 QQ 等其他截图工具，确实显得多此一举。

这里以 360 手机助手为例进行演示讲解。

在 PC 端：打开“360 手机助手”→“刷新”→“截屏”（见图 6-1-20），点击“截屏”按钮旁的小三角，会弹出一个小菜单，可以设置将截屏保存为文件还是剪贴板。

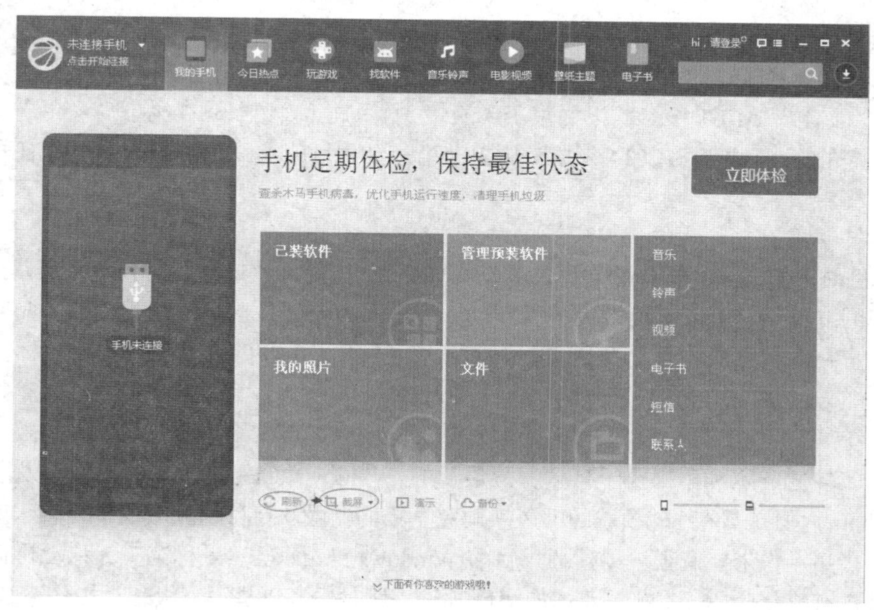

图 6-1-20　PC 端截屏操作

3. 移动端截屏

MIUI 等一些版本的 Android 系统自带截屏功能，没有统一方法，但是往往简单易用（可以在网上查看对应版本的使用说明，比如 MIUI 是先轻按下菜单键不松手，然后迅速按下音量减少键，而百度云可以直接在下拉菜单快捷键中一键截图），但是原生 Android 却没有截屏功能，需要通过第三方 App 来实现（请尝试在市场里搜索“截屏”）。

无论在 PC 端还是移动端对手机屏幕截图，都只能截取全屏，如果你只需要其中一部分，那请在计算机上用专业图形处理软件进行后继处理。

6.1.3　知识链接

6.1.3.1　移动互联终端主要类型与特点

移动终端的主要类型有手机、平板和机顶盒，以及目前热门的智能穿戴设备，其中手机是最常见和占比最大的移动终端，随着智慧家庭的普及，平板和机顶盒也进入了千家万户，现在热门的智能电视，本质上就是集成了机顶盒芯片的电视设备。

智能穿戴设备是近年来非常热门的一个领域，代表产品有苹果的智能手表、智能手环，谷歌的智能眼镜等，尤其是其与个人健康监测指导结合后，受到广泛关注。

6.1.3.2 主流移动操作系统

1. Android（谷歌）

Android是当前市场占有率较高的移动操作系统，截至2014年，其市场占有率已经达到84%，堪比PC领域的微软Windows操作系统。Android的成功有多方面原因，众所周知和公认的一些原因有：谷歌公司巨大的业界影响力和强大的技术研发实力，开源、免费授权、低成本，几乎覆盖全球移动硬件厂商的产业联盟。

Android开源免费的特点，使得其“马甲”特别多，这些“马甲”有个学名——发行版本，因为Android本身就是Linux操作系统的一个发行版本。Android众多的发行版本也成为移动操作系统领域上的一道独特风景。国内较为知名的Android发行版本有：阿里云（阿里巴巴公司出品，阿里云是否还属于Android发行版本尚存争议，因为阿里云号称几乎重写了所有代码，不过它对Android完全兼容）、MIUI（小米）、百度云（百度）、乐蛙（乐蛙社区）等。

值得一提的是，阿里云于2014年成为历史上第一个和目前唯一一个入选中国政府采购目录的移动操作系统。

2. iOS（苹果）

iOS是目前人们认为的设计非常好的移动操作系统。当前的移动互联时代也是由苹果利用iOS和与之配套的iPhone、iPad等终端设备所开创。但是因为软硬件自成体系并且价格偏高，所以市场占有率一直在20%出头，目前在Android的强力冲击下，市场占有率已经跌破20%。

3. Windows Phone（微软）

作为传统PC和服务器领域的霸主，微软Windows也有其在移动领域的版本。微软进入该领域的历史其实较之谷歌和苹果要早得多，从最初的Windows CE、WM/SP等一直发展到现在的Windows Phone，但是与在PC领域的呼风唤雨完全不同，微软在移动领域似乎一直水土不服，即使先下手很多年，也未能有很大的建树，目前Windows Phone虽然号称第三大移动操作系统，但实际上市场占有率仅为3%左右，还不如塞班时代，那时候塞班是第一大移动操作系统，WM则是第二。

4. 其他

塞班、Plam等都是历史上赫赫有名的移动操作系统，但是属于它们的时代已经过去，这些系统目前大多都已退出历史舞台。

6.1.3.3 2G/3G/4G和Wi-Fi

谈手机就离不开手机的无线通信技术。手机通信技术截至目前经历了4代的演变，G就是Generation，是“代”的意思，我们平时经常听说的2G/3G/4G，其实就是指第2/3/4代手机通信技术。1G是模拟通信时代，典型代表是大哥大，2G之后就是目前广泛使用的数字电话了（取下你的手机电池，就能在主板上看到这样的中文标识）。手机可以上网是在2G后期发生的，但是网速慢如蜗牛（GPRS的带宽是171.2kbit/s，EDGE的带宽是384kbit/s），到了3G时代，带宽有了大幅度提升，即便下行带宽最低的TD-SCDMA（中国版3G国际标准，中国移动使用，另外两个标准CDMA2000、WCDMA分别分配给了中国电信和中国联通），也有2.8Mbit/s，这大体相当于

2006～2008 年期间家用有线宽带的带宽水平，大大改善了手机的上网体验。智能手机也正是在这个时期爆发式地普及开的。4G（国内使用了 TDD-LTE 和 FDD-LTE 两个标准，中国移动只使用 TDD-LTE，中国电信和中国联通同时分配有 TDD-LTE 和 FDD-LTE）是目前最新的一代手机通信技术，目前国内商用的下行带宽可达 150Mbit/s，较之 3G 有了质的飞跃，很多家用有线宽带都还远没有达到这个带宽水平。

3G/4G 的普及，使得智能机的应用具备了网络基础，不过目前带宽问题虽然已经不是瓶颈，但是流量费是一笔不小的开销，因此，很多人会优先选择价廉物美的 Wi-Fi 上网。

Wi-Fi 与手机通信技术不同，它本身是一种局域网技术，Wi-Fi 上网其实是通过 Wi-Fi 连接到可以访问互联网的局域网中，再使用互联网的。比如家里的无线路由器，如果没有连接互联网，那么你手机就算连上它的 Wi-Fi，也还是无法使用互联网。

至于现在运营商力推的将 4G 和 Wi-Fi 二合一的 MIFI，原理其实很简单，就是一个具有热点功能的上网卡。再说得直白点，除了没有直接的通话功能（有的也是直接支持短信的）外，与一部手机没有本质区别。反之，通过前面知识的学习应该知道，任意一部 Android 手机，其实都是一个 MIFI 设备。

6.1.3.4 Android 设备选购小常识

这里以 Android 手机为例进行说明，Android 平板、机顶盒、可穿戴设备等可以参考。

很多人都不清楚 32G 的 ROM 究竟有没有比 2G 的 RAM“更快”，也不知道为什么自己新买的手机，1300 万像素的摄像头拍出来的效果连 2010 年上市的 iPhone 4 的 500 万像素都远远不如，八核 CPU、4K 分辨率屏幕真有那么高大上么？当然，此类问题还有很多很多。此处围绕如何识别一些最为重要的参数来给大家做简单介绍。

我们首先要弄清楚一个问题，包括手机在内的 Android 智能设备，本质上是计算机（完全符合冯·诺依曼结构），所以我们完全可以按照计算机的选购方法来进行此类设备的选购。需要说明的是，移动设备大多基于 ARM 架构，而计算机则是 x86 架构，所以并不能将一款八核的手机 CPU 与计算机的八核 CPU 同等看待。大体上，智能手机的平均硬件性能相当于 8～10 年前的计算机的平均水平。

根据计算机的一般选购方法，CPU、内存、硬盘、显示器是我们最主要考虑的指标，在移动设备上，与之对应的是 CPU、RAM（内存）、ROM（外存）/存储卡、显示屏。当然比普通计算机还要增加摄像头、网络支持的考虑，至于其他硬件指标，大多为锦上添花。

CPU 是最重要的硬件之一，CPU 指标过低，性能必然不佳，但是现实情况是，2014 年上市的设备，四核 CPU Android 手机的入门价位都已被拉到了 500 元以内，所以你正常选购一部手机，CPU 的性能几乎只会过剩而不会不足，没有必要过分追逐过高的 CPU 指标。

RAM 是会被绝大多数人忽略的一个硬件指标，但是在当前 CPU 等其他指标基本都明显过剩的情况下，说 RAM 是最重要的指标恐怕也不过分，你可以尝试一下一款被设计成八核 CPU、256MB RAM 的设备会带来怎样令人崩溃的用户体验，遗憾的是，这种设备并不停留于理论，当然它们往往是被“送”给用户的，但是这对 Android 设备的名声造成了极其恶劣的影响，“为什么八核 CPU 的手机会这么卡啊？Android 完全没法用啊！”这样的抱怨不绝于耳，有一定计算机硬件常识的人很容易明白，计算机的性能取决于性能最差的那一个硬件，也就是著名的“木桶效应”，因此如果你想选购一款称心如意的 Android 设备，请务必留意它的 RAM 是多大（以 2015 年新购手机为基准，RAM 不应小于 2GB，哪怕是一款 500 元的手机）。

ROM 是绝大多数人熟悉的硬件。因为内存永远比外存更昂贵，所以 128GB ROM 的手机都已经出现了，RAM 才刚刚达到 4GB，甚至，2GB RAM 的手机在本书编写时都仍未完全普及，厂商们在 RAM 上太难做文章，因此经常拿 ROM 来混淆概念，制造噱头，“内存 32GB”这样的广告比比皆是，但所配置的 RAM 可能仅有 1GB 甚至更小，广告中的“内存”实际上是内置存储卡——ROM，32GB 的 RAM，就算是家用计算机，目前也无法实现（2014 年家用计算机的 RAM 一般为 4～8GB）。厂商们固然施展了偷梁换柱的把戏，但是只要你稍稍懂得一点计算机的知识，这样的小伎俩不足为惧。正如硬盘对计算机的运行效率影响很小，ROM 的大小对移动设备的运行效率影响非常有限，更何况移动设备往往支持外接存储卡，有时 32GB 版本和 16GB 版本的设备（同型号）之间的差价，足够你买好几张 32GB c10（class 10，class 标志体系下最高读写速率）存储卡了。

关于屏幕，这里要说的是，视觉感受够用即可，比如 5 寸屏幕用 720p（720×1280）就已达到“视网膜级”，也就是肉眼已经无法区分像素点了。此时再追求 1080p（1080×1920）对显示效果几乎毫无影响，徒增电耗而已。至于 4K 级（屏幕横向像素超过 4000）分辨率，在移动设备领域只不过是个噱头罢了，即便在家用 42 英寸电视机上观看，实际意义也不大。这种超高分辨率原本就是为电影院巨幅屏幕设计的。至于材质等其他指标，最好实际察看一下显示效果，仅仅看厂商的标志，意义不大。另外需要说明的是，现在的智能移动设备所用的屏幕都是电容触控屏，本身硬度普遍较高，用普通贴膜并不能起到很好的保护作用，如果一定要保护，建议使用钢化膜。

摄像头也是很多人关心的重要硬件，其实目前的手机，摄像头硬件方面基本不是瓶颈，所用摄像头基本都出自索尼、OV、三星等几个大厂。但是标称用的是同款摄像头，拍摄画质差距常常让人无法相信，比如同样用 OV 摄像头的国产手机，为什么拍摄质量连 2010 年上市的 iPhone 4 都明显不如，甚至用索尼二代堆栈式摄像头的某些手机，也同样达不到仅用了一代背照式摄像头的 iPhone 4 的效果（目前手机摄像头以 iPhone 4 为起点计算，到 2015 年初共经历了三代背照式和两代堆栈式的技术演进，也就是二代堆栈式可视为一代背照式算起的第五代硬件技术了）。造成这种差距的根本原因是，拍摄不仅与硬件有关，还与软件算法有关。但是几个摄像头硬件大厂在出售摄像头的时候，并未出售算法。目前国产领域只有华为等个别几个大厂在拍摄算法领域有一定的技术积累。所以，用“像素好不好”这种说法来评价移动设备的拍摄能力，几乎是完全错误的。在当今，像素甚至可以看作拍摄方面最无足轻重的技术指标，iPhone 6 仅使用 800 万像素摄像头（一部价格不到 iPhone 6 1/10 的 Android 手机就可以配备同等级摄像头）就已充分说明此问题。

至于网络制式问题，前文已有单独介绍，此处不再赘述。

6.2 移动互联中的交流与服务

通信交流是移动终端的基本功能，伴随着移动操作系统和移动互联技术的飞速发展，移动终端早已不是只能打电话、发短信和浏览 WAP 网页那么简单，刷微博、微信扫一扫，早已成为很多人生活当中司空见惯的一部分，就连央视新闻联播这样的严肃节目结束时，也要加上一句“请关注央视新闻微博、微信和客户端”，移动互联的通信交流方式日益开放、多样化和低成本，而且，伴随着 App 客户端和微信公众服务的大量出现，移动互联的服务性也越来越强。本学习情境通过

“信息工程系微信、机电通、机电贴吧的基本使用”，介绍了移动互联的交流和服务。

6.2.1　情境分析

6.2.1.1　案例背景

四川机电职业技术学院信息工程系同学小马最近竞选上了系宣传部长。小马想利用现代化的手段对信息工程系的学生活动进行宣传。通过调查，他发现很多同学喜欢使用微信，另外，学院自主开发的掌上数字化校园 App——机电通、机电贴吧也是用户量庞大的校园信息发布展示和服务平台，因此，他开始研究学习如何用这三个工具展开亲和力强的宣传工作。

6.2.1.2　任务描述

使用微信和客户端进行信息交流，并使用相关服务功能。任务具体要求如下。

（1）微信个人账号的申请开通。

（2）微信的好友操作。

（3）微信的基本通信应用。

（4）微信公共服务应用。

（5）微信朋友圈应用。

（6）微信扫码应用。

（7）机电通客户端的基本功能。

（8）机电贴吧客户端的信息交流功能。

6.2.1.3　学习目标

通过对移动通信交流技术的学习，要求掌握以下操作：在微信中进行个人账号的申请开通、好友操作、基本通信、公众账号应用、朋友圈信息查看与发布、扫码应用，了解机电通、机电贴吧客户端的使用。

【能力目标】

（1）熟悉微信个人账号的申请开通。

（2）掌握微信好友操作。

（3）掌握微信基本通信功能。

（4）熟悉微信公共服务应用。

（5）掌握微信朋友圈。

（6）掌握微信扫码应用。

（7）了解机电通、机电贴吧客户端的使用。

【知识准备】

（1）有一定的移动通信经验。

（2）有 PC 端应用程序客户端的使用经验。

6.2.2　任务实施

随着微信的强势崛起，目前国内曾经的主流微博商只有新浪还在苦苦坚守，由于微博的功能几乎完全可以用微信的公众账户替代，因此微博已风光不再。本书将以微信为主体对此部分内容进行讲解，微博则在本节的知识链接部分做简要介绍。

6.2.2.1 微信个人账号的申请开通

微信账号可以用 QQ 号码，也可以用手机进行注册。如果采用 QQ 号码的方式，是无需注册的，直接登录即可（见图 6-2-1）。微信也会将你开通了微信服务的 QQ 好友向你进行推荐。

6.2.2.2 微信的好友操作

微信的好友添加有多种方式。点击主界面右上角的“+”或者屏幕下方“通讯录”→“新的朋友”都可以看到“添加朋友”的功能项。点击进入后，有按账号查找、扫一扫等添加方式，后面要介绍的公众账号也可在此添加，微信群也是通过此处进行建立的（见图 6-2-2）。

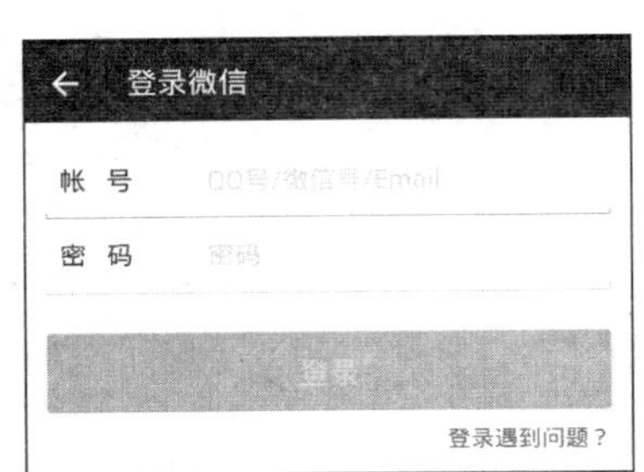

图 6-2-1 用 QQ 号登录微信

图 6-2-2 微信添加朋友

6.2.2.3 微信的基本通信应用

微信的通信方式主要有文本、对讲机、语音、视频（见图 6-2-3）。文本方式与 QQ 并无本质差异，对讲机模式则是 QQ 所没有的，文本和对讲机模式都是非实时的，不过对讲机的好处在于，语音可以像消息一样被保存下来，并反复播放。语音通信和视频通信作为实时通信功能，与 QQ 也没什么区别，本质上就是网络电话和网络视频通话，不过比起通信运营商高昂的视频电话通信费，微信的视频通话不失为一个不错的解决办法。

6.2.2.4 微信公共服务应用

微信最大的亮点并不在于基础通信服务，而是公共服务。公共服务又称为公众账号服务，是以公众账号的形式为用户提供的一种服务类型。公众账号一般都是政府部门、企事业单位等，比如中央电视台，通过公众账号，可以向用户推送各种消息，同时能够提供一些在线业务，比如四川移动微信公众号提供话费充值、套餐办理等业务。

只要订阅对应的公众账号，就能使用对应的公共服务了（见图 6-2-4）。

订阅公众账号可以通过扫描公众账号二维码，或者前文所介绍“添加朋友”→“公众账号”的方法完成。

图 6-2-3　微信的基础通信

图 6-2-4　微信公众账号

6.2.2.5　微信朋友圈

朋友圈的设计初衷本来是一个较为私密的社区交友功能，但是你有没有感觉到如今的朋友圈已经被广告刷爆屏呢？不过换个角度考虑，这正是一个信息发布的好地方（见图 6-2-5）。点击微信正下方的“发现”即可找到朋友圈，要发布信息也很简单，单击右上角“拍照”按钮。选择照片或小视频，输入正文内容，然后发送，若想删除发布的信息，可找到你发布的信息，在发布的信息下方点击“删除”。

6.2.2.6　微信扫码应用

点击微信右上方的“+”，或者正下方的“发现”，都可以找到“扫一扫”功能（见图 6-2-6），点击即可打开扫码功能。通过该功能，可以进行一维码、二维码、图书封面、街景的识别以及语言翻译等。关于二维码的更多知识，本书在知识链接部分做了详细介绍。

图 6-2-5　微信朋友圈

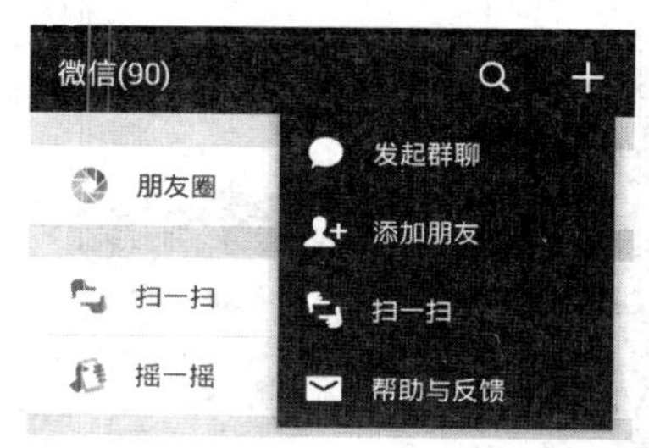

图 6-2-6　微信“扫一扫”

6.2.2.7　机电通的信息展示和校园服务功能

机电通是由四川机电职业技术学院信息工程系自主研发的一款校园 App，也就是前面提到的采用客户端的方式来实现对一个单位的形象展示，以及实现更多更加复杂的功能。机电通功能丰富多彩，有看新闻、收通知、查课表、查成绩等数十项实用功能（见图 6-2-7），如果采用微信公众账号模式，很多功能都难以实现。机电通的设计简洁明了，只要你会在手机上用浏览器上网，你就会用机电通。这款 App 曾在全国首届青年 APP 创业大赛中进入四川赛区 50 强。

图 6-2-7　机电通 App

这里简单介绍一下该客户端的核心功能，即数字化校园个人服务中心。学生用户用自己的账号登录之后，会进入“个人中心”界面（见图 6-2-8），在这里可以方便地进行个人课表、成绩等信息的查询。其他功能如校园导航地图、校园市场等，推荐读者自行尝试。

6.2.2.8　机电贴吧的信息交流功能

机电贴吧客户端是由四川机电职业技术学院信息工程系自主研发的又一款校园 App（见图 6-2-9），如果说机电通很“官方”，那么机电贴吧就很“草根”了。利用本 App，同学们可以直接进入学院贴吧，畅所欲言，随时关注校园新鲜事：高考分数线多少、成都铁路局多久来招聘、今年哪位学霸获得了国家奖学金、哪位大神获得了大奖。官网找不到的信息，贴吧里都有。读大学从不上贴吧？那你可能会错失很多有意思的校园生活。

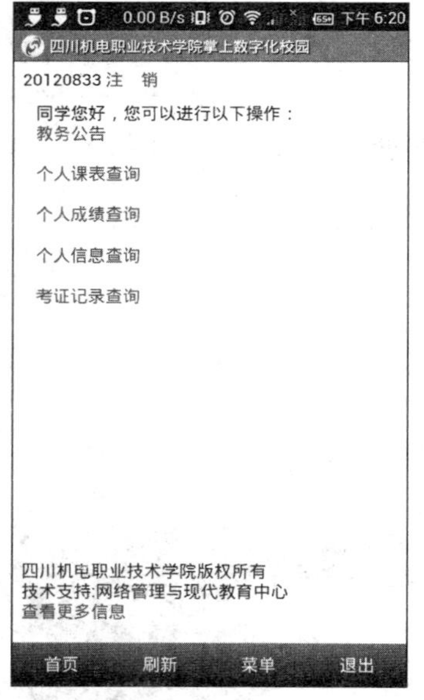

图 6-28　学生“个人中心”界面

图 6-2-9　机电贴吧

机电贴吧沿用了国内最大的在线论坛交流平台百度贴吧的标准操作模式，看帖、发帖、管理自己的相关信息等，今天有什么新鲜事？不妨用机电贴吧发帖与大家分享吧。

6.2.3　知识链接

“请关注央视新闻微博、微信和客户端”所反映出的，是当今移动互联信息传播和服务展现的三种主要方式，三种方式有着各自的特点和优势，相互之间并非一种相互取代的关系，在某种程度上，三种方式有互补性，所以像央视这样有条件的单位，就会同时使用三种方式提供信息服务，以覆盖更多不同类型的用户。

6.2.3.1　微博

微博是当前最主流和最热门的移动互联应用之一。微博在某种程度上源于更早的博客服务，“微”的一个显著标志是 140 字节的限制，有人说这种限制将平民和莎士比亚拉到了同一起跑线上，加上广播式的信息传播方式，让信息的话语权不再专属于传统媒体和名人。这些特点使得微博成为互联网草根文化的一个主要载体和符号。

世界上第一个微博服务商是 Twitter（推特），一家与 Facebook（脸书）齐名并共同作为第四代 IT 企业代表的公司（第一代以 IBM 为代表，以硬件生产为主要特点。第二代以微软为代表，以传统软件开发为特点。第三代以谷歌为代表，以互联网服务为特点。第四代以 Twitter 和 Facebook 为代表，以社交网络服务为特点）。

国内微博的代表是新浪微博，截至 2013 年上半年，新浪微博用户量已超过 5 亿，腾讯是国内唯一能够在微博用户量上与新浪抗衡的公司。但是因为与微信业务的冲突等因素，腾讯 2014 年之后，逐渐淡化了腾讯微博。一个最显著的标志就是，在最新版 QQ 上已经没有直接的腾讯微博入口了。

2014 年 3 月 27 日晚间，在中国微博领域一枝独秀的新浪微博宣布改名为“微博”。

6.2.3.2　微信

微信是腾讯公司推出的一个服务平台，严格来说，微信是一个产品而非一种应用类型，其他厂商也有类似于微信的服务平台，比如网易和中国电信合作的易信平台，但是因为微信在该领域的首创性和目前不可撼动的市场地位，再加上名称上与“微博”的相似性，因此人们几乎遗忘了同类型其他产品的存在，而直接将微信作为一种服务类型与微博相提并论了。

微信的最大行业潜力和价值其实并不在于文本聊天或者对讲机这样的个人基础通信功能，这些功能 QQ 已经做得很好，微信真正的价值在于公众服务平台，当你看到连一个街边面馆都在醒目位置提示你扫码关注他的微信时，你就知道这种模式的易用性和接受度有多么高了。

微信之所以受到几乎所有企业和单位（包括小面馆这样的个体经营者）的欢迎，还有一个原因在于一个专业的微信公众平台的搭建极其简单，但是能够提供的服务完全不逊色于一般的客户端，你的唯一代价只是需要给腾讯公司支付服务费，不过目前一年几百元的服务费和相对于定制客户端数万元起步的开发费用简直可以忽略不计，如果你是政府或一些特定的非营利性组织，这笔服务费还可以免除。

微信的另外两个优势在于，较之定制客户端最短也得数月的开发周期，定制微信服务最短几天便可上线，而且，微信公众服务无须安装特定客户端，只需要扫码关注就可以完成相当于下载安装特定客户端的操作了。

6.2.3.3　客户端

App 客户端是苹果 IOS1.0 发布以来，移动互联领域最主要的客户服务入口，虽然遭受到了移动 Web 和微信等技术的冲击，但是客户端目前仍然是最主要的客户服务展现形式。

客户端的优势在于，可以充分地个性化，可以不受限制地开发出各种需要的功能，可以充分地优化性能，客户端所属企业具有完全的话语权。可以试想一下，阿里巴巴绝对不可能把自己的命运交付到竞争对手腾讯的手里，并且同时使用过同一服务的客户端和微信版本的用户几乎都有这样的感受，客户端普遍性能更优越，体验更佳。所以微信是缺乏技术开发能力的中小企业的福音，但具备条件的企业或单位通常都会有自己的客户端。

当然，微信本身就是一个客户端。

6.2.3.4 图形码

现在满大街足以让人眼花缭乱的二维码想必大家都不陌生，但这种二维码也只不过是众多图形码的一种。

图形码主要有一维码和二维码两大类，比如图书、一般商品、快递单的条码就是一维码，二维码则是在当前的移动互联时代开创之后逐渐流行起来的。一维码和二维码又分别有多种编码标准，当前你所看到的二维码，一般都是 QR 码。二维码比一维码更不怕污染损坏和更容易保存信息，早期因解码困难（传统条码枪就不能识别，所以超市不用二维码），但是随着技术的进步，这显然已经不是问题。

有人曾调侃，微信最大的功劳之一是普及了手机扫码。确实，微信凭借庞大的用户群，使得扫码操作几乎无人不知，扫码替代了触控屏烦琐的输入，极大简化了用户操作，给用户更佳的体验。设想一下，你能否记住并在手机上顺利输入机电通 App 的官网或下载地址呢？实际上你几乎不能也无须记住和输入任何字符，只需要拿起手机一扫即可（见图 6-2-10）。

需要提醒的是，微信出于某些理由，屏蔽了一些图形码的正确解析，比如所有 apk 下载链接和淘宝店，所以当你发现微信扫码一片空白时，不妨试试我查查或各种第三方浏览器的扫码功能。这个问题同时也提醒了我们，在设计二维码时，务必注意对微信的兼容性，毕竟这是目前使用量最大的扫码工具，你不能奢望你的潜在用户会主动安装和使用其他扫码工具。

图 6-2-10　四川机电职业技术学院的两个二维码

6.3　移动互联办公应用

办公应用似乎总与计算机如影随形，以至于有办公机这样的说法。但是我们很多时候却难免没有计算机可以使用，比如出差或者临时外出办事，没有计算机又该如何办公呢？随着移动互联技术的飞速发展，移动办公早已不仅是一种时尚，而是实实在在地深入到各行各业之中。

6.3.1　情境分析

6.3.1.1　案例背景

四川机电职业技术学院新生小赵，通过竞选加入了系学生会，他在工作过程中发现，学生会的通知经常会用电子邮件发送，而邮件附件往往是 Office 文档或者 PDF 文档，因为是大一新生，小赵此时还没有购买计算机，如何基于当前条件完成工作，一时间难倒了小赵。

小赵在向信息工程系何老师请教后，了解到原来用自己的手机就可以轻松完成上述工作，同时还了解到手机可以帮助自己查询资料和做工作记录。小赵在何老师的指导下学会了这些技能后，工作做得非常出色。一年后，小赵被评为优秀学生干部，其颇具特色的工作方式受到了表扬。

6.3.1.2　任务描述

使用 Android 手机完成邮件收发、办公文档读写等日常办公中的常见工作。任务具体要求如下。

（1）电子邮件的收发。

（2）办公文档的阅读与编辑。

（3）文件的扫描与识别。

（4）文件的共享与传输。

（5）随身工作记录。

6.3.1.3　学习目标

通过对移动办公的学习，要求掌握以下操作：在移动端进行电子邮件收发、办公文档读写、文件扫描、文件共享与传输、工作记录。

【能力目标】

（1）熟悉移动端电子邮件的收发与设置。

（2）掌握移动端办公文档的阅读与编辑、文档的导出与分析。

（3）掌握移动端文件的扫描与识别、扫描结果的导出与分享。

（4）掌握移动端文件的共享与传输。

（5）掌握移动端随身工作记录的操作。

【知识准备】

（1）熟悉 PC 端电子邮件的基本操作。

（2）熟悉 PC 端办公文档读写的基本操作。

（3）熟悉 PC 端文件的共享与传输操作。

6.3.2　任务实施

6.3.2.1　电子邮件的收发

1. Android 内置邮箱的使用

Android 内置邮箱一如既往地延续了西方人办公的使用习惯，正如同 Outlook 在国内始终流行不起来一样，很多人用了多年的 Android 也依旧不会碰内置邮箱设置一下。但这并不意味着国人就不使用邮箱，腾讯在 PC 端用与 QQ 客户端集成的方式完美迎合了国人的使用习惯，于是腾讯在电子邮件领域后来居上，一跃成为了国内最主要的电子邮件服务商，

2. QQ 邮箱 App 的使用

借助 QQ 庞大的用户数量，QQ 邮箱已成为国内最大的邮件服务之一。

QQ 邮箱不仅可以收取 QQ 自己的邮件，也可以通过设置收取其他服务商的邮件（“设置”→【添加账户】→【选择邮件服务商】→【设置具体账号密码】)，而且 QQ 邮箱客户端的使用，远比 Android 内置邮箱设置来得简单，而且还有记事本、日历等实用功能（见图 6-3-1）。

读者不妨实际动手试试，QQ 邮箱 App 与 PC 版哪个体验更好呢？这样的设计你还满意么？

6.3.2.2 办公文档的阅读与编辑

1. Office 文档的阅读与编辑

使用老牌国产办公软件 WPS 的 App 可以轻松完成对 Microsoft Office 的 Word、Excel、PowerPoint 的阅读和编辑（见图 6-3-2)，具体操作非常简单，读者可简单尝试一下，并与 PC 版的 Microsoft Office 或 WPS 做一个对比。

图 6-3-1 QQ 邮箱 App

图 6-3-2 WPS

有一个常见问题需要对读者说明，在手机上用 WPS 创建或编辑的文件，究竟存放到哪里了呢？又如何导出或转发给他人呢？其实通过查看文档信息可以找到文档所在路径（见图 6-3-3)，知道了文档路径，那么在 PC 端就可以通过 360 手机助手的文件管理器等方式导出了，如果要分享，则更简单，点击文件名右边的菜单按钮，就有分享选项，可以通过 QQ、微信等多种方式进行分享。

这里也顺便说一下在 iOS 系统中的处理方法（对 Android 同样适用），iOS 的限制比较严苛，在 PC 端试图通过管理工具直接导出文档往往不能成功，但是可以借助 WPS 的文档分享功能来完成，上述分享菜单中，会自动识别你的设备所安装的云盘客户端（见图 6-3-4)，只要你安装了任意一款云盘客户端，你都可以调用它，实际上就是变相地将文档上传到了云盘中，之后只需要在 PC 端从云盘进行文档下载就可以了。同样的思路，通过邮件分享的方式解决也是可行的。

本项目的大量文稿都是在 WPS 移动版上完成的（见图 6-3-5）。

图 6-3-3 查看文档信息

图 6-3-4 文档分享菜单

2. PDF 文档阅读

WPS 除了具备对 Microsoft Office 的 Word、Excel、Powerpoint 的读写功能外，还支持办公中常用文档 PDF 格式，与 Office 文档不同的是，PDF 格式只能进行阅读而不能编辑。这并非 WPS 的不足，根本原因在于创造 PDF 格式的初衷就是为了版权保护，你有机会可以在计算机上尝试一下 PDF 的编辑操作，就明白这种特点了。

图 6-3-5 在 WPS App 上编写本书

6.3.2.3 文件扫描与识别

在办公应用中，扫描是必不可少的一件工作，在一般人的印象中，提供一份扫描件似乎总需要找一台扫描仪，但是你有没有发现，现在扫描仪虽然价格不再昂贵，但是依旧并不算太常见呢？实际上，用手机就能扫描，并且可能比一般的扫描仪更出色。

下面以国内最流行最专业的扫描 App 扫描全能王为例为大家介绍一下如何将手机变身专业扫描仪。可能用手机给资料进行过拍照的人都有这样的经验，除非使用支架，否则我们基本无法把拍摄角度对齐得如扫描仪一般，另外照片还需要进行裁剪、色彩调整和锐化等后继处理，看上去并不比直接使用扫描仪更方便，但是扫描全能王独特的算法能够帮助我们把上述工作一气呵成，更出色地完成扫描工作。

1. 拍照扫描

在扫描全能王中先做基本设置，便于后期扫描件的处理：依次点击“设置”，→“文档扫描”，启用“高画质扫描”和“自动保存到相册”项（见图 6-3-6）。

之后就可以做扫描操作了：单击“拍照”按钮，选择单张/批量模式，然后拍照，调整框选有效区域，确认并自动调整（见图 6-3-7），用任意相册 App（推荐使用“快图”）都可以查看到保存的扫描照片，相册 App 都是自动识别存储卡内所有图片的，所以你事前并不需要清楚照片究竟保留在哪里了，实际上在相册里打开照片后，你可以通过查看照片属性找到实际路径（参考 WPS 中文档信息的查看操作），之后无论通过手机还是 PC 端，都可以按照此路径进行导出或分享。

2. 文本扫描识别

在扫描全能王中打开拍照扫描结果，将其旋转到正确角度，然后点击识别，之后会自动识别并得到文本，可对文本进行编辑、复制、分享等操作。

3. 名片扫描识别

虽说现在纸质名片已没有几年前那么流行，但终归还是一种常见的信息交换方式，纸质名片的保留非常麻烦，名片扫描并自动识别加入手机通讯录对于很多人来说确实是解决此问题的福音。

扫描全能王这家公司还开发了一个专门针对名片的 App，叫做名片全能王，使用方法与扫描全能王基本一样（见图 6-3-8）。

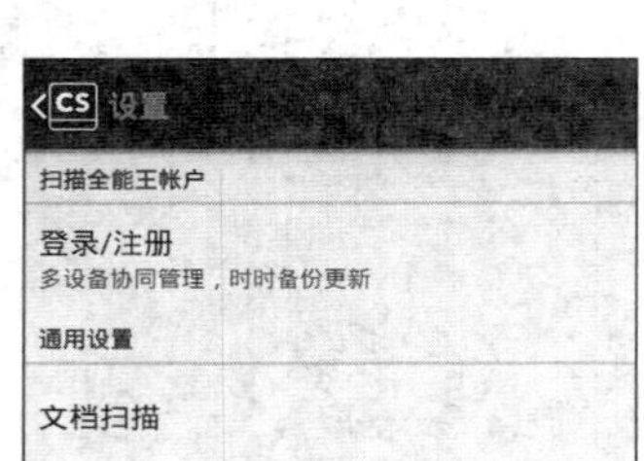

图 6-3-6 扫描设置

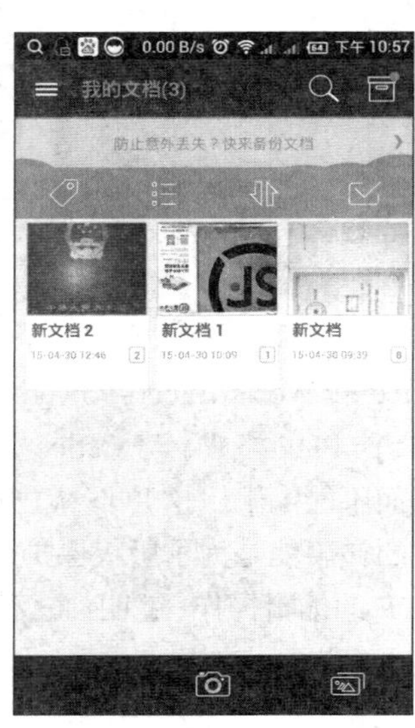

图 6-3-7 扫描全能王

图 6-3-8 名片全能王

在名片全能王中单击“拍照”按钮，然后拍照，自动调整和识别，核对名片信息，最后保存到手机通讯录。

6.3.2.4 文件的共享与传输

在前面的文档操作和扫描操作中，我们需要对最终形成的文件进行导出或分享，实际上我们在使用手机时，经常有文件共享与传输的需要，比如与朋友分享一款有意思的 App、一首好听的歌曲，或者给同事发送工作需要的资料等。目前常用的共享技术主要有 Wi-Fi 共享和云共享，分别能够解决近距离（面对面）和远距离文件共享传输问题，蓝牙共享在历史上也曾居于重要地位，但是目前已不太流行，此处仅做简单介绍。

1. 蓝牙共享

蓝牙技术最初是为了近距离通信而设计的，由于其设计初衷并非用于大量数据的传输，因此较之同时期的 Wi-Fi 技术而言，传输速率（严格说应该是带宽）明显偏低，在早期的智能手机上，蓝牙一般是手机间数据传输的标准方式，但是伴随着 Wi-Fi 的高度普及，蓝牙数据传输越发罕见。

2. Wi-Fi 共享

近距离数据传输是 Wi-Fi 应用的一个伟大创新，其基本工作原理也很简单：将数据发送端变成一个热点，数据接收端主动连接到此热点，发送和接收的两部手机就化身为了一个最小规模的局域网，之后的工作，完全就是局域网数据传输了。

360 手机助手面对面快传，用的就是 Wi-Fi 共享技术（见图 6-3-9）。

具体操作方法如下。

分享者：打开 360 手机助手 App→管理→面对面快传→我来分享→选择分享的文件→分享并等待好友接收。

接收者：打开 360 手机助手 App→管理→面对面快传→我要接收→自动识别分享源并自动完成接收。

3. 云盘共享

如果两个人并未“面对面”，如何共享文件？云技术该登场了。利用市面上任何一款云盘（第一节有介绍），比如 360 云盘（见图 6-3-10），都可以轻松做到这种无视距离的文件共享，前提是，双方都能访问互联网。

打开 360 云盘 App→勾选要共享的目录或文件（可多选）→分享→选择分析方式（支持微信好友、朋友圈、短信、电子邮件、QQ 等各种方式）→完成云共享。

图 6-3-9　360 手机助手面对面快传

6.3.2.5　随身工作记录

俗话说，好记性不如烂笔头，我们在工作生活中往往需要做各种各样的记录，不过进入高度信息化时代之后，“笔头”也已经被计算机和移动终端的记事类工具软件所替代，变得不再“烂”。

Android 上的记事 App 大致可分为本地版和云版两大类，本地版的典型代表是各个手机自带的记事本，云版的知名代表则如有道云笔记、乐云记事之类（建议读者自行选择一款主流的云笔记 App 进行尝试）。相较而言，云记事本的优势在于计算机和移动端可以随时同步，并且不必担心信息丢失问题，不过云记事本始终存在信息泄露的风险，而系统自带的记事本功能就显得太弱，并且备份往往是大难题。在信息安全问题日益突出的当下，有没有能够结合二者优点的记事软件呢？这里就给大家介绍一下 Note Everything。

Note Everything 的字面意思是记录任何东西，事实上，它也确实强大到名副其实，能够支持文本、绘图、语音、图片、清单、视频等多种形式的记录（见图 6-3-11），能够对已有记录进行检索，同时还能够做本地化的数据备份与恢复，完全不需要网络，充分保障了信息安全。

图 6-3-10　360 云盘 App

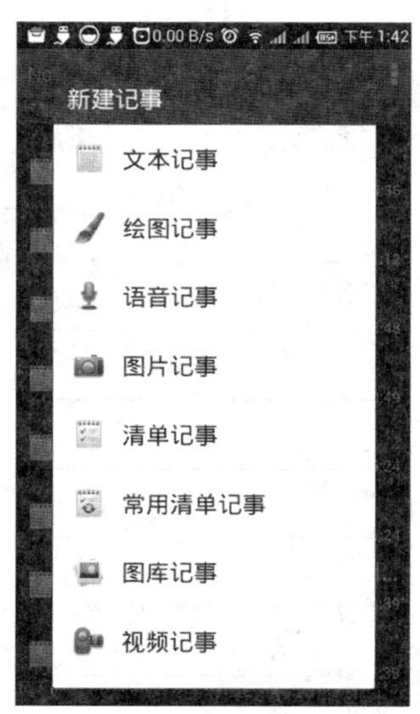

图 6-3-11　Note Everything

6.3.3 知识链接

6.3.3.1 移动打印技术

随着 Wi-Fi 打印机等低成本新型打印机的出现，移动打印已经逐渐走进人们的工作和生活。

1. Wi-Fi 打印机（AP 模式）

此种模式就是将 Wi-Fi 打印机变身为无线热点，手机等移动终端连接上此热点后，直接发送打印请求操作。此模式与 360 手机助手移动端的面对面传输文件原理大体相同，是一种点对点模式如图 6-3-12 所示。

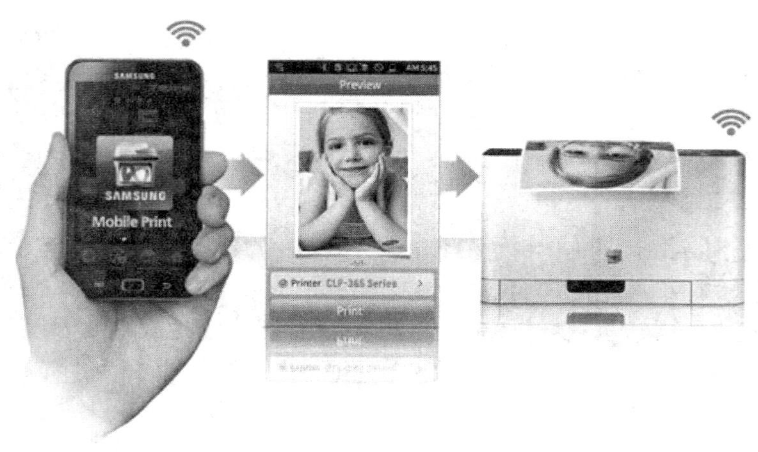

图 6-3-12 Wi-Fi 打印机（AP 模式）

2. Wi-Fi 打印机（共享模式）

传统的有线网络打印机想必大家比较熟悉，Wi-Fi 打印机开启共享模式，可以简单理解为有线网络打印机的模式无线化了，使用方法也基本相同，此方法必须要有无线路由器的网络支持，是一种局域网式的而非点对点的模式如图 6-3-13 所示。

图 6-3-13 Wi-Fi 打印机（共享模式）

3. 蓝牙打印机

此种打印机本身具备蓝牙模块，同时要求发送打印的设备（比如手机）具备蓝牙模块，之后二者按照蓝牙通信协议进行通信，是一种点对点的模式，此种打印机主要是一些特殊票据打印机等，常用办公打印机较少支持蓝牙如图 6-3-14 所示。

图 6-3-14　蓝牙打印机

4. NFC 打印机

NFC（Near Field Communication，近距离无线通信技术），可以用作机场登机验证、大厦的门禁钥匙、交通一卡通、信用卡、支付卡等，目前越来越多的手机开始支持 NFC，相信未来会成为标配，在百米范围内，Wi-Fi 可看作远距离无线通信技术（室外最大有效通信距离在 100 米左右），蓝牙则可视为中距离无线通信技术（最大有效通信距离是 10 米），而 NFC 是名副其实的近距离无线通信技术，它的最大有效通信距离只有 20 厘米。

NFC 打印机的使用，如同刷公交卡一样简单方便，如图 6-3-15 所示。

图 6-3-15　NFC 打印机

5. 云打印机

打印机也有“云版”，其实云打印机，本质上是通过互联网，将打印机变身为一台互联网版打印服务器，使用你的移动端，无论身处何处，只要能接入互联网，就能使用云打印机进行打印了，以下案例场景有利于你理解这种做法的价值。

刘老师在外地出差，学校办公室需要刘老师提供一份纸质材料，刘老师手机上正好有该材料的电子版，于是他在手机上选择了学校办公室的云打印机，进行了云打印，很快，办公室方面收到了完整的纸质材料。

云，让我们彻底摆脱了打印的空间限制，如图 6-3-16 所示。

图 6-3-16　云打印机

6.3.3.2　移动 OA

移动办公系统（移动 OA），也称无址化办公，或 3A 办公，即办公人员借助移动互联技术，可在任何时间（Anytime）、任何地点（Anywhere）处理与业务相关的任何事情（Anything），可以摆脱时间和空间对办公人员的束缚，提高了工作效率；加强了远程协作，尤其是可轻松处理常规办公模式下难于解决的紧急事务，从而极大地提高内部办公效率，促进内部信息沟通，如图 6-3-17 所示。

图 6-3-17　移动 OA 系统

为了让大家更好地理解移动 OA，下面以一个案例进行说明。

老刘是一家 IT 公司的老总，他刚参加完一项重要的活动。在回公司的路上，他决定回去开一个会议，布置下一阶段的工作任务。于是他拿出手机，登录到移动办公系统，进入公文流转功能，创建了一封新的公文发给行政总监，让他安排好时间地点并通知公司各部门经理。公文刚发出，他就收到两条新的公文，一条是销售经理小马出差的申请，另一条是采购经理用款的申请，他立刻一一做了批复。

五分钟后，他收到了行政总监发来的即时沟通消息，说是会议安排已做好，已用即时沟通功能通知大家，并将具体会议安排发到各人的日程管理中。另外企业资讯栏目中的产品介绍文字已更新完毕，请老总放心。

老刘又查看了一下通讯录，新进员工的联系资料已出现在集团通讯录中。于是他进入手机硬盘，调阅上次会议的 PPT 演示文稿，开始构思这次会议的内容。

只用了半小时，以前回了办公室才能做的工作就已处理完毕。老刘闭上眼睛，舒服地靠在座椅上，脸上一副轻松的表情。